Axure原型蓝图

[美] John Henry Krahenbuhl 著
肖心怡 译

人 民 邮 电 出 版 社
北 京

图书在版编目（CIP）数据

Axure原型蓝图 / (美) 卡恩布尔著 ; 肖心怡译. -- 北京 : 人民邮电出版社, 2016.8
ISBN 978-7-115-42804-2

Ⅰ. ①A… Ⅱ. ①卡… ②肖… Ⅲ. ①网页制作工具 Ⅳ. ①TP393.092

中国版本图书馆CIP数据核字(2016)第159042号

版权声明

◆ 著　[美] John Henry Krahenbuhl
译　肖心怡
责任编辑　陈冀康
责任印制　焦志炜

◆ 人民邮电出版社出版发行　北京市丰台区成寿寺路 11 号
邮编　100164　电子邮件　315@ptpress.com.cn
网址　http://www.ptpress.com.cn
北京艺辉印刷有限公司印刷

◆ 开本：800×1000　1/16
印张：19
字数：376 千字　2016 年 8 月第 1 版
印数：1 – 3 000 册　2016 年 8 月北京第 1 次印刷

著作权合同登记号　图字：01-2015-7648 号

定价：49.00 元

读者服务热线：(010)81055410　印装质量热线：(010)81055316
反盗版热线：(010)81055315

内容提要

Axure 是当前广泛使用的一款快速原型设计工具，在设计界持续获得一致的好评。通过 Axure，用户可以轻松创建各类原型。这为设计人员提供了极大的便捷。

本书包括 9 章内容，不仅介绍了 Axure 的基础知识，还介绍了社区网站、博客、作品展示页面、电子手册、电子杂志图片比赛网站、电商购物网站等设计。本书通过理论和实例相结合的方式，向读者完整地呈现了 Axure 的强大功能。

本书适合任何用户体验领域的专业人士、设计师、信息架构师或商业分析师参考学习。只要你对交互设计感兴趣，本书就能帮助你提高原型设计技能。

作者简介

John Henry Krahenbuhl 在构建实际、高效、创新的解决方面有超过 20 年的经验。在创造性思维和企业家精神的引领下，他主导或与人合作了 7 项已发布的专利，还有很多实用性的专利正在审批过程中。他还是一个全方位的管理专家，擅长产品在其整个生命周期过程中的管理，包括各种规范和用例的定义、原理图和 PCB 布局、产品化的软件、硬件的实现。

他是一位充满激情、经验丰富的领导者，对设计和用户体验有着不懈追求。他也是 Packt 出版公司出版的另外两本书《Axure RP Prototyping Cookbook》和《Learning Axure RP Interactive Prototypes》的作者。

对我的家庭致以感激和感谢。

我的孩子们：Matt、Jason、Lauryn 和 Henry。谢谢你们的理解和耐心，因为我花了太多本该属于家庭的时间在这本书上。

Melissa，我的妻子，我生命中的挚爱，感谢你一直给予我的支持和信任，帮助我保持专注。是你让我的内心充满快乐，我很幸运能和你分享我的生活！

审阅者简介

Ryan J. Flynn 是纽约的一位设计师和艺术家。他热爱信息和简约，涉足的领域包括零售、路径寻找、可穿戴、金融、营销、医药、法律等。工作之余，他利用闲暇时间探索布鲁克林最具韵味的一切事物。

Jan Tomas 是 UX 设计公司 CIRCUS DESIGN（www.circusdesign.cz/en）的老板和设计师，公司设在捷克。他长于用户研究与原型设计。他每天都要用到 Axure RP 来设计制作网页和移动端应用程序的原型，用以和开发者、经理们和其他利益相关者沟通交流。他具有大型国际项目的经验，也是微软认证的 Windows 用户体验设计专家。访问 www.jantomas.cz 可以了解到更多关于 Jan 的信息。

前言

Axure 是当前使用广泛的一个重要的快速原型工具，在设计界持续获得的好评如潮。通过 Axure，可以很容易地创建线框图和可点击的原型。通过 AxShare（Axure 基于云的原型托管服务）以及新发布的 AxShare 移动端 App，用其制作的原型可以很容易地实现与合作者和客户的共享。

这些只是 Axure 流行的部分原因。在 Axure 7 发布时，Axure 同期展示了一个新的框架，这个改进的框架还支持自适应原型。

除此之外，还有更多改进，包括如 Axure 软件中的中继器元件、AxShare 中的 plugin 功能等，将原型制作提升到了一个新的水平。在 Axure RP 8 和 Axure RP 8 Pro 中水准更加上了一个台阶。

本书给新手和有经验的用户提供了一些常用的设计范式以供探讨和继续学习。有了这些新的设计范式和方法，读者可以更快地完成项目，并将交互水平提高至新的层次。

这本书是爱的结晶，也是我关于 Axure 和原型设计的第三本书。我希望本书能帮助读者走向精通 Axure。我的其他两本书 *Axure RP Prototyping Cookbook* 和 *Learning Axure RP Interactive Prototypes* 也是由 Packt 出版公司出版，和本书一起，构成了 Axure 三部曲。

希望我的书能帮助你增长知识，成为你的参考材料。此外，如果你有需要，Axure 社区（http://www.axure.com/community）随时可以给你提供更多的见解和帮助。

本书内容

第 1 章“Axure 基础”对新手来说是 Axure 的入门介绍，对已有一定经验的用户来说则是重新梳理一遍该软件的术语、界面和核心概念。本章同时简要介绍了 Axure 7 中的新功能——自适应视图。

第 2 章“创建一个社区网站”中，介绍了如何为页头、图片轮播等页面元素创建交互，以及一个显示社交媒体（如 Facebook，Twitter）feeds 的右侧边栏。

第 3 章“创建一个博客”带领读者探讨一个典型博客（例如常见的基于 WordPress 的博客）的设计范式与交互。

第 4 章“导入社交媒体内容聚合”介绍了向 Axure 原型中导入主流社交媒体（如 Facebook，Twitter，Instagram，Pinterest）feeds 的方法。

第 5 章“作品集展示页面”中，我们模拟了一个带视差滚动效果的作品集展示网站。

第 6 章“创建电子手册”讲解了如何利用 AxShare 中的 plugin 功能插入 JavaScript 脚本，进一步扩展 Axure 的交互功能。

第 7 章“创建电子杂志”中，我们将学到如何利用新的自适应视图功能，创建一个优化了电脑桌面、平板电脑、手机等不同屏幕尺寸设备上显示效果的电子杂志。

第 8 章“创建图片比赛网站”讲解的是如何创建一个图片比赛网站。该图片比赛网站包括注册流程、图片展示以及查看参赛作品详情功能，并同样利用自适应视图功能优化其在电脑桌面、平板电脑、手机等不同屏幕尺寸设备上的显示效果。

第 9 章“创建电商网站购物车”探讨了如何创建一个同样适应电脑桌面、平板电脑、手机等不同屏幕尺寸设备的电商网站购物车。读者还将学到如何创建一些常用的交互，如移除条目后，购物车显示的货品数量自动更新。

你需要准备什么

你需要有 Axure 7，Axure RP 或更新版本的 Axure 软件，连上互联网，以及学习可交互原型设计的愿望。如果你还没有安装 Axure，可前往 http://www.axure.com 下载免费试用版本。

谁需要这本书

任何用户体验领域的专业人士、设计师、信息架构师或商业分析师，只要愿意深入了解 Axure 中的通用设计范式和提高交互原型设计的技能，就可以阅读本书。阅读本书前应在线框图设计方面有一定的经验，并且对交互设计有兴趣，希望提高原型设计技能。

格式和图例

本书将通过不同的字体样式来区分不同的信息。以下是一些例子和相应的解释。

代码文本、数据库表名、文件夹名称、文件名、扩展名、路径名、虚拟URL、用户输入以及Twitter账号名等将使用不同字体，如“URL通常会显示在第三行，以‘src=’开头”。

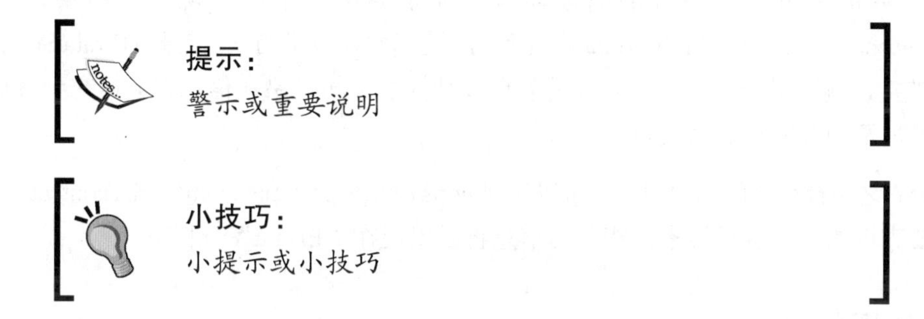

读者反馈

我们永远欢迎读者的反馈。请让我们知道你们对这本书的看法——你喜欢什么，不喜欢什么。你们的反馈对我们非常重要，它们将帮助我们找到对你们最有帮助的选题。

请将你们的反馈通过邮件发送给我们，我们的邮箱地址是feedback@packtpub.com。请在邮件标题中附上书名。

如果你是某一领域的专家，并且有兴趣成为相关书籍的作者或是贡献者，可以访问网址www.packtpub.com/authors。

客户支持

对于我们尊敬的读者，我们提供以下附加服务。

下载示例代码

你可以访问网址http://www.packtpub.com来下载和书籍有关的示例代码文件。如果你是从别处买到的此书，可以访问网站 http://www.packtpub.com/support 注册账号，我们将把相关文件通过邮件发送给你。

勘误

尽管我们尽量做到最好，但错误还是很难避免的。如果你在本书中发现错误，不管是笔误还是代码错误，请告诉我们，我们将不胜感激，因为这将帮助我们在后续版本中改进，也将帮助今后的读者获得更好的阅读体验。如果你在书本中发现任何错误，请访问 http://www.packtpub.com/submit-errata 告诉我们：选择你要报错的书，点击“Errata Submission Form”链接，输入错误详情。一旦你的表单成功提交，相关错误信息将会提交到我们的网站或者添加至相关书籍的勘误表。

要查看之前提交过的勘误信息，可以访问 https://www.packtpub.com/books/content/support，输入你要查询的书名进行搜索，相关的信息将会出现在“Errata”一栏下。

关于盗版行为

互联网上的侵权、剽窃行为是所有媒体都面临的问题。我们非常重视保护我们版权内容的权益。如果你在网上发现任何对我们的图书进行盗版的行为，请及时告知我们链接地址或进行侵权行为的网站名称，我们将马上处理。

你可以将可能有侵权行为的网址发送到邮箱 copyright@packtpub.com。

我们非常感谢你帮助我们保护我们作者的权益，也非常荣幸能够为你提供有价值的内容。

疑问解答

如果你对本书有任何方面的问题，可以通过邮箱 questions@packtpub.com 与我们联系，我们将竭尽所能为你解决问题。

目录

第 1 章 Axure 基础

任何一个结构要保持稳定，都离不开坚实的基础。学习 Axure 也是一样，对其工作环境和界面有深入的理解，就是我们坚实的基础。一旦熟悉了软件基本工作环境，你将能够运用它快速地创建可交互原型。Axure 的界面由主菜单、工具栏、站点地图、工作区和一些其他功能区组成。

在这一章中，你将了解到：

- Axure 工作环境和界面
- 自适应视图

1.1 工作环境和界面

Axure 工作环境和其他桌面程序并没有什么不同，我们现在就来看一看。

提示：

请打开一个空白的 Axure 文档，以便熟悉一下这个工具。在将来的运用中，本章可以作为 Axure 界面元素的快速参考。对此软件已经有一定了解的用户，可以快速略读本章当作复习。

打开一个空白的 Axure 文档，你会看到如图 1-1 所示的界面。

提示：

以上屏幕截图来自 Mac 版的 Axure RP。PC 版的 Axure RP 可能看起来略有不同。

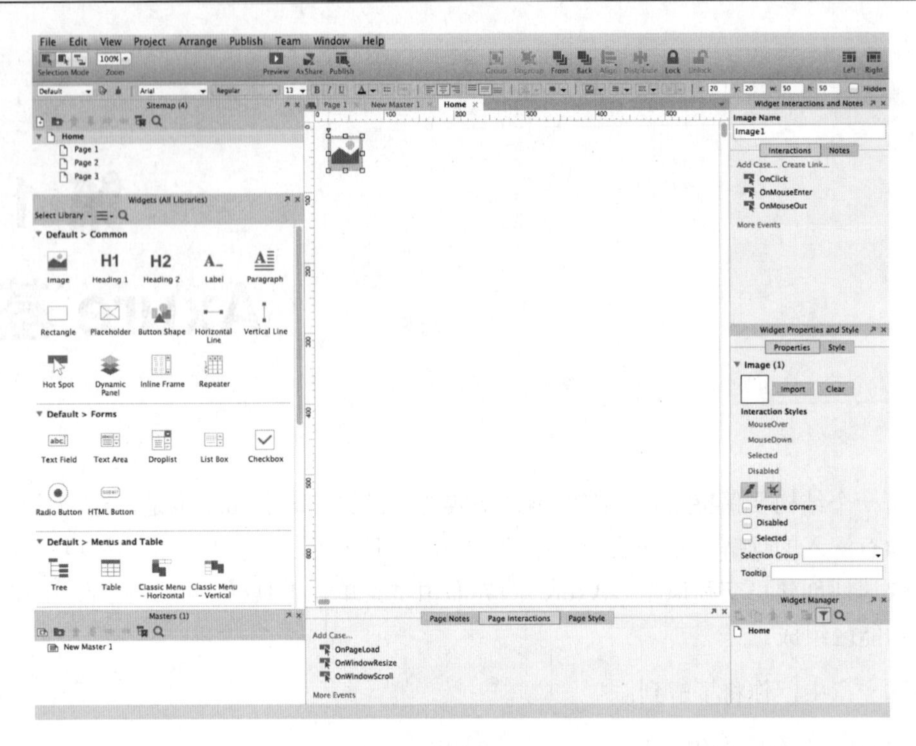

图 1-1

Axure 的主要界面可以分成主菜单、工具栏、工作区以及工作区周围的功能面板等区块。下面我们依次来看一看。

最顶上的是主菜单，它包含如下项目：

- File（文件）

“文件”菜单中包含用来新建 RP 文档（RP 为“Rapid Prototyping”的缩写，是 Axure 生成文档的后缀名——译者注）的“New”（新建）选项和“Open”（打开）、“Save As”（另存为）、“Import from RP File”（从 RP 文件导入）等选项，以及打印、导出、备份、恢复等选项。

- Edit（编辑）

该菜单中包括“Cut”（剪切）、“Copy”（复制）、“Paste”（粘贴）、“Find”（查找）、“Replace”（替换）等选项。

- View（视图）

“视图”菜单里包含“Panes”（功能区）、“Toolbars”（工具栏）、“Reset Views”（重置

视图)、“Masks”（遮罩）等功能以及显示选项。

- Project（项目）

该菜单中主要是与元件和页面相关的选项(例如样式编辑和注释区)，以及自适应视图、全局变量，还有项目设置等相关功能。

- Arrange（布置）

该菜单中主要包括“Group”(编组)、“Ungroup”(取消编组)、“Bring to Front”(置于顶层)、“Send to Back”(置于底层)，以及对齐功能（左对齐、右对齐、居中对齐等）。此外，还有网格和辅助线选项。

- Publish（发布）

新版本中在“Publish”菜单下增加了“Preview”(预览）选项，让你能快速预览你制作的原型，以及“Generate HTML Files”(生成 HTML 文件）和生成规格说明书等相关命令。该菜单中还包括“More Generator and Configuration”(更多生成器和配置文件)选项。

- Team（团队）

在一个团队项目中，你可以与团队共享并且共同在一个项目上工作。该菜单下有“Generate Team Project from Current File”(从当前文件创建团队项目)、“Get and Open Team Project”(获取并打开团队项目)、“Browse Team Project History”(浏览团队项目历史记录）等选项。

- Window（窗口）

该菜单中包含最小化和缩放选项。

- Help（帮助）

在此菜单下，你可以进行搜索、访问 Axure 论坛、管理授权、检查更新等操作。

顶部主菜单栏的下方是工具栏。工具栏由两行组成。

- 第一行工具栏主要包含如下功能：
  - Selection mode(**选择模式**)：可选择“Intersected Mode”(随选模式)、“Contained Mode”(圈选模式）或“Connector Mode”(连接模式）
  - Zoom（**缩放**)：通过下拉菜单设置默认缩放比例
  - Publishing（**发布**)：预览、AxShare 功能（例如，通过 Axure 的云端共享服务发

布你的原型）以及其他“Publish”（发布）菜单中的功能

- ◦ Arrangement of widgets（**布置元件**）：“Group”（**编组**）、“Ungroup”（**取消编组**）、“Front”（**前移一层**）、“Back”（**后移一层**）、“Align”（**对齐**）、“Distribute”（**平均排布**）以及“Lock”（**锁定**）和“Unlock”（**解锁**）元件位置
- ◦ Interface layout（**操作界面布局**）：单击这个切换按钮，可以选择显示或隐藏左右两边的功能区

- 第二行工具栏主要包含如下功能：
  - ◦ 下拉菜单调整选中元件的样式
  - ◦ 元件样式编辑器
  - ◦ 格式刷
  - ◦ 字体选项（如字体、字体样式、尺寸、粗细、斜体、下划线、颜色、项目符号列表、插入超链接等）
  - ◦ 文字对齐方式（如左对齐、居中对齐、右对齐、顶对齐、中间对齐、底对齐）
  - ◦ 填充颜色
  - ◦ 外部投影效果
  - ◦ 描边选项（如颜色、粗细、图案以及箭头样式）
  - ◦ 元件位置和可见性（例如，坐标（x,y），w（宽度），h（高度），以及隐藏命令）

Axure 界面的中间部分是工作区。你打开的页面将出现在这里，你也将在这里进行拖动、放置元件来构建交互界面的工作。工作区的左边、右边、下边是不同的功能区。

- 左边的功能区包括：
  - ◦ **Sitemap（站点地图）**：你可以在“Sitemap”（站点地图）功能区中总览你设计页面的层级
  - ◦ **Widget（元件）**：“Widget”（元件）功能区显示元件库，帮助你快速创建线框图和流程图
  - ◦ **Masters（母版）**：“Masters”功能区显示你整个项目中重复使用的部件。母版常包括页头、页脚等页面元素
- 在工作区下面，也就是界面底部中央的区域是“Page Properties”（页面属性）面板。

该面板包含三个选项卡：

- Page Notes（页面说明）
- Page Interactions（页面交互）
- Page Style（页面样式）

- 右边的功能区包括：
  - **Widget Interactions and Notes（元件交互与说明）**：“Widget Interactions and Notes”（元件交互与说明）包含“Interactions”（交互）和“Notes”（说明）（仅 Axure RP Pro 版本）两个选项卡
  - **Widget Properties and Style（元件属性与样式）**：“Widget Properties and Style”（元件属性与样式）包含“Properties”（属性）和“Style”（样式）两个选项卡
  - **Widget Manager（元件管理）**：“Widget Manager”（元件管理）功能区显示工作区内的所有元件（如动态面板等）

提示：

Axure 有标准版（Standard）和专业版（Pro）两个不同版本。与标准版相比，专业版在文档生成和团队协作项目方面有更多功能。通过 http://www.axure.com/compare 可查看更多相关信息。

1.1.1 页面

站点地图通常是指对一个网站中所有页面的自上而下的展示。在 Axure 中，“Sitemap”（站点地图）功能区将页面和文件夹按照层级架构来展示。“Sitemap”功能区在工具栏的下方。

1. “Sitemap”（站点地图）功能区

当你打开一个空白的 RP 文件时，你会在“Sitemap”功能区看到四个页面，分别是“Home”（主页）、“Page 1”（页面 1）、“Page 2”（页面 2）、“Page 3”（页面 3）。如图 1-2 所示。

提示：

在“Sitemap”功能区中，你会看到标题旁边有一个数字“4”，这是目前在站点地图中所包含的页面数。

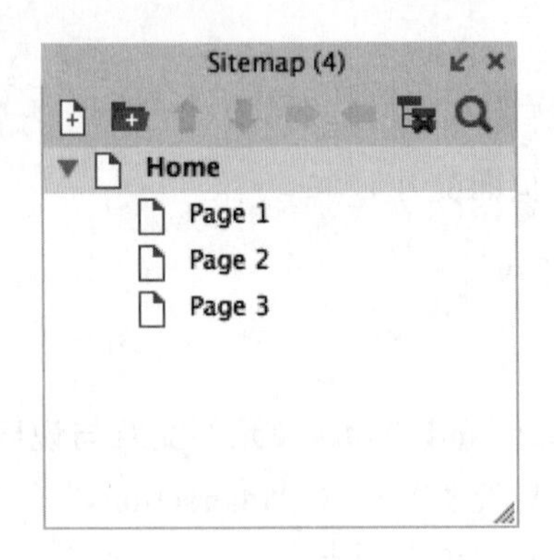

图 1-2

在面板的顶部，你会看到排成一行的八个按钮，它们分别是：

- Add Page（新增页面）
- Add Folder（新增文件夹）
- Move Up（上移）
- Move Down（下移）
- Indent（降级）
- Outdent（升级）
- Delete（删除）
- Search（搜索）

2. 创建子页面（child page）

面板中代表最高层级页面的图标是左对齐的。当一个页面有了附属于它的子页面（child page）时，它就成了一个父页面（parent page），这时其左侧会出现一个灰色的小箭头，你可以通过这个小箭头收起和展开其附属的子页面。

有如下方法可以创建一个子页面：

- 在“Sitemap”面板中单击选择一个页面，单击“Indent”（降级）命令，然后选择“Move Up”（上移）或“Move Down”（下移）命令来移动页面在层级架构中的位置。
- 将一个页面向右侧拖动，可以同时向上或向下拖动来确定合适的位置。当拖动到其他页面上的时候会出现一个蓝色的框，此时松开，蓝色框的页面就成为了该页面的父页面。

- 选中父页面后右键单击，在弹出的选项表中选择“Add”（添加），然后选择“Child Page”。如图 1-3 所示。

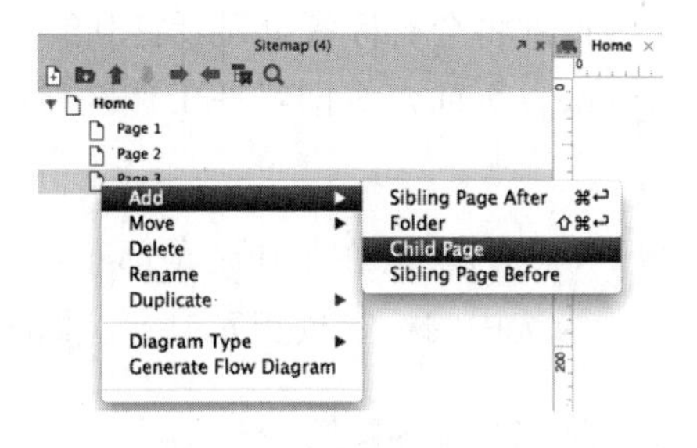

图 1-3

1.1.2 工作区

工作区（design area）也就是空白的画布，在 Axure 界面的中心区域，如图 1-4 所示。

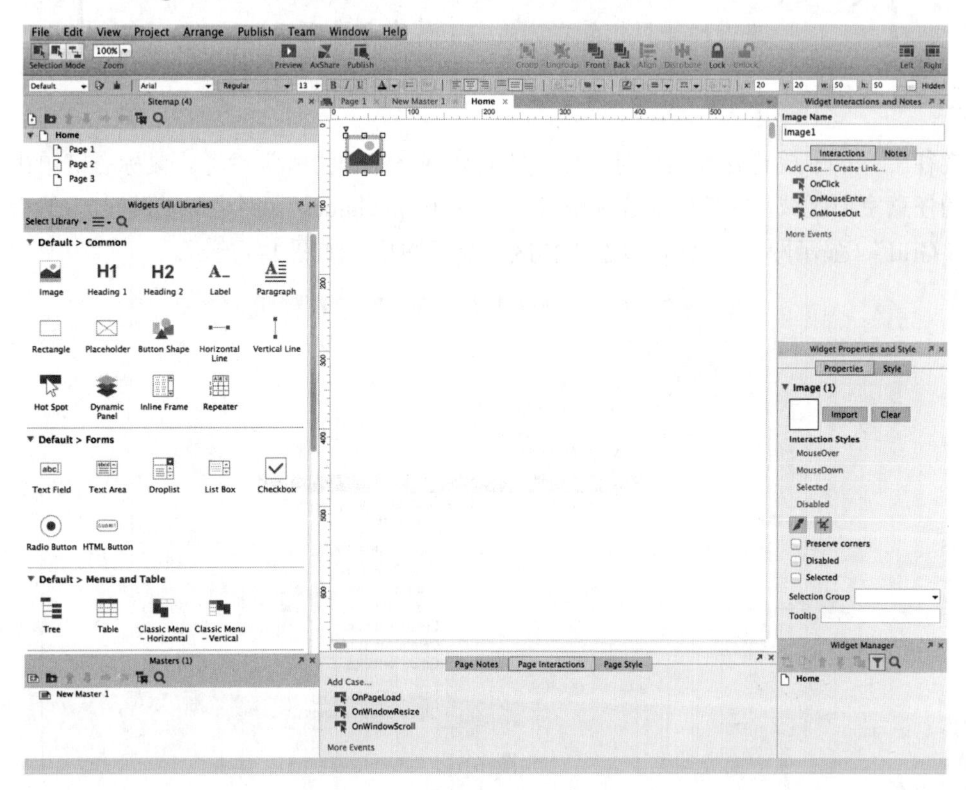

图 1-4

1. 打开页面

在“Sitemap”(站点地图)功能区中双击一个页面的名字或图标，就可以在工作区打开这个页面。在底部左侧的“Masters”(母版)功能区中双击母版的名字或图标，也可以在工作区打开这个母版。工作区顶部将会有标签页显示打开的页面或者母版的名字(例如，在“Sitemap”面板中双击“Home”页面，页面将在工作区显示，同时工作区顶部会有一个标签页显示“Home”)。

如果打开了多个页面或母版，标签页会在工作区顶部一直显示，除非你手动关闭它。当前被选中的标签页白底显示，未选中的标签页灰底显示，如图1-5所示。

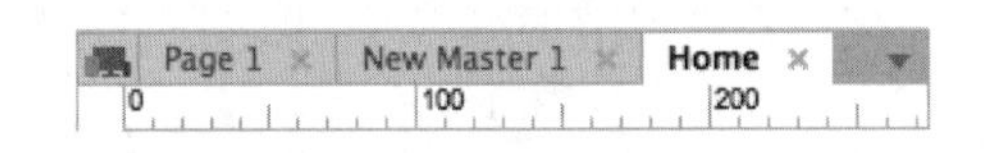

图1-5

提示：

单击标签页上的“×”可以关闭这个标签页。你也可以单击标签页栏最右侧的向下箭头来管理标签页。

2. 显示网格

在往工作区中放置各种元件时，你可能需要网格来作为视觉参考。鼠标右键单击工作区中的任意空白区域，在弹出的选项中选择“Grid and Guides”(网格与辅助线)，然后选择“Show Grid”(显示网格)，就可以在工作区中显示网格。如图1-6所示。

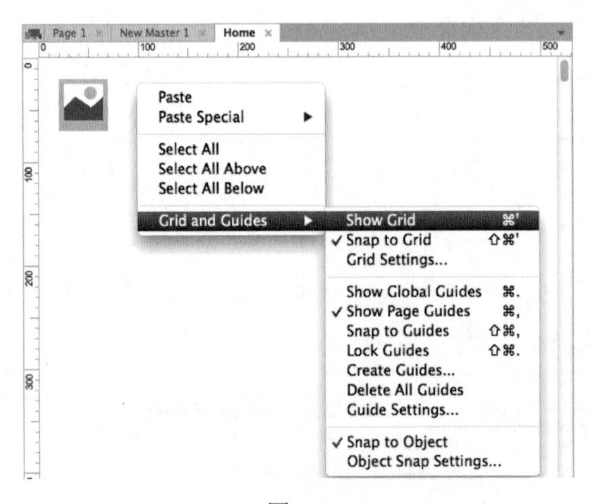

图1-6

提示：

默认的网格间距是10px（像素）。如果要更改网格间距，用鼠标右键单击工作区的任意空白区域，在弹出的选项中选择“Grid and Guides”（网格与辅助线），然后选择“Grid Settings”（网格设置）。

3．添加辅助线

你还可以在文档中使用辅助线。你可以选择预设的辅助线，也可以为某个单个页面添加辅助线。鼠标右键单击工作区的任意空白区域，在弹出的选项中选择“Grid and Guides”（网格与辅助线），然后选择“Create Guides”（创建辅助线）。在“Create Guides”（创建辅助线）对话框中，选择“Presets”（预设）下拉菜单即可使用预设的辅助线。有如下几种预设参数可供选择：

- 960 Grid: 12 Column（960 网格：12 栏）
- 960 Grid: 16 Column（960 网格：16 栏）
- 1200 Grid: 12 Column（1200 网格：12 栏）
- 1200 Grid: 15 Column（1200 网格：15 栏）

你还可以通过调整“Create Guides”（创建辅助线）对话框中的预设数值来设置辅助线。对话框如图 1-7 所示。

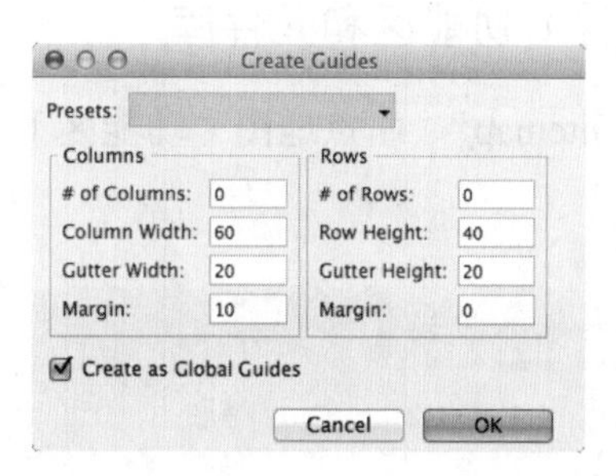

图 1-7

提示：

默认情况下，辅助线是对整个文档生效的。如果希望只给当前页面创建辅助线，可以取消勾选对话框中的“Create as Global Guides”（创建为全局辅助线）选项。

如果需要创建单条的辅助线，可以进行如下操作：

1．鼠标移动到页面显示区左边或顶端的标尺，直接拖动到页面上你所需要的位置。

2．如果要移动某条辅助线，直接将其拖动到你希望的新位置。

提示：
默认情况下，单条的辅助线在页面上显示为蓝色，它只对当前页面有效。如果要将这条参考线应用到所有页面，可在创建它时按住键盘上的 Command 键（Mac 电脑；如果你使用的是 Windows 系统，按住 Ctrl 键）。默认情况下，全局的单条辅助线在页面上显示为粉红色。

3．要删除一条辅助线也很容易，只需要选中它，然后按下键盘上的 Delete 键。

4．要删除所有辅助线，鼠标右键单击工作区的任意空白区域，在弹出的选项中选择“Grid and Guides”（网格与辅助线），然后选择“Delete All Guides”（删除所有辅助线）。

1.1.3 功能区

前面已经提到，工作区的左、右、下方都有功能区。现在就让我们来进一步看看这些功能区。

1. “Widgets”（元件）功能区和元件库

在 Axure 界面的左侧、“Sitemap”（站点地图）功能区下方，是“Widgets”（元件）功能区。如图 1-8 所示。

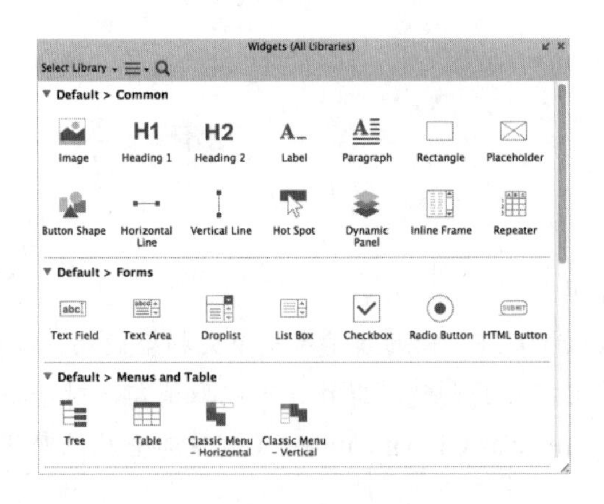

图 1-8

你可以在“Widgets”（元件）功能区中查看和选用界面设计中常用到的页面元素，也就是元件（例如图片、按钮、方形框等）。元件按照类型被组织到一个一个的元件库里，元件库可以分享，你也可以导入元件库到 Axure。

2. “Masters”（母版）功能区

在 Axure 界面的左侧的最下方、“Widgets”（元件）功能区下方，是“Masters”（母版）功能区。如图 1-9 所示。

提示：
在“Masters”（母版）功能区中，你会看到标题栏“Masters”旁边显示数字“1”。这是在当前打开的 Axure 项目文件中可用的母版的数量。

“Masters”（母版）功能区中展示在一个 RP 文件中可用的所有母版。母版可能是你设计中用到的单个元件，也可能是由一系列元件（包括其中的交互）组成。通常情况下，利用母版可以让你做一次修改就能更新到所有使用了该母版的页面。

我们可以为母版选择不同的“Drop Behavior”（拖放行为，也就是将母版放置到页面上时如何处理其位置）。三个选项如图 1-10 所示。

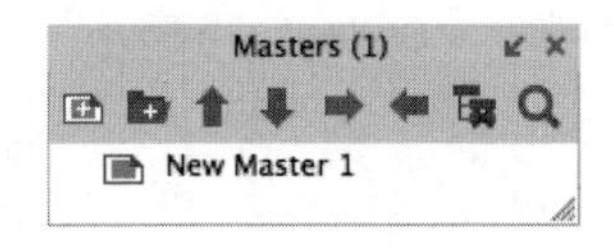

图 1-9

Place Anywhere
Lock to Master Location
Break Away

图 1-10

提示：
“Lock to Master Location”（固定位置）是指，当母版被放置到一个页面时，它永远固定在同一位置。“Break Away”（脱离母版）是指，当将其放置到一个页面时，可以像其他元件一样在页面中随意移动位置，并且当母版更新的时候在此页面的位置不跟随变化。

3. “Page Properties”（页面属性）功能区

“Page Properties”功能区包含“Page Notes”（页面说明）（仅 Axure RP Pro）、“Page Interactions”（页面交互）和“Page Style”（页面样式）三个选项卡。其中“Page Interactions”（页面交互）中提供如图 1-11 所示交互行为。

提示：

此处提供三种默认事件可供选择，分别是“OnPage Load”（页面载入时）、“OnWindowResize”（窗口调整尺寸时）和“OnWindowScroll”（窗口滚动时）。单击“More Events”（更多事件）将显示上图所示的其他事件。

“Page Style”（页面样式）选项卡用来调整单个页面的样式或选择使用页面默认样式。该选项卡下的功能如图 1-12 所示。

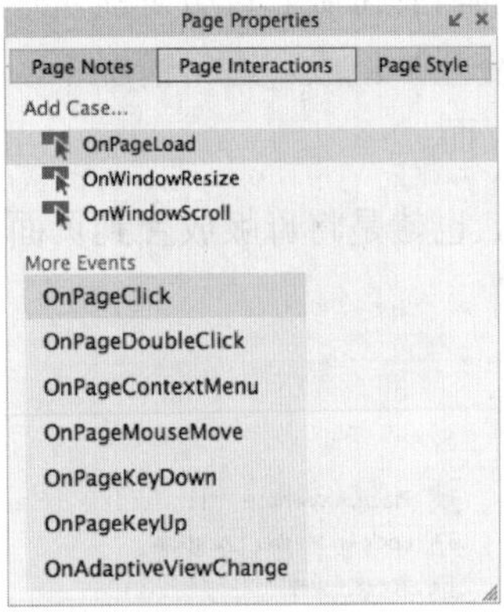

图 1-11

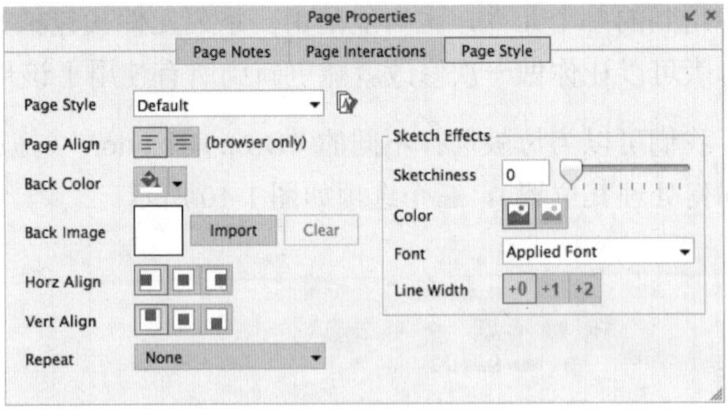

图 1-12

你可以选择使用默认样式或自定义你需要的页面样式。你可以通过“Page Align”（页面对齐）来选择左对齐或居中对齐页面（仅应用于 HTML），也可以设置页面的背景色、背景图片、水平对齐、垂直对齐、背景图片是否重复显示。“Sketch Effects”（手绘效果）选项可以让页面以手绘效果呈现。

提示：

要了解更多页面样式相关的信息，可以访问 https://www.axure.com/learn/basic/page-style。

4. “Widget Interaction and Notes”（元件交互与说明）功能区

“Widget Interaction and Notes”（元件交互与说明）功能区包含“Interactions”（交互）和“Notes”（说明）两个选项卡。你可以通过“Interactions”（交互）为你选中的元件添加交互行为。以图片元件为例，为其添加交互行为时你会看到如图 1-13 所示的界面，

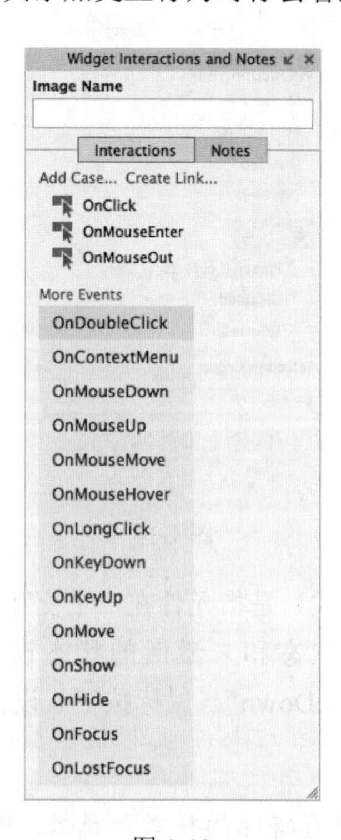

图 1-13

提示：

此处提供三种默认事件可供选择，分别是“OnClick”（鼠标单击时）、“OnMouseEnter”（鼠标移入时）和“OnMouseOut”（鼠标移出时）。单击“More Events”（更多事件）将显示上图所示的其他事件。

5. “Widget Properties and Style”（元件属性与样式）功能区

“Widget Properties and Style”（元件属性与样式）功能区包含“Properties”（属性）和“Style”（样式）两个选项卡。

“Properties”选项卡显示选中元件的属性。以图片元件为例，选中该元件后“Properties”

的显示如图 1-14 所示。

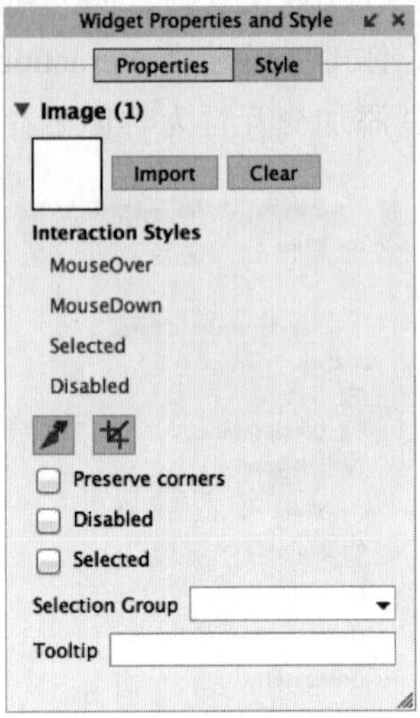

图 1-14

“Interaction Styles”（交互样式）是指元件在一个交互行为完成时的视觉样式，例如，我们可以为一个元件被选中的状态和未激活的状态设置不同的样式。我们还可以为“MouseOver”（鼠标悬停）“MouseDown”（鼠标按下）设置不同的样式。

提示：

有一些元件有特殊的样式和属性。例如，选中一个图片元件后，“Widget Properties and Style”（元件属性与样式）功能区中会出现切割（钢笔形状的按钮）和剪切按钮，而选中一个段落元件后则不会出现这两个按钮。要了解更多不同元件的样式信息，可以访问 https://axure.com/learn/basic/widgets。

“Style”选项卡则是用来调整所选中元件本身的样式。该选项卡中的功能分为如下几组：

- Location + Size（位置+尺寸）
- Base Style（基本样式）
- Font（字体）
- Borders, Lines + Fills（边框+线型+填充）

- Alignment + Padding（对齐+边距）

“Style”选项卡如图 1-15 所示。

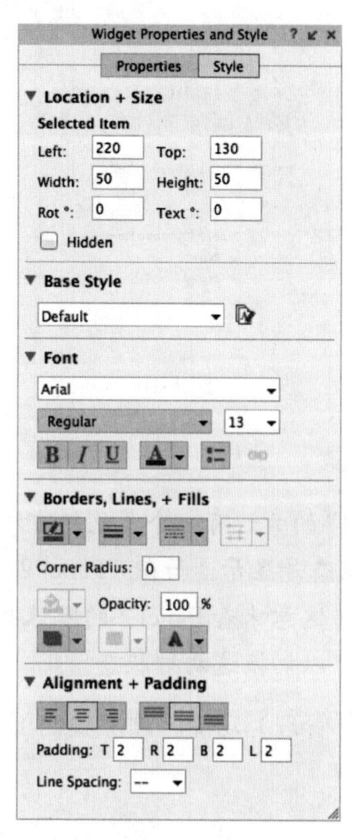

图 1-15

提示：

在工作区选中一个元件后，我们也可以通过工具栏上的“Edit”（编辑）功能来调整该元件的样式。我们还可以创建个性化的元件样式。在功能区中的“Base Style”（基本样式）部分，可以调出元件样式编辑器（单击按钮），通过它即可创建个性化元件样式。访问网址 https://www.axure.com/ learn/basic/widgets 可查看更多信息。

6. “Widget Manager”（元件管理）功能区

“Widget Manager”（元件管理）功能区用来切换动态面板的可见性以及管理动态面板

的状态。动态面板通常用来控制显示或隐藏内容。

图 1-16 是显示了两个分别名为“Panel 1”和“Panel 2”动态面板的“Widget Manager”面板。

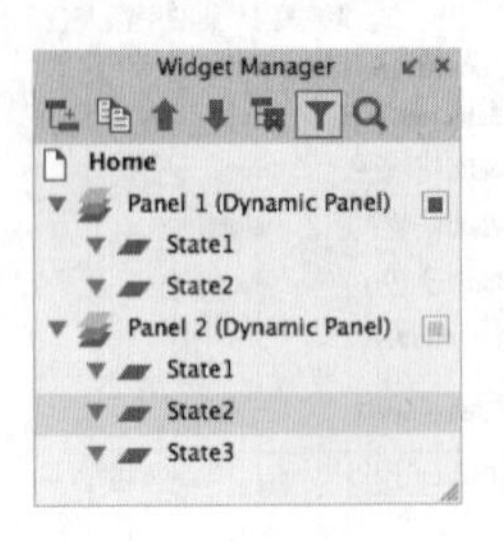

图 1-16

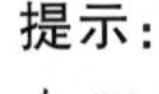

提示：
在“Panel 1”的旁边有一个蓝色的方块，这意味着 Panel 1 的默认状态是显示。而在“Panel 2”的旁边有一个灰色的方块，这意味着 Panel 2 的默认状态是隐藏。单击这个方块可以切换这两种状态。

在“Widget Manager”（元件管理）功能区顶部我们可以看到七个按钮，它们分别是：

- Add State（添加状态）
- Duplicate State（复制状态）
- Move Up（上移）
- Move Down（下移）
- Delete（删除）
- Widget Filter（元件过滤器）
- Search（查找）

1.2 “Adaptive Views”（自适应视图）

与以前的版本相比，Axure RP 7 及后续版本能够帮助我们更方便地创建自适应原型。我们可以通过新功能“Adaptive Views”（自适应视图）来实现这一点。通过“Adaptive Views”

（自适应视图），我们可以为某一屏生成不同的尺寸，并且针对不同的节点进行优化。节点是根据浏览器窗口的像素宽度和/或高度确定的。

1.2.1 规划自适应视图

如果我们的网站或应用有相关的尺寸统计，我们可以参考尺寸统计来设置节点。当我们添加一个自适应视图时，可以根据宽度/高度来设置新的视图，也可以从软件提供的五个预设参数中选择。五个预设参数如下：

- Large display（大屏显示器）（1200×任意高度或以上）
- Landscape tablet（平板电脑横屏）（1024×任意高度或以下）
- Portrait tablet（平板电脑竖屏）（768×任意高度或以下）
- Landscape phone（手机横屏）（480×任意高度或以下）
- Portrait phone（手机竖屏）（320×任意高度或以下）

自适应视图继承父视图或基本视图中的属性。我们通常在基本视图（或默认视图）中完成主要的设计，再为每一个子视图添加额外的细节。

提示：
在子视图中进行的修改不影响父视图。

个人设计师或者团队在自适应视图设计过程中有两种主要的工作思路可供参考：

- 移动端优先：
    - 以最小尺寸为基本视图
    - 每一个子视图以前一个视图为基础，逐渐放大
- 从大屏到小屏
    - 以最大尺寸为基本视图
    - 每一个子视图以前一个视图为基础，逐渐缩小

1.2.2 管理自适应视图

我们可以参考以下步骤来管理自适应视图。

1．单击工作区左上角"Manage Adaptive Views"（管理自适应视图）按钮打开"Adaptive Views"对话框。如图 1-17 所示。

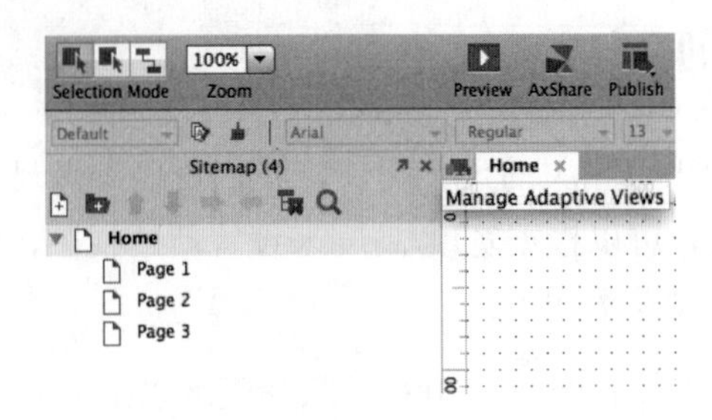

图 1-17

提示：

我们也可以从主菜单中打开"Adaptive Views"（自适应视图）对话框，其路径为"Project"（项目）—"Adaptive Views"（自适应视图）。

图 1-18 所示为"Adaptive Views"（自适应视图）对话框默认状态。

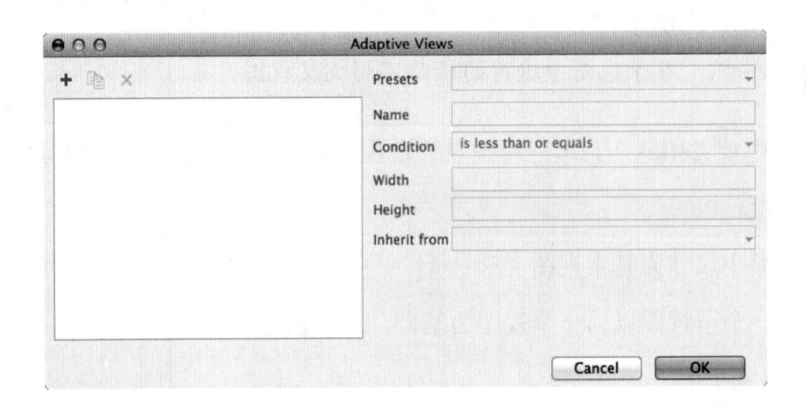

图 1-18

2．单击绿色+按钮添加一个新的视图。

3．在"Presets"（预设）下拉菜单中，选择"Portrait tablet"（平板电脑竖屏），再单击绿色+按钮继续添加新的视图。

4．在"Presets"（预设）下拉菜单中，选择"Portrait phone"（手机竖屏）。当你添加完所有需要的视图后，单击“OK”（确定）按钮关闭“Adaptive Views”（自适应视图）对话框。

以刚才的步骤为例，添加完两个视图后的“Adaptive Views”（自适应视图）对话框如图 1-19 所示。

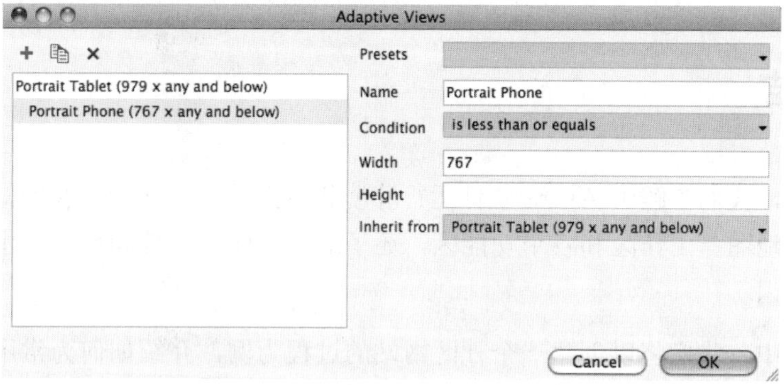

图 1-19

5．在以上平板电脑竖屏和手机竖屏设置好之后，工作区的显示如图 1-20 所示。

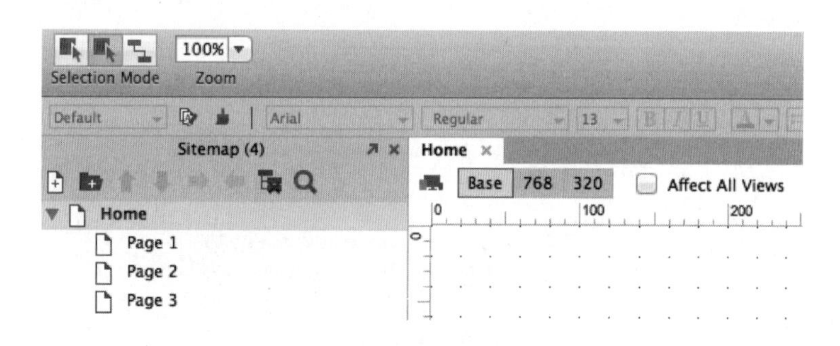

图 1-20

此时我们可以看到自适应视图工具栏中多出了三个标签页，分别对应着我们设置的“Base”（基本）、“768” 和 “320” 三个不同视图。

> **提示：**
> 通常情况下，工作区的顶端并不会显示基本视图或子视图的标签页。自适应视图的相关标签页仅在视图被创建之后才会显示。要了解更多关于自适应视图设置的相关信息，可以访问 http://www.axure.com/learn/adaptive/setting-up。

标签页有蓝色、橙色、灰色和绿色四种颜色分别代表不同状态。在上述例子中，“Base” 标签是蓝色的，表示这个视图当前是打开可编辑的状态。“768” 和 “320” 是橙色的，表示它们是子视图，如果当前选中视图的样式进行了更改，它们会受影响。如标签页为灰色，表示它们不会被选中视图样式的更改所影响（例如，如果选中的是一个子视图，它的标签页将是橙色的，而相关父视图的标签页将为灰色）。“Affect All Views”（应用到所有视图）选项被勾选，则标签页将变为绿色，这意味着所有的改动将影响所有的视图。

1.3 小结

在本章中，我们了解了 Axure 软件运行环境和界面的相关知识。我们知道了主菜单、工具栏、站点地图、工作区和各个功能区，还了解了页面、元件和母版，也对自适应视图有了初步的认识。

在下一章中，我们将以创建一个社区网站的过程为例，介绍如何为常用的网页元素创建可共用的交互。把这些共用元素放入可复用的母版之后，我们将为网站创建页头、轮播图片和全局页脚。

第2章 创建一个社区网站

社区网站将有相似兴趣的人聚集在一起，提供相关信息，并且提供一个可针对特定主题进行讨论的论坛。通常，我们在研究不同的社区网站时能看到很多相似点：首先，在这样的网站中信息会被分组，每一组中又会有话题列表。用户在选择时可以通过分组来缩小范围，再选择某一个帖子来查看更多细节。

在这一章中，我们会学到如何完成以下任务：

- 检视整个项目
    - 从客户处得到的背景信息
- 架构社区网站
    - 检视站点地图
    - 检视论坛与新闻流程
    - 确定和创建母版
    - 完成页面设计

2.1 检视我们的项目

在理想情况下，我们能够在项目的一开始就参与进来。我们可以在项目范围界定的过程中提出意见，并提供时间和成本的估算，这些都将体现在工作说明书（statement of work，SOW）中。在需求发现阶段，我们可以通过采访各方面的利益相关人士来确定项目目标和制定我们的方案。

从客户处得到的背景信息

在我们的社区网站项目中，客户是一个非盈利的创业组织，他们将开发一个针对火星探索的论坛。客户要求看到一个能体现网站所有页面的原型，还希望看到用户执行以下操作的用例：

1．从主页单击“Forum & News”（论坛和新闻）。

2．单击某一个“Category”（分类）的页头来查看该分类下的话题列表。

3．单击“Topic”（话题）来查看相应的“Topic Detail”（话题详情）页面。

客户还希望这个社区网站包括三个主要部分。这三个主要部分是：

- “Our Journey to Mars”（我们的火星旅程）
- “Forum & News”（论坛与新闻）
- “Universal Charter”（宇宙宪章）

此外，客户还要求首页上有轮播图片，网站还要有社交媒体订阅（social media feed）。有了这些从客户处来的细节和内容，我们就可以开始规划这个社区网站的架构了。

2.2 架构我们的社区网站

我们从创建站点地图和流程图开始。有了这些，就可以了解怎么去创建母版。大家应该还记得母版的意义是生成可复用的页面元素。母版帮助我们更快速地进行设计，我们只要改动页面上需要改动的地方就可以。通常，在母版上进行的改动会自动应用到使用了该母版的所有页面上去。

现在我们可以来看看站点地图以及论坛与新闻的流程了。

2.2.1 检视站点地图

站点地图是帮助我们对网站进行规划以及方便团队成员之间互相沟通的工具。站点地图显示一个网站的层级关系，突出点击路径、点击深度，还能大致确定总共需要的页数。

根据前文提到的客户提供的背景信息，我们在“Sitemap”（站点地图）功能区创建了一个站点地图，如图 2-1 所示。

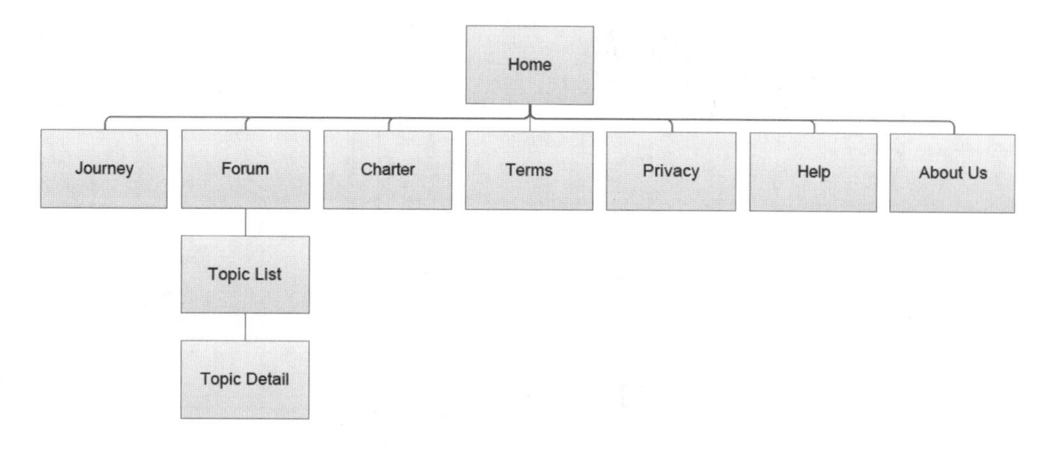

图 2-1

在“Sitemap”（站点地图）功能区中创建一个站点地图的步骤如下：

1. 单击“Add Page”（添加页面）按钮，并将页面命名为“Sitemap”。
2. 双击“Sitemap”页面旁边的按钮，在工作区中打开这个页面。
3. 右键单击按钮，选择“Generate Flow Diagram”（生成流程图）。
4. 在“Generate Flow Diagram”（生成流程图）弹出的对话框中，选择“Standard”（标准）后单击“OK”（确定）。

下载示例代码：

你可以登录你的账户，并从 http://www.packtpub.com 网站下载你购买过的所有 Packt 出版的图书中所提到的示例代码。如果你是从别处购买的此书，可以访问 http://www.packtpub. com/support 并注册，我们会将需要的文件直接邮件给你。

2.2.2 检视论坛与新闻流程

基于客户提供的背景信息和商业需求，我们通过“Widgets”（元件）功能区中的“Flow Widget Library”（流程图元件库）创建了流程图。流程图描述了针对给定用例的主要页面和决策点。我们的论坛与新闻流程图如图 2-2 所示。

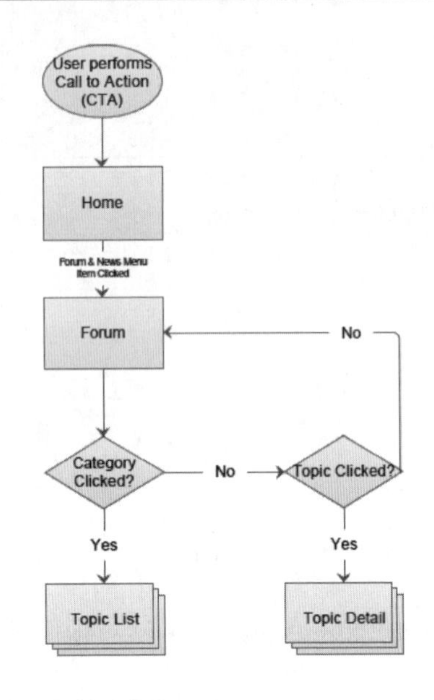

图 2-2

现在我们可以来确定并创建我们需要的母版了。

2.2.3 确定和创建母版

要想明确母版中需要的元件和交互，我们需要关注网页设计的基本要素。在我们这个设计中，我们需要有 header（页头）、page body（页面主体）和 footer（页脚）。图 2-3 是我们为这个网站设计的首页的大致样式，其中 header，page body 和 footer 都被标记了出来。

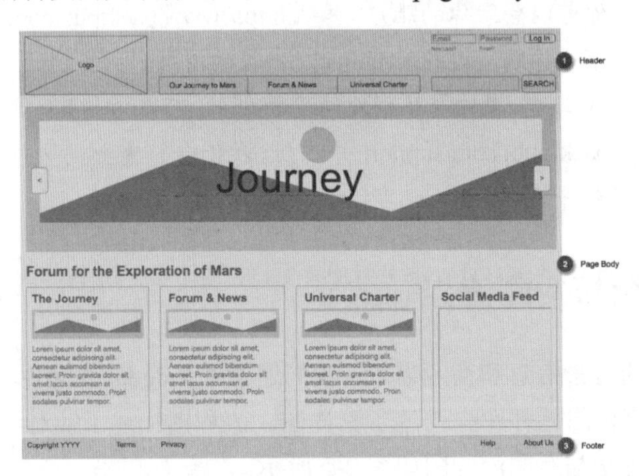

图 2-3

在明确了页面的分区后，我们接下来就要考虑元件的逻辑分组及其交互行为之间的共性。一旦确定了母版中需要的元件，就可以通过 raised events（触发事件）来创建自定义交互行为。根据这个思路，我们决定是否需要创建如下母版：

- Header（页头）
- BreadCrumb（面包屑导航）
- Secondary_Page_Body（二级页面主体）
- Informational_Page_Body（信息展示页面主体）
- Forum（论坛）
- Footer（页脚）

除了母版外，我们还要确定所需要的全局变量。根据项目需求，我们将创建如下全局变量：

- CarouselClicked
- VerticalOffset
- HorizontalOffset
- Index
- BreadCrumbComponent
- Topic
- TopicHeadline
- TopicFilter

提示：

在之后的迭代中，我们可以很容易地添加和移除全局变量。通常在我们针对给定的页面元素、用例和流程、不断完善交互行为和改善用户体验的过程中，会发生这样的情况。

接下来，我们将创建全局变量，并且为每个母版进行设计和添加交互。

1．创建全局变量

现在我们要来创建全局变量。在设计过程中，全局变量的应用能让我们在不同页面间共享数据。可以参照以下步骤创建全局变量。

1．在菜单栏选择“Project”（项目）—“Global Variables”（全局变量）。

2．在“Global Variables”（全局变量）对话框中，单击绿色+按扭，输入“CarouselClicked”。单击“Default Value”（默认值）输入区，输入 0。

3．重复以上步骤七次，创建其他我们所要用到的全局变量。需要输入的参数如表 2-1 所列。

表 2-1

Variable name（变量名称）	Default value（默认值）
VerticalOffset	0
HorizontalOffset	0
Index	0
BreadCrumbComponent	10
Topic	All
TopicHeadline	Interesting Topic
TopicFilter	0

4．完成上述步骤后，“Global Variables”（全局变量）对话框如图 2-4 所示。

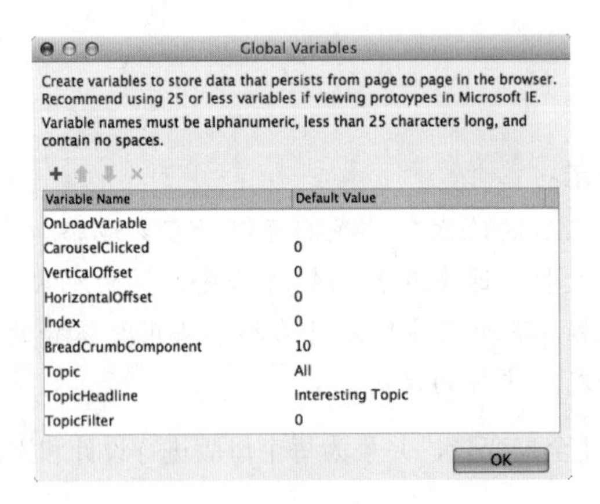

图 2-4

5．单击“OK”（确定）。

创建好所需的全局变量后，接下来就该完成母版的设计和交互了。让我们从前往“Masters”（母版）功能区中添加母版开始。

2. 在“Masters”（母版）功能区中添加母版

我们需要在“Masters”（母版）中添加六个母版，步骤如下。

1. 在“Masters”（母版）功能区中，单击“Add Masters”（添加母版）按钮，输入“Header”（页头）后按回车。
2. 在“Masters”（母版）功能区中，右键单击“Header”（页头）母版旁边的按钮，将鼠标移动到“Drop Behavior”（拖放行为），然后选择“Lock to Master Location”（固定位置）。
3. 重复步骤 1 和 2 五次，根据表 2-2 中给出的命名和拖放行为创建五个母版。

表 2-2

母版命名	拖放行为
BreadCrumb	“Lock to Master Location”（固定位置）
Secondary_Page_Body	“Lock to Master Location”（固定位置）
Informational_Page_Body	“Lock to Master Location”（固定位置）
Forum	“Place Anywhere”（任意位置）
Footer	“Lock to Master Location”（固定位置）

4. 在“Masters”（母版）功能区中添加了所需要的所有母版后，我们就可以分别完成它们的设计并为其添加交互行为了。让我们从“Header”（页头）母版开始。

3. 设计“Header”（页头）母版

根据站点地图的定义，我们的“Header”（页头）母版将出现在这个社区网站的所有页面。完成后的“Header”（页头）母版如图 2-5 所示。

图 2-5

根据客户给出的背景信息，我们在查看“Widgets”（元件）功能区后确定“Header”（页头）母版中将用到表2-3所列元件。

表2-3

元件数量	元件样式
1	Placeholder（占位符）
3	abc Text Field（文本框）
2	Button Shape（按钮形状）
2	A_ Label（文本标签）
1	Classic Menu-Horizontal （水平菜单）

明确所需要的元件数量和样式之后，我们就可以往“Header”（页头）母版中添加这些元件了。

4. 在“Header”（页头）母版中添加元件

我们用到的所有元件都可以从元件库的“Default | Common”（默认 | 基本元件）、“Default | Form”（默认 | 表单元件）和“Default | Menus and Table”（默认 | 菜单和表格）中找到。将元件添加到“Header”（页头）母版的步骤如下。

1. 在“Masters”（母版）功能区，双击“Header”（页头）母版旁边的按钮。
2. 在“Widgets”（元件）功能区，将“Text Field”（文本框）abc元件拖放到工作区坐标（730，10）处。
3. 单击“Text Field”（文本框）元件。
4. 输入“Email”。在工具栏将元件的宽度（w）设为79，高度（h）设为16。
5. 在“Widget Interactions and Notes”（元件交互与说明）功能区，单击“Shape Name”（形状名称）编辑区，输入“EmailTextField”。
6. 在“Widget Properties and Style”（元件属性与样式）功能区，选中“Style”（样式）标签页，滚动到“Font”（字体）选项，并执行以下操作。

    1）将字号设置为11；

    2）单击字体颜色按钮旁边的向下箭头A▾。在下拉菜单中，在“#”旁边的输入区输入999999。

7. 重复以上步骤 2 至 6，将我们要在“Header”（页头）母版中用到的元件都添加进来。参数如表 2-4 所列（标有*号的项目表示不是每个元件都有此参数）。

表 2-4

元件	坐标	描述*（将在元件上显示）	宽度（w）	高度（h）	名称（“Widget Interactions and Notes”（元件交互与说明）中）	字号*	颜色*
Placeholder（占位符）	（10，10）	Logo	220	100	CommunityLogo		
Text Field（文本框）	（815，10）	Password	69	16	PasswordTextField	111	999999
Button Shape（按钮形状）	（894，10）	Log In	56	16	LogInButton		
Label（文本标签）	（730，30）	New User?	45	10	NewUserLink	9	999999
Label（文本标签）	（815，30）	Forgot?	27	9	ForgotLink	9	999999
Text Field（文本框）	（730，82）		155	25	SearchTextField		
Button Shape（按钮形状）	（890，80）	Search	60	30	SearchButton		
Classic Menu-Horizontal（水平菜单）	（250，80）		460	30	HzMenu		

我们还需要命名“HzMenu”中的菜单项才能完成“Header”（页头）母版的设计。选中“HzMenu”后，进行如下操作。

1. 选中第一条菜单项，输入“Our Journey to Mars”。在“Widget Interactions and Notes”（元件交互与说明）功能区单击“Menu Item Name”（菜单项名称）编辑区，输入“JourneyMenuItem”。
2. 选中第二条菜单项（原文中是“选中第一条菜单项”，可能为笔误——译者注），输入“Forum & News”。在“Widget Interactions and Notes”（元件交互与说明）功能区，单击“Menu Item Name”（菜单项名称）编辑区，输入“ForumMenuItem”。

3. 选中第三条菜单项（原文中是“选中第一条菜单项”，可能为笔误——译者注），输入“Universal Charter”。在“Widget Interactions and Notes”（元件交互与说明）功能区，单击“Menu Item Name”（菜单项名称）编辑区，输入“CharterMenuItem”。
4. 完成“Header”（页头）母版的设计后，我们就可以进行定义交互了。

5. 为“Header”（页头）母版创建交互

如表2-5所示，在“Header”（页头）母版中，针对以下元件的以下事件将有交互行为。

表2-5

元件名称	事件
CommunityLogo	OnClick（鼠标单击时）
HzMenu	OnClick（鼠标单击时）
EmailTextField	OnMouseEnter（鼠标移入时）、OnMouseOut（鼠标移出时）
PasswordTextField	OnMouseEnter（鼠标移入时） OnMouseOut（鼠标移出时）

现在我们就来为这些元件定义交互。让我们从“CommunityLogo”开始吧。

6. 为“CommunityLogo”元件定义交互

我们参照以下步骤来定义“CommunityLogo”元件在“OnClick”（鼠标单击时）的交互。

1. 单击位于坐标（10，10）处的“CommunityLogo”元件。
2. 在“Widget Interactions and Notes”（元件交互与说明）功能区选中“Interactions”（交互）选项卡，单击“Create Link”（生成链接）。
3. 在弹出的站点地图中，选择“Home”。

下面我们来为“HzMenu”定义交互。

7. 为“HzMenu”元件定义交互

要为“HzMenu”元件定义交互，可单击坐标位于（250，80）处的第一个菜单项（也就是“JourneyMenuItem”）并进行以下操作。

1. 在“Widget Interactions and Notes”（元件交互与说明）功能区选中“Interactions”（交互）选项卡，单击“Create Link”（生成链接）。在弹出的站点地图中，选择“Journey”。

2. 单击第二个菜单项“ForumMenuItem”，在“Widget Interactions and Notes”（元件交互与说明）功能区选中“Interactions”（交互）选项卡，单击“Create Link”（生成链接）。在弹出的站点地图中，选择“Forum”。

3. 单击第三个菜单项“CharterMenuItem”，在“Widget Interactions and Notes”（元件交互与说明）功能区选中“Interactions”（交互）选项卡，单击“Create Link”（生成链接）。在弹出的站点地图中，选择“Charter”。

下面我们来为“EmailTextField”定义交互。

8. 为“EmailTextField”定义交互

用户在单击一个文本框之后，会希望屏幕焦点停留在输入框内，直到他自己将鼠标移出。通常情况下，在我们制作原型的过程中这并不是一个问题。

由于我们的社区网站页面上有一个图片轮播区，我们需要想办法在用户单击“Previous”（上一条）或者“Next”（下一条）按钮时停止自动轮播。我们利用隐藏热点“CheckForClick”的设置焦点（Set Focus）事件来达到这一目的。“CheckForClick”的设置焦点（Set Focus）事件也发生在轮播动态面板改变状态时。如果用户单击了“Previous”（上一条）或者“Next”（下一条）按钮，全局变量“CarouselClicked”的值为 1。而“CheckForClick”的“OnFocus”（获取焦点时）事件的用例 1 只有在“CarouselClicked”的值为 0 时才会执行。这样我们就能确保用户单击“Previous”（上一条）或者“Next”（下一条）按钮时，轮播暂停。

为了确保在这些情况下屏幕焦点保持在输入框上，我们利用“OnMouseEnter”（鼠标移入时）事件，如果“CarouselClicked”值不为 1，我们将“CarouselClicked”的值设为“FieldActive”。这样能够确保用户的鼠标悬停在输入框时，屏幕的焦点不会在“CheckForClick”。

当用户将鼠标从输入框移开时，“OnMouseOut”（鼠标移出时）事件将被触发。如果“CarouselClicked”值不为 1，我们将“CarouselClicked”的值设为 0，并且触发一个针对该文本框的触发事件（raised event）。这样能方便我们为每一页的每一个触发事件创建不同的交互。

现在我们来为“EmailTextField”元件定义“OnMouseEnter”（鼠标移入时）和“OnMouseOut”（鼠标移出时）的事件。

9．创建“OnMouseEnter”（鼠标移入时）事件

可以参照以下步骤来创建“OnMouseEnter”（鼠标移入时）事件。

1．单击位于坐标（730，10）处的“EmailTextField”元件。

2．在“Widget Interactions and Notes”（元件交互与说明）功能区选中“Interactions”（交互）选项卡，单击“More Events”（更多事件），然后双击“OnMouseEnter”（鼠标移入时）事件，打开“Case Editor”（用例编辑）对话框。

3．在“Case Editor”（用例编辑）对话框中执行以下操作：

添加条件：

1）单击“Add Condition”（添加条件）按钮

2）你将看到“Condition Builder”（条件设立）对话框如图 2-6 所示。

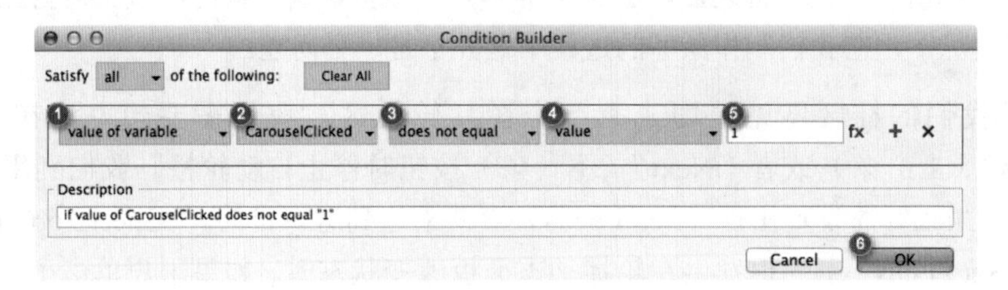

图 2-6

参考图 2-6 的标记，执行以下步骤。

1）在第一个下拉菜单中，选择“value of variable”（变量值）；

2）在第二个下拉菜单中，选择“CarouselClicked”；

3）在第三个下拉菜单中，选择“does not equal”（！=）；

4）在第四个下拉菜单中，选择“value”（值）；

5）在输入区输入 1；

6）单击“OK”（确定）。

要创建动作，可以参照如图 2-7 所示的步骤设置“CarouselClicked”变量的值。

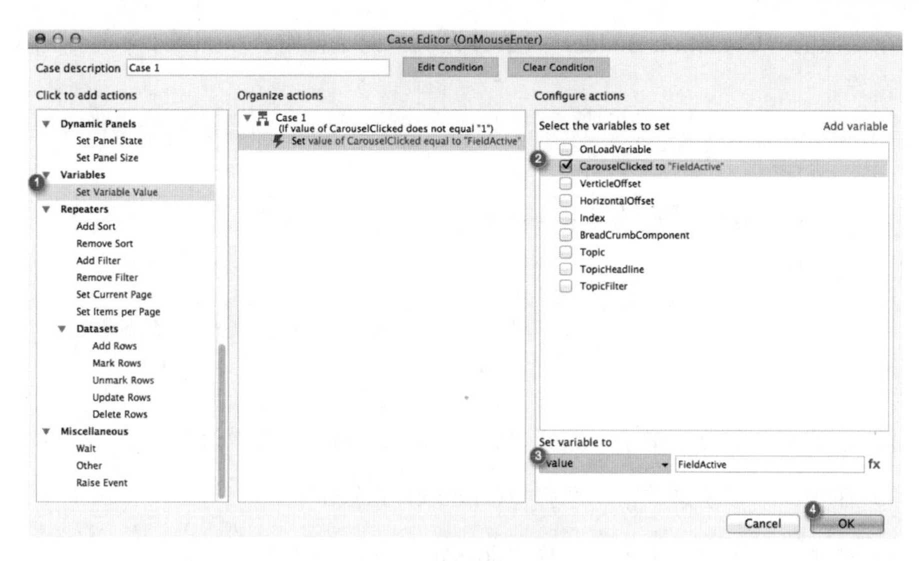

图 2-7

1. 在“Click to add actions”（添加动作）一栏下，滚动至“Variables”（变量），单击“Set Variable Value”（设置变量值）。

2. 在“Configure actions”（配置动作）一栏下，勾选“CarouselClicked”。

3. 在“Set variable to”（设置全局变量值为）位置的第一个下拉菜单处选择“value”（值），然后在输入区输入“FieldActive”。

4. 单击“OK”（确定）。

下一步我们来继续为“EmailTextField”元件创建“OnMouseOut”（鼠标移出时）事件。

10. 创建“OnMouseOut”（鼠标移出时）事件

可以参照以下步骤来创建“OnMouseOut”（鼠标移出时）事件。

1. 单击位于坐标（730，10）处的“EmailTextField”元件。

2. 在“Widget Interactions and Notes”（元件交互与说明）面板中选中“Interactions”（交互）选项卡，单击“More Events”（更多事件），然后双击“OnMouseOut”（鼠标移出时）事件。

3. 这时“Case Editor”（事件编辑器）对话框被打开。单击其中的“Add Condition”（添加条件）按钮来添加条件。

4. 在弹出的“Condition Builder”（条件设立）对话框中，参照图2-8的标记执行以下操作。

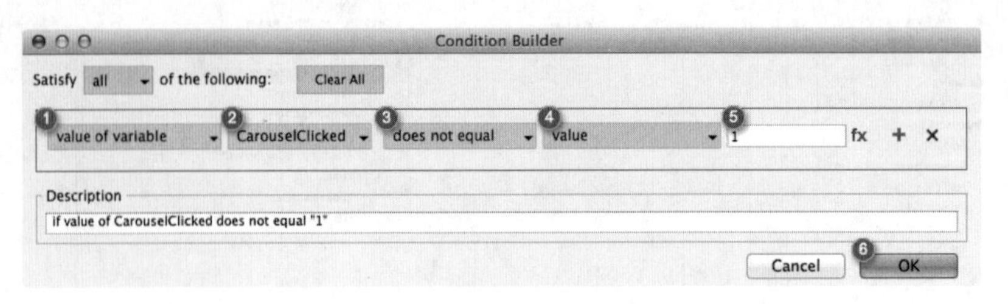

图2-8

1）在第一个下拉菜单中，选择“value of variable”（变量值）；

2）在第二个下拉菜单中，选择“CarouselClicked”；

3）在第三个下拉菜单中，选择“does not equal”（！=）；

4）在第四个下拉菜单中，选择“value”（值）；

5）在输入区输入1；

6）单击“OK”（确定）。

5. 现在来创建第一个动作。我们执行以下操作来为变量“CarouselClicked”设定值（如图2-9所示）。

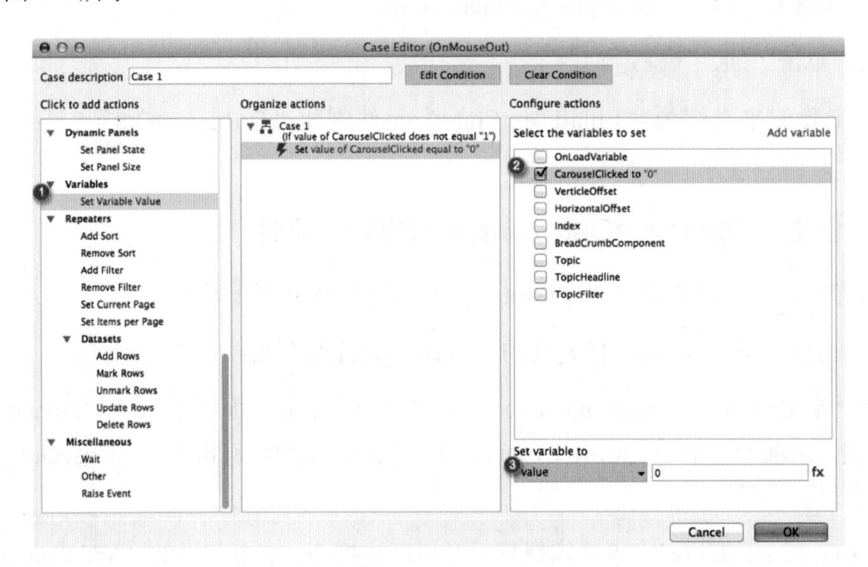

图2-9

1）在“Click to add actions”（添加动作）一栏下，滚动至“Variables”（变量），单击“Set Variable Value”（设置变量值）；

2）在“Configure actions”（配置动作）一栏下，勾选“CarouselClicked”；

3）在“Set variable to”（设置全局变量值为）位置的第一个下拉菜单处选择“value”（值），然后在输入区输入“0”。

6. 接下来创建第二个动作“OnMouseOutEmailTextField”触发事件（如图 2-10 所示）。执行以下操作。

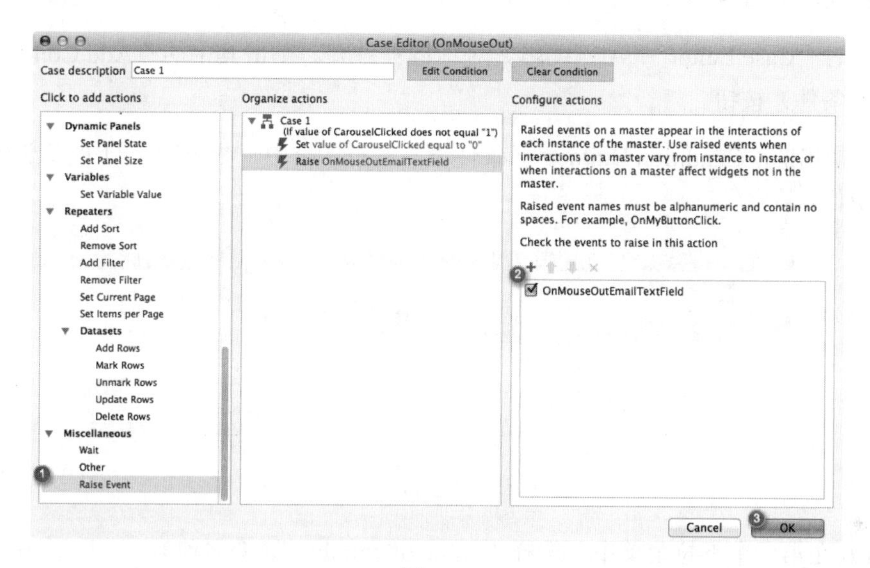

图 2-10

1）在“Click to add actions”（添加动作）一栏下，滚动至“Miscellaneous”（其他），单击“Raise Event”（触发事件）；

2）在“Configure actions”（配置动作）一栏下，单击绿色+按钮，输入“OnMouseOutEmailTextField”，勾选其左边的单选框；

3）单击“OK”（确定）。

现在我们完成了“EmailTextField”元件的交互定义，下一步我们来定义“Password TextField”的交互。

11. 为“PasswordTextField”定义交互

现在我们来为“PasswordTextField”元件定义“OnMouseEnter”（鼠标移入时）和

“OnMouseOut”（鼠标移出时）的交互。

创建“OnMouseEnter”（鼠标移入时）事件

可以参照以下步骤来创建“OnMouseEnter”（鼠标移入时）事件。

1. 单击位于坐标（815，10）处的“PasswordTextField”元件。
2. 在“Widget Interactions and Notes”（元件交互与说明）功能区选中“Interactions”（交互）选项卡，单击“More Events”（更多事件），然后双击“OnMouseEnter”（鼠标移入时）事件。
3. 这时“Case Editor”（用例编辑）对话框被打开。单击其中的“Add Condition”（添加条件）按钮。
4. 在弹出的“Condition Builder”（条件设立）对话框中，参照图2-11的标记执行以下操作：

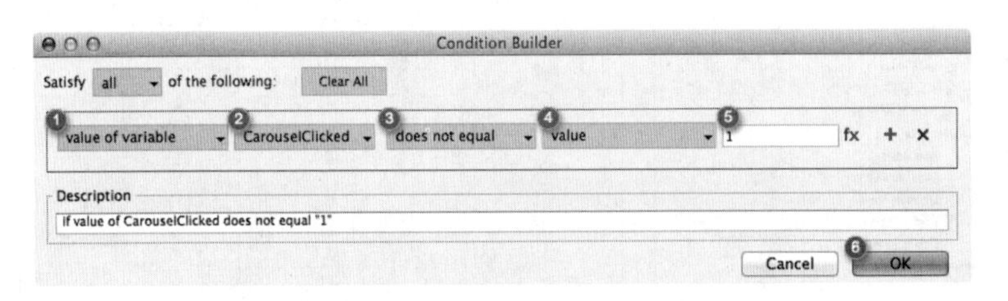

图2-11

1）在第一个下拉菜单中，选择“value of variable”（变量值）；

2）在第二个下拉菜单中，选择“CarouselClicked”；

3）在第三个下拉菜单中，选择“does not equal”（！=）；

4）在第四个下拉菜单中，选择“value”（值）；

5）在输入区输入1。

6）单击“OK”（确定）。

5. 接下来创建动作。可以参照图2-12设置“CarouselClicked”变量的值。

1）在“Click to add actions”（添加动作）一栏下，滚动至“Variables”（变量），单击“Set Variable Value”（设置变量值）；

2）在“Configure actions”（配置动作）一栏下，勾选“CarouselClicked”；

3）在“Set variable to”（设置全局变量值为）位置的第一个下拉菜单处选择“value”（值），然后在输入区输入“FieldActive”；

4）单击“OK”（确定）。

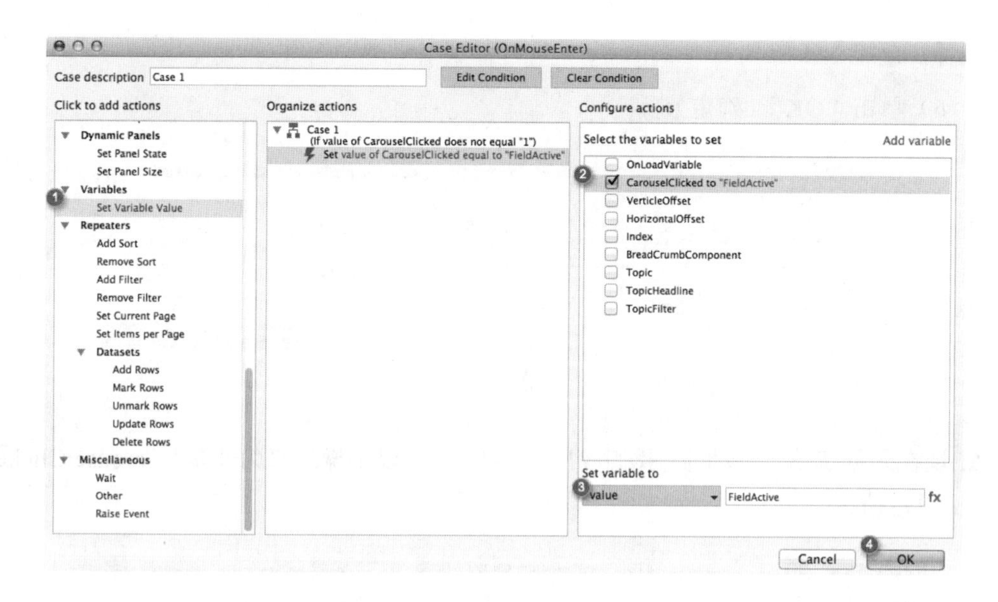

图 2-12

下一步我们继续为“PasswordTextField”元件创建“OnMouseOut”（鼠标移出时）事件。

创建“OnMouseOut”（鼠标移出时）事件

可以参照以下步骤创建“OnMouseOut”（鼠标移出时）事件。

1. 单击位于坐标（815，10）处的“PasswordTextField”元件。

2. 在“Widget Interactions and Notes”（元件交互与说明）面板中选中“Interactions”（交互）选项卡，单击“More Events”（更多事件），然后双击“OnMouseOut”（鼠标移出时）事件。

3. 这时“Case Editor”（事件编辑器）对话框被打开。单击其中的“Add Condition”（添加条件）按钮来添加条件。

4. 在弹出的“Condition Builder”（条件设立）对话框中，参照图 2-13 的标记执行以下操作。

   1）在第一个下拉菜单中，选择“value of variable”（变量值）；

2）在第二个下拉菜单中，选择“CarouselClicked”；

3）在第三个下拉菜单中，选择“does not equal”（！=）；

4）在第四个下拉菜单中，选择“value”（值）；

5）在输入区输入1；

6）单击“OK”（确定）。

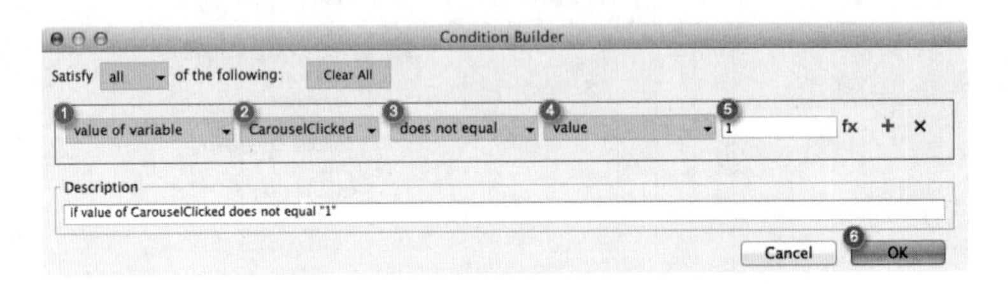

图 2-13

5. 现在来创建第一个动作。我们参照图2-14执行以下操作来为变量“CarouselClicked”设定值。

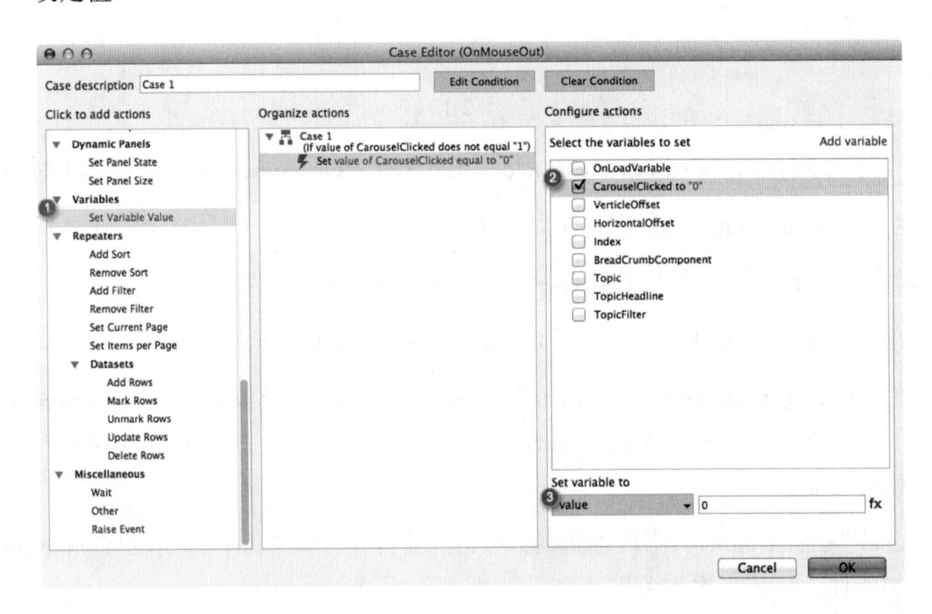

图 2-14

1）在“Click to add actions”（添加动作）一栏下，滚动至“Variables”（变量），单击“Set Variable Value”（设置变量值）；

2）在“Configure actions”（配置动作）一栏下，勾选“CarouselClicked”；

3）“Set variable to”（设置全局变量值为）位置的一个下拉菜单处选择“value”（值），然后在输入区输入“0”。

6．接下来创建第二个动作 OnMouseOutPasswordTextField”触发事件（如图 2-15 所示），执行以下操作。

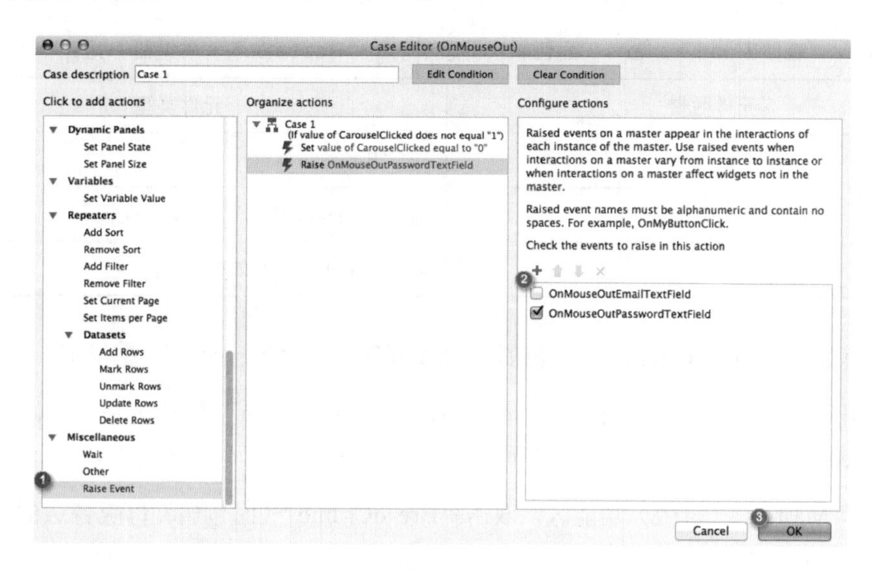

图 2-15

1）在“Click to add actions”（添加动作）一栏下，滚动至“Miscellaneous”（其他），单击“Raise Event”（触发事件）；

2）在“Configure actions”（配置动作）一栏下，单击绿色+按钮，输入“OnMouseOutEmailTextField”，勾选其左边的单选框；

3）单击“OK”（确定）。

这样我们就完成了整个“Header”（页头）母版的设计和交互。接下来我们可以创建“BreadCrumb”（面包屑）母版了。

12．创建“BreadCrumb”（面包屑）母版

“Wayfinding”（路径查找）可以帮助用户在虚拟空间中更好地导航，并且在用户浏览网站时帮助定位自己所在的位置。在网站设计中常用来提供导航的方式就是“BreadCrumb”（面包屑）母版的应用。

我们将创建一个动态的“BreadCrumb”（面包屑）母版，应用于这个社区网站的每一个页面。这个“BreadCrumb”（面包屑）母版在完成后的状态如图2-16所示。

Home > Forum & News > Interesting Topic

图2-16

如表2-6所示，我们将用到以下元件来创建这个母版。

表2-6 在“BreadCrumb”（面包屑）母版中创建“Repeater”（中继器）元件

元件数量	元件类型
1	“Repeater”（中继器）
1	“Dynamic Panel”（动态面板）
1	A_ “Label”（文本标签）

我们首先在“BreadCrumb”（面包屑）母版创建一个“Repeater”（中继器）元件。

我们用到的所有元件都可以在元件库的“Default | Common”（默认 | 基本元件）中找到。创建“Repeater”（中继器）元件并将其置入“BreadCrumb”（面包屑）母版的步骤如下。

1. 在“Masters”（母版）功能区，双击“BreadCrumb”（面包屑）母版旁边的按钮，将其在工作区打开。
2. 在“Widgets”（元件）功能区，将“Repeater”（中继器）元件拖放到工作区坐标（10，113）处。
3. 选中“Repeater”（中继器）元件。在“Widget Interactions and Notes”（元件交互与说明）功能区，单击“Repeater Name”（形状名称）编辑区，输入“BreadCrumb”。
4. 双击“Repeater”（中继器）元件，将其在工作区打开。
5. 在工作区下方出现的“Repeater”（中继器）功能区，单击“Repeater Style”（中继器样式）标签页，执行以下操作来调整中继器的样式。

   1）在“Layout”（布局）下拉菜单，选中“Horizontal”（水平）；

   2）在“Spacing”（填充）下拉菜单，在“Spacing: Row”（行）输入区输入数值5。
6. 在工作区下方的“Repeater”（中继器）功能区，选中“RepeaterDataset”（数据集）页签，执行以下操作调整“Repeater”（中继器）元件的“column”（栏）。

   1）双击“Column0”，在编辑区输入“BreadCrumbComponent”；

2）双击“Add Column”（添加列），在编辑区输入“PageLink”；

7. 选中位于坐标（0，0）处的方形，将其删除。

8. 在“Widgets”（元件）功能区找到“Label”（文本标签）**A_**元件，拖放到工作区，将坐标设置为（0，8）。

9. 选中这个“Label”（文本标签）元件，执行以下操作：

1）输入“A”。在工具栏中修改“w”值为7，“h”值为15；

2）在“Widget Interactions and Notes”（元件交互与说明）功能区，单击“Shape Name”（形状名称）编辑区，输入“LinkLabel”；

3）在“Widget Properties and Style”（元件属性与样式）功能区，选中“Style”（样式）标签页，在“Font”（字体）中，设置字体为“Courier New”，字号为10。

10. 右键单击这个“Label”（文本标签）元件，选择“Convert to Dynamic Panel”（转换为动态面板）。选中这个新的动态面板，执行以下操作：

1）在工具栏中修改“w”值为10，“h”值为15；

2）在“Widget Interactions and Notes”（元件交互与说明）功能区，单击“Dynamic Panel Name”（动态面板名称）编辑区，输入“LinkDP”；

3）在“Widget Manager”（元件管理）功能区，单击“State1”两次（间隔一定时间），将其重命名为“Link”；

4）在“Widget Manager”（元件管理）功能区，双击“Link”旁边的按钮，在工作区打开“Link”状态。

11. 在工作区打开“Link”状态后，选中位于坐标（0，0）处的“LinkLabel”元件，在工具栏中将其参数x改为3。

这样我们就完成了“BreadCrumb”母版的设计。接下来我们编辑“BreadCrumb”中继器中的项目。

13. 更新“BreadCrumb”中继器中项目的“OnItemLoad”（每项加载时）事件

“BreadCrumb”中继器中的项目包含“LinkDP”动态面板及其链接状态。记住，链接状态只有一个名为“LinkLabel”的“Label”（文本标签）元件。“BreadCrumb”中继器中项目的“OnItemLoad”（每项加载时）事件发生时，将执行以下动作：

- 设置“LinkLabel”上的文字
- 设置“BreadCrumbComponent”全局变量的变量值
- 设置“LinkDP”动态面板的面板尺寸
- 移动“LinkDP”动态面板
- 设置“HorizontalOffset”全局变量的变量值

随着中继器的每次更新，我们都要更新“LinkLabel”上的文字来显示“BreadCrumb”中的当前链接，将“BreadCrumbComponent”全局变量的变量值设定为与当前项目相对应的变量值，然后利用“BreadCrumbComponent”来计算当前文本的长度，并基于此来决定“LinkDP”动态面板的面板尺寸。

此外，我们还要基于“HorizontalOffset”来移动“LinkDP”动态面板。最后还要根据“BreadCrumbComponent”的长度乘以一个像素的恒量来更新“HorizontalOffset”全局变量的变量值。

提示：
大部分字体都是不固定字宽的。我们特意选择了固定字宽（也就是等宽的）字体 Courier New，来减少我们的动态面包屑导航链接和分隔符之间的间距变化不一致。

现在我们来为“BreadCrumb”中继器定义“OnItemLoad”（每项加载时）事件。

14．定义“OnItemLoad”（每项加载时）事件

在工作区打开“BreadCrumb”母版，并单击位于坐标（10，113）处的“BreadCrumb”中继器。在“Widget Interactions and Notes”（元件交互与说明）功能区，选中“Interactions”（交互）标签页，单击“More Events”（更多事件），双击“OnItemLoad”（每项加载时），打开用例编辑器对话框。在对话框中执行以下操作：

1．在用例描述区域输入“SetBreadCrumb”。

2．创建第一个动作来设置“LinkLabel”上的文字（如图 2-17 所示）。执行以下操作：

   1）在“Click to add actions”（添加动作）一栏下，滚动至“Widgets”（元件），单击“Set Text”（设置文本）。

   2）在“Configure actions”（配置动作）一栏下，勾选“LinkLabel”旁边的单选框。

3）在“Set text to”（设置文本为）下方，点开第一个下拉菜单，选择“value”（值），并在文本输入区输入“[[Item.BreadCrumbComponent]]”。

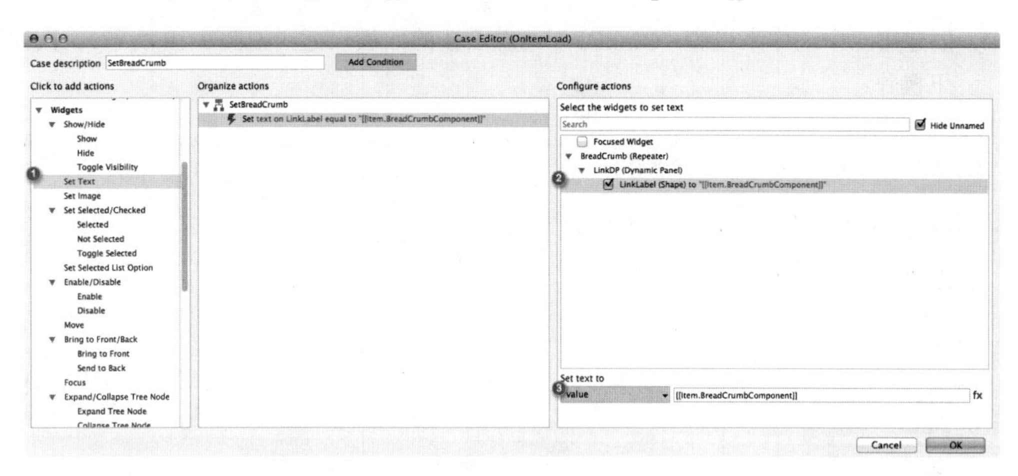

图 2-17

3. 创建第二个动作来设置“BreadCrumbComponent”全局变量的变量值（如图 2-18 所示）。执行以下操作：

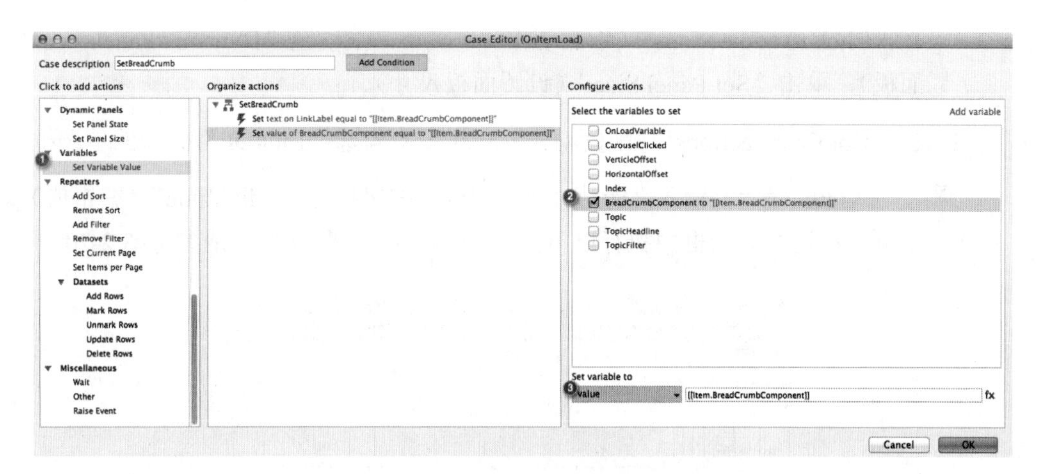

图 2-18

1）在“Click to add actions”（添加动作）一栏下，滚动至“Variables”（全局变量），单击“Set Variable Value”（设置变量值）。

2）在“Configure actions”（配置动作）一栏下，勾选“BreadCrumbComponent”旁边的单选框。

3）在“Set variable to”（设置全局变量值为）下方，点开第一个下拉菜单，选择“value”（值），并在文本输入区输入“[[Item.BreadCrumbComponent]]”。

4. 创建第三个动作来设置“LinkDP”动态面板的面板尺寸（如图 2-19 所示）。执行以下操作：

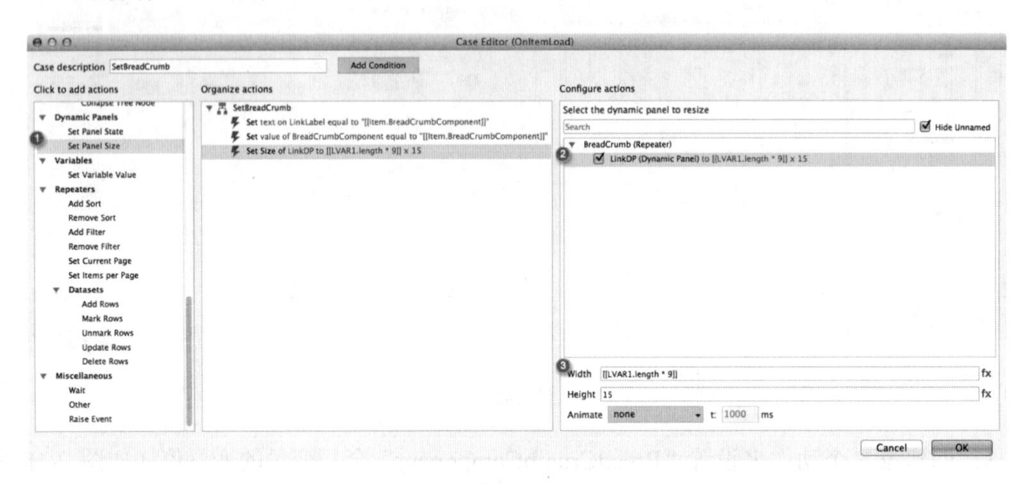

图 2-19

1）在“Click to add actions”（添加动作）一栏下，滚动至“Dynamic Panels”（动态面板），单击“Set Panel Size”（设置面板尺寸）。

2）在“Configure actions”（配置动作）一栏下，勾选“LinkDP”旁边的单选框。

3）在“Width”（宽）输入区旁边，单击“fx”按钮打开“Edit Value”（编辑值）对话框。在这个对话框中执行以下第 4）至第 8）步的操作。请参考图 2-20。

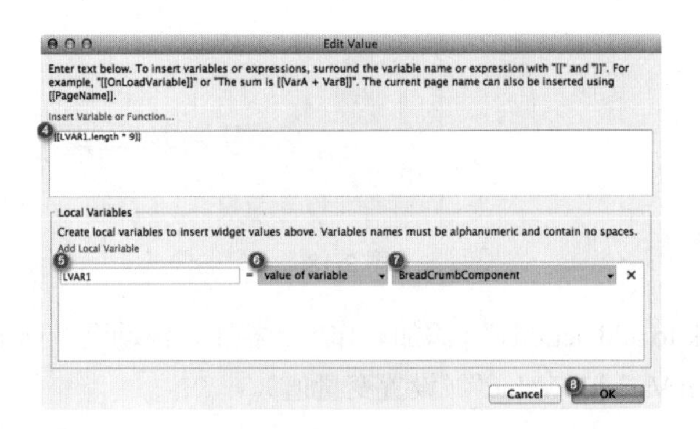

图 2-20

4）在“Insert Variable or Function”（插入变量或函数）下方的输入区，输入

“[LVAR1.length * 9]]”。

5）在“Local Variable”（局部变量）编辑区，单击“Add Local Variable”（添加局部变量），并在下方随后出现的输入区输入“LVAR1”。

6）在第一个下拉菜单选择“value of variable”（变量值）。

7）在第二个下拉菜单选择“BreadCrumbComponent”。

8）单击“OK”（确定）。

5. 创建第四个动作来移动“LinkDP”动态面板（如图 2-21 所示）。执行以下操作：

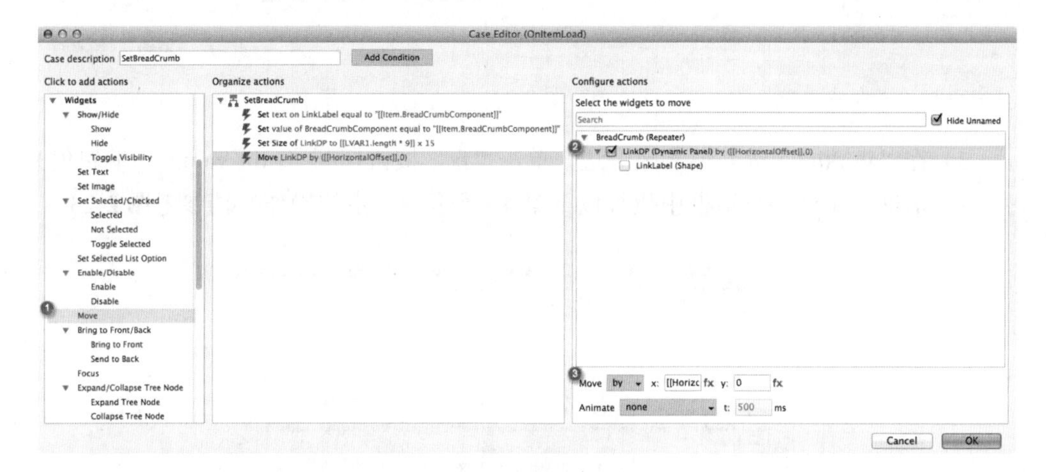

图 2-21

1）在“Click to add actions”（添加动作）一栏下，滚动至“Widgets”（元件），单击“Move”（移动）。

2）在“Configure actions”（配置动作）一栏下，勾选“LinkDP”旁边的单选框。

3）在下方的“Move”（移动）旁边，打开第一个下拉菜单，选择“by”（相对距离为），并在输入区输入“[[HorizontalOffset]]”。

6. 创建第五个动作来设置“HorizontalOffset”的变量值（如图 2-22 所示）。执行以下操作：

1）在“Click to add actions”（添加动作）一栏下，滚动至“Variables”（全局变量），单击“Set Variable Value”（设置变量值）。

2）在“Configure actions”（配置动作）一栏下，勾选“HorizontalOffset”旁边的单选框。

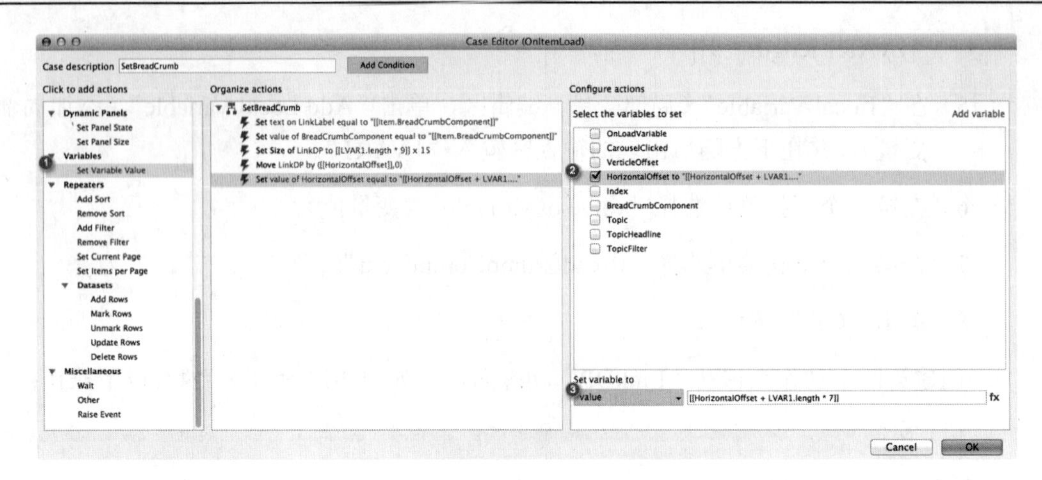

图 2-22

3）在“Width”（宽）输入区旁边，单击“fx”按钮打开“Edit Value”（编辑值）对话框。在这个对话框中执行以下第4）至第8）步的操作。请参考图2-23。

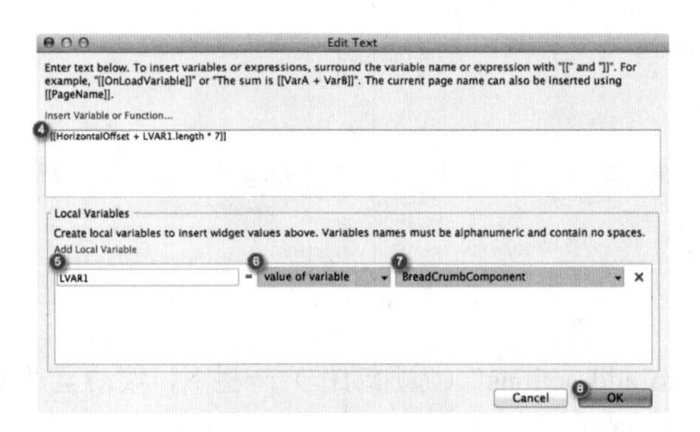

图 2-23

4）在“Insert Variable or Function”（插入变量或函数）下方的输入区，输入“[HorizontalOffset + LVAR1.length * 7]]”。

5）在“Local Variable”（局部变量）编辑区，单击“Add Local Variable”（添加局部变量），并在下方随后出现的输入区输入“LVAR1”。

6）在第一个下拉菜单选择“value of variable”（变量值）。

7）在第二个下拉菜单选择“BreadCrumbComponent”。

8）单击“OK”（确定）。

9）单击“OK”（确定）。

现在我们完成了"BreadCrumb"母版的设计和设置，接下来创建"Secondary_Page_Body"母版。

15. 创建"Secondary_Page_Body"母版

"Secondary_Page_Body"母版将应用于"Journey"，"Topic Detail"，"Charter"以及"About Us"页面。该母版的最终效果如图 2-24 所示。

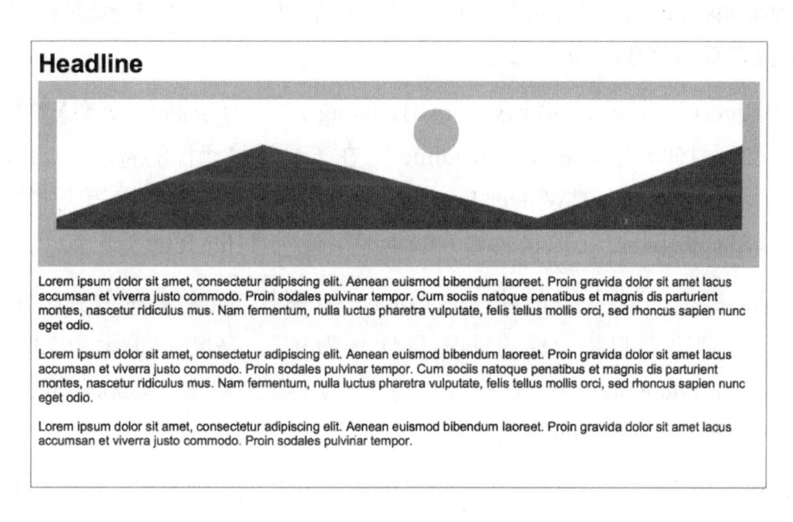

图 2-24

如表 2-7 所示，"Secondary_Page_Body"母版将由以下元件组成。

表 2-7

元件数量	元件样式
1	Rectangle（矩形）
1	H1 Heading 1（一级标题）
1	Image（图片）
1	Paragraph（文本段落）

我们来把这些元件放入母版中。

16. 在"Secondary_Page_Body"母版中添加元件

我们用到的所有元件都可以在元件库的"Default | Common"（默认 | 基本元件）中找

到。将元件添加到“Secondary_Page_Body”母版的步骤如下：

1. 在“Masters”（母版）功能区，双击“Secondary_Page_Body”母版旁边的按钮，将该母版在工作区打开。

2. 在“Widgets”（元件）功能区，将“Rectangle”（矩形）元件拖放到工作区坐标（10，140）处。在工具栏将元件的宽度（w）设为940，高度（h）设为555。在“Widget Interactions and Notes”（元件交互与说明）功能区，单击“Shape Name”（形状名称）编辑区，输入“Background”。

3. 在“Widgets”（元件）功能区，将“Heading 1”（一级标题）元件H1拖放到工作区坐标（20，150）处，输入“Headline”。在工具栏将元件的宽度（w）设为134，高度（h）设为37。在“Widget Interactions and Notes”（元件交互与说明）功能区，单击“Shape Name”（形状名称）编辑区，输入“Headline”。

4. 在“Widgets”（元件）功能区，将“Image”（图片）元件拖放到工作区坐标（20，190）处。在工具栏将元件的宽度（w）设为920，高度（h）设为230。在“Widget Interactions and Notes”（元件交互与说明）功能区，单击“Shape Name”（形状名称）编辑区，输入“HeroImage”。

5. 在“Widgets”（元件）功能区，将“Paragraph”（文本段落）元件拖放到工作区坐标（20，430）处。在工具栏将元件的宽度（w）设为920，高度（h）设为240。在“Widget Interactions and Notes”（元件交互与说明）功能区，单击“Shape Name”（形状名称）编辑区，输入“Copy”。

提示：

“Paragraph”（文本段落）元件默认显示拉丁文文本。你可以根据自己的需求增加或更改默认文本。要更改文本，可以单击位于坐标（20，430）处的“Paragraph”（文本段落）元件并输入你的文本。

“Secondary_Page_Body”母版的设计就这样完成了。接下来我们创建“Informational_Page_Body”母版。

17. 创建“Informational_Page_Body”母版

“Informational_Page_Body”母版将应用于“Terms”，“Privacy”以及“Help”页面。该母版的最终效果如图2-25所示。

Headline
Lorem ipsum dolor sit amet, consectetur adipiscing elit. Aenean euismod bibendum laoreet. Proin gravida dolor sit amet lacus accumsan et viverra justo commodo. Proin sodales pulvinar tempor. Cum sociis natoque penatibus et magnis dis parturient montes, nascetur ridiculus mus. Nam fermentum, nulla luctus pharetra vulputate, felis tellus mollis orci, sed rhoncus sapien nunc eget odio.

Lorem ipsum dolor sit amet, consectetur adipiscing elit. Aenean euismod bibendum laoreet. Proin gravida dolor sit amet lacus accumsan et viverra justo commodo. Proin sodales pulvinar tempor. Cum sociis natoque penatibus et magnis dis parturient montes, nascetur ridiculus mus. Nam fermentum, nulla luctus pharetra vulputate, felis tellus mollis orci, sed rhoncus sapien nunc eget odio.

Lorem ipsum dolor sit amet, consectetur adipiscing elit. Aenean euismod bibendum laoreet. Proin gravida dolor sit amet lacus accumsan et viverra justo commodo. Proin sodales pulvinar tempor.

Heading 2
Lorem ipsum dolor sit amet, consectetur adipiscing elit. Aenean euismod bibendum laoreet. Proin gravida dolor sit amet lacus accumsan et viverra justo commodo. Proin sodales pulvinar tempor. Cum sociis natoque penatibus et magnis dis parturient montes, nascetur ridiculus mus. Nam fermentum, nulla luctus pharetra vulputate, felis tellus mollis orci, sed rhoncus sapien nunc eget odio.

Lorem ipsum dolor sit amet, consectetur adipiscing elit. Aenean euismod bibendum laoreet. Proin gravida dolor sit amet lacus accumsan et viverra justo commodo. Proin sodales pulvinar tempor. Cum sociis natoque penatibus et magnis dis parturient montes, nascetur ridiculus mus. Nam fermentum, nulla luctus pharetra vulputate, felis tellus mollis orci, sed rhoncus sapien nunc eget odio.

图 2-25

如表 2-8 所示，“Informational_Page_Body”母版将由以下元件组成。

表 2-8

元件数量	元件样式
1	Rectangle（矩形）
1	H1 Heading 1（一级标题）
1	H2 Heading 2（二级标题）
1	Paragraph（文本段落）

我们来把这些元件放入母版中。

18. 在“Informational_Page_Body”母版中添加元件

我们用到的所有元件都可以从元件库的“Default | Common”（默认 | 基本元件）中找到。将元件添加到“Informational_Page_Body”母版的步骤如下：

1. 在“Masters”（母版）功能区，双击“Informational_Page_Body”母版旁边的按钮，将该母版在工作区打开。
2. 在“Widgets”（元件）功能区，将“Rectangle”（矩形）元件拖放到工作区坐标

（10，140）处。在工具栏将元件的宽度（w）设为940，高度（h）设为555。在“Widget Interactions and Notes”（元件交互与说明）功能区，单击“Shape Name”（形状名称）编辑区，输入“Background”。

3. 在“Widgets”（元件）功能区，将“Heading 1”（一级标题）元件**H1**拖放到工作区坐标（20，150）处，输入“Headline”。在工具栏将元件的宽度（w）设为134，高度（h）设为37。在“Widget Interactions and Notes”（元件交互与说明）功能区，单击“Shape Name”（形状名称）编辑区，输入“Headline”。

4. 在“Widgets”（元件）功能区，将“Paragraph”（文本段落）元件A☰拖放到工作区坐标（20，190）处。在工具栏将元件的宽度（w）设为920，高度（h）设为223。在“Widget Interactions and Notes”（元件交互与说明）功能区，单击“Shape Name”（形状名称）编辑区，输入“Copy”。

5. 在“Widgets”（元件）功能区，将“Heading 2”（二级标题）元件**H2**拖放到工作区坐标（20，430）处，输入“Headline”。在工具栏将元件的宽度（w）设为116，高度（h）设为28。在“Widget Interactions and Notes”（元件交互与说明）功能区，单击“Shape Name”（形状名称）编辑区，输入“Headling2”。

6. 在“Widgets”（元件）功能区，将“Paragraph”（文本段落）元件A☰拖放到工作区坐标（20，470）处。在工具栏将元件的宽度（w）设为920，高度（h）设为180。在“Widget Interactions and Notes”（元件交互与说明）功能区，单击“Shape Name”（形状名称）编辑区，输入“Copy2”。

7. “Informational_Page_Body”母版的设计这样就完成了。接下来我们将创建“Forum”母版。

19. 创建“Forum”母版

“Forum”母版将应用于“Forum”和“Topic List”页面。“Forum”母版能让用户单击一个类别标题来访问这个类别（category）下的话题讨论（topic），或直接单击某个话题来查看该话题的详情页面。我们使用一个中继器来达到这个目的，该中继器包含一个有“Topic”和“Category”两种状态的动态面板。将中继器的“OnItemLoad”（每项加载时）事件设置为：如果该项目是一个类别标题，显示“Category”状态；如果该项目包含话题信息，显示“Topic”状态。

该母版的最终效果如图2-26所示。

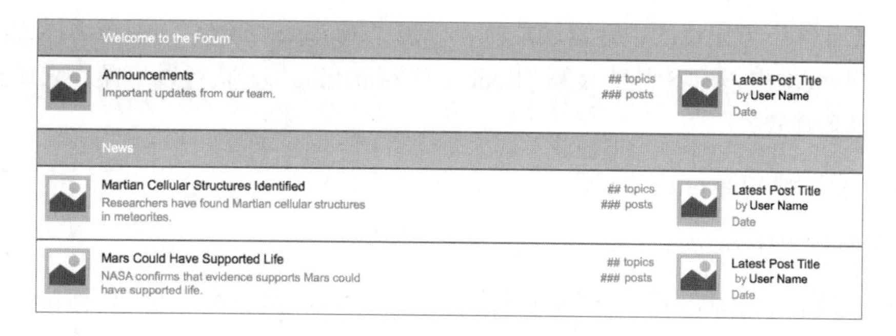

图 2-26

如表 2-9 所示，我们将用到以下元件。

表 2-9

元件数量	元件样式
1	Repeater（中继器）
1	Dynamic Panel（动态面板）
2	Rectangle（矩形）
11	Label（文本标签）
2	Hot Spot（热区）
2	Image（图片）

我们来把这些元件放入母版中。

20．设置中继器并把元件放入“Forum”母版

我们用到的所有元件都可以在元件库的“Default | Common”（默认 | 基本元件）中找到。将元件添加到“Forum”母版的步骤如下：

1．在“Masters”（母版）功能区，双击“Informational_Page_Body”母版旁边的按钮，将该母版在工作区打开。

2．在“Widgets”（元件）功能区，将“Repeater”（中继器）元件拖放到工作区坐标（0，0）处。在“Widget Interactions and Notes”（元件交互与说明）功能区，单击“Repeater Name”（中继器名称）编辑区，输入“ForumRepeater”。

3．双击该中继器，将其在工作区打开。

4. 在工作区下方出现的中继器功能区，单击“Repeater Style”（中继器样式）标签页（有些版本中该标签页显示为“Repeater Formatting”）。执行以下操作来调整默认的中继器样式：

   1）滚动到“Layout”（布局）。

   2）选中“Horizontal”（水平）。

   3）勾选“Wrap(Grid)”（排布<网格>），在“Items per row”（每行项目数）输入区输入 1。

5. 现在来到“Repeater Dataset”（数据集）标签页。“ForumRepeater”中继器将一共有五行七列数据。该标签页的设置完成后如图 2-27 所示。

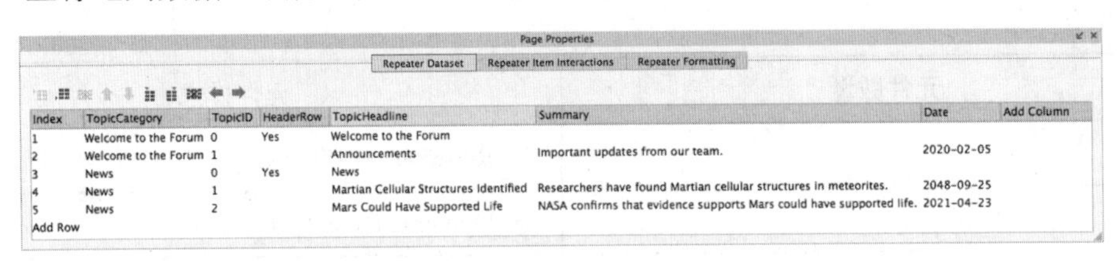

Index	TopicCategory	TopicID	HeaderRow	TopicHeadline	Summary	Date	Add Column
1	Welcome to the Forum	0	Yes	Welcome to the Forum			
2	Welcome to the Forum	1		Announcements	Important updates from our team.	2020-02-05	
3	News	0	Yes	News			
4	News	1		Martian Cellular Structures Identified	Researchers have found Martian cellular structures in meteorites.	2048-09-25	
5	News	2		Mars Could Have Supported Life	NASA confirms that evidence supports Mars could have supported life.	2021-04-23	
Add Row							

图 2-27

提示：

参考图 2-27 来完成中继器的数据集输入。根据需要，单击“Add Column”（添加列）和“Add Row”（添加行）来添加相应的列数和行数。

6. 现在我们来往母版中添加元件。单击工作区坐标（0，0）处的“Rectangle”（矩形）元件。在工具栏将元件的宽度（w）设为 920，高度（h）设为 80。在“Widget Interactions and Notes”（元件交互与说明）功能区，单击“Shape Name”（形状名称）编辑区，输入“TopicBackground”。

7. 鼠标右键单击位于坐标（0，0）处的“TopicBackground”元件，在弹出的菜单中选择“Convert to Dynamic Panel”（转换为动态面板）。选中这个新的动态面板元件，执行以下操作：

   1）在“Widget Interactions and Notes”（元件交互与说明）功能区，单击“Dynamic Panel Name”（动态面板名称）编辑区，输入“ForumDP”。

   2）在“Widget Manager”（元件管理）功能区，连续两次单击状态名称“State1”并将其重命名为“Topic”。

3）在“Widget Manager”（元件管理）功能区，双击“Topic”旁边的图标，将“Topic”状态在工作区打开。

8．在“Widgets”（元件）功能区，将“Label”（文本标签）元件 A_ 拖放到工作区坐标（70，30）处。

9．选中这个“Label”（文本标签）元件，输入“This is a summary of the topic that supports two lines of text”。在工具栏将元件的宽度（w）设为 300，高度（h）设为 30。

10．在“Widget Interactions and Notes”（元件交互与说明）功能区，单击“Shape Name”（形状名称）编辑区，输入“TopicSummaryText”。

11．在“Widget Properties and Style”（元件属性与样式）功能区，选中“Style”（样式）标签页，滚动至“Font”（字体），执行以下操作：

1）单击字体颜色按钮旁边的向下箭头 A ▾。在下拉菜单中，在“#”旁边的输入区输入 999999。

2）滚动至“Alignment + Padding”（对齐｜边距），选中左对齐。

12．根据表 2-8 重复步骤 8 至 10 来完成“Topic”状态的设计（标有*号的项目表示不是每个元件都有此参数）：

表 2-10

元件	坐标	文本*（将在元件上显示）	宽度（w）	高度（h）	名称（“Widget Interactions and Notes”（元件交互与说明）中）	“Alignment+ Padding”（对齐|边距）*	颜色*
Image（图片）	（10，10）		50	50	TopicThumbnailImg		
A_ Label（文本标签）	（70，10）	Topic	460	20	TopicLabel		
A_ Label（文本标签）	（608，11）	##	42	17	TopicCount	右对齐	999999
A_ Label（文本标签）	（609，28）	###	41	17	PostsCount	右对齐	999999

续表

元件	坐标	文本*（将在元件上显示）	宽度（w）	高度（h）	名称（"Widget Interactions and Notes"（元件交互与说明）中）	"Alignment+Padding"（对齐|边距）*	颜色*
A_Label（文本标签）	（650，10）	topics	42	17	TopicsLabel		999999
A_Label（文本标签）	（651，27）	posts	38	17	PostsLabel		999999
Image（图片）	（710，10）		50	50	UserThumbnailImg		
A_Label（文本标签）	（770，10）	Latest Post Title	143	20	LatestPostLabel		
A_Label（文本标签）	（774，27）	by	22	17	byLabel		999999
A_Label（文本标签）	（790，27）	User Name	94	17	UserName		
A_Label（文本标签）	（770，45）	Date	100	15	PostDate		999999
Hot Spot（热区）	（10，10）		380	50	TopicHotSpot		

这样我们就完成了"ForumDP"中"Topic"状态的设计。接下来我们为其添加"Category"状态并完成该状态的设计。在"Widget Manager"（元件管理）功能区，"ForumDP"的下方，右键单击"Topic"状态，在弹出的菜单中选择"AddState"（添加状态）。在"Widget Manager"（元件管理）功能区，连续两次单击状态名称"State1"并将其重命名为"Category"。双击旁边的图标，将"Category"状态在工作区打开。执行以下操作：

1. 在"Widgets"（元件）功能区，拖动"Rectangle"（矩形）元件至工作区坐标（0，0）处。
2. 在工具栏将元件的宽度（w）设为920，高度（h）设为40。
3. 在"Widget Interactions and Notes"（元件交互与说明）功能区，单击"Shape Name"

（形状名称）编辑区，输入“CategoryBackground”。

4. 在“Widget Properties and Style”（元件属性与样式）功能区，选中“Style”（样式）标签页，滚动至“Borders, Lines+Fills”（边框+线型+填充），执行以下操作：

   1）单击线段颜色按钮旁边的向下箭头。在下拉菜单中，在“#”旁边的输入区输入 797979。

   2）单击填充颜色按钮旁边的向下箭头。在下拉菜单中，在“#”旁边的输入区输入 cccccc。

5. 在“Widgets”（元件）功能区，将“Label”（文本标签）元件拖放到工作区坐标（70，10）处，输入“Category”。在工具栏将元件的宽度（w）设为 800，高度（h）设为 20。在“Widget Interactions and Notes”（元件交互与说明）功能区，单击“Shape Name”（形状名称）编辑区，输入“CategoryLabel”。

6. 在“Widgets”（元件）功能区，将“Hot Spot”（热区）元件拖放到工作区坐标（0，0）处。在工具栏将元件的宽度（w）设为 920，高度（h）设为 40。在“Widget Interactions and Notes”（元件交互与说明）功能区，单击“HotSpot Name”（热区名称）编辑区，输入“CategoryHotSpot”。

完成设计后，我们来为“Forum”中继器的项目定义交互。

21. 定义“Forum”中继器中项目的“OnItemLoad”（每项载入时）事件

“Forum”中继器中的项目包含“ForumDP”动态面板以及它的“Topic”和“Category”两个状态。每个状态都有一个“Hot Spot”（热区）元件提供“OnClick”（鼠标单击时）交互。

当“Forum”中继器的“OnItemLoad”（每项载入时）事件被触发时，需要考虑“UpdateTopic”和“UpdateCategory”两个用例。图 2-28 是每个用例将要执行的动作。

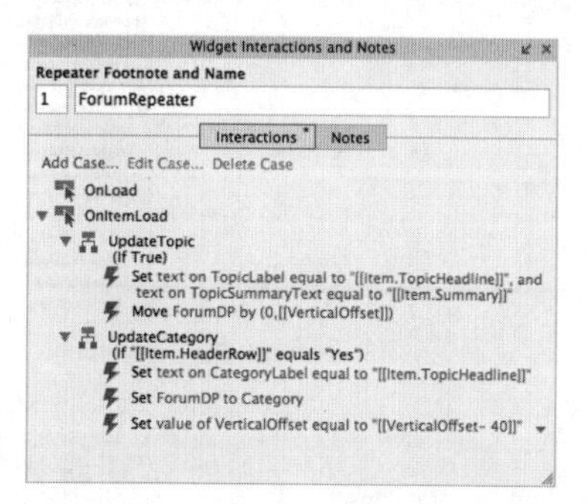

图 2-28

随着中继器的每次更新，“UpdateTopic”用例都会被执行，“TopicLabel”和“TopicSummary”元件的值会根据当前中继器项目相应更新，“ForumDP”动态面板会根据“VerticalOffset”垂直移动。

“UpdateCategory”用例仅在中继器项目“HeaderRow”的值为“Yes”时被执行。当条件满足时，“CategoryLabel”元件的值会根据当前中继器项目相应更新，“ForumDP”动态面板会被设置为“Category”状态，而“VerticalOffset”的值会被更新。

现在我们来定义“OnItemLoad”（每项载入时）事件的用例以及“Forum”中继器的行为。

22．定义“OnItemLoad”（每项载入时）事件的行为

在“Masters”（母版）功能区，双击“Forum”母版将其在工作区打开。单击位于坐标（0，0）处的“ForumRepeater”。我们首先定义“UpdateTopic”用例，再定义“UpdateCategory”用例。

23．定义“UpdateTopic”用例

在“Widget Interactions and Notes”（元件交互与说明）功能区，选中“Interactions”（交互）标签页，单击“More Events”（更多事件），双击“OnItemLoad”（每项加载时），打开用例编辑器对话框。在对话框中执行以下操作：

1．在用例描述区域输入“UpdateTopic”。

2．创建第一个动作来设置“TopicLabel”变量的值（如图 2-29 所示）。执行以下操作：

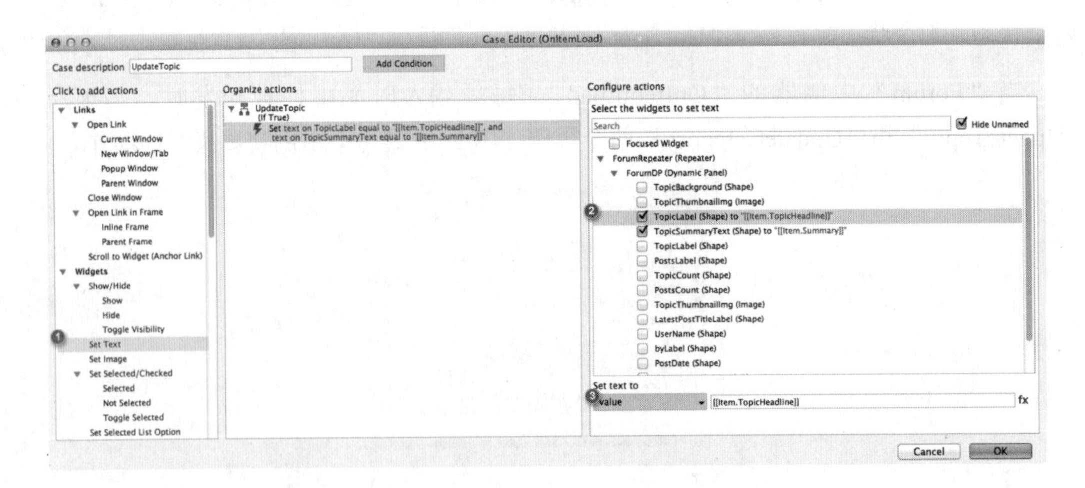

图 2-29

1）在“Click to add actions”（添加动作）一栏下，滚动至“Widgets”（元件），单击“Set Text”（设置文本）。

2）在“Configure actions”（配置动作）一栏下，勾选“TopicLabel”旁边的单选框。

3）在“Set text to”（设置文本为）下方，点开第一个下拉菜单，选择“value”（值），并在文本输入区输入“[[Item.TopicHeadline]]”。

4）重复步骤 2）和 3）。执行步骤 2）时，勾选“TopicSummaryText”旁边的单选框；执行步骤 3）时，在文本输入区输入“[[Item.Summary]]”。

3．创建第二个动作来移动“ForumDP”动态面板（如图 2-30 所示）。执行以下操作：

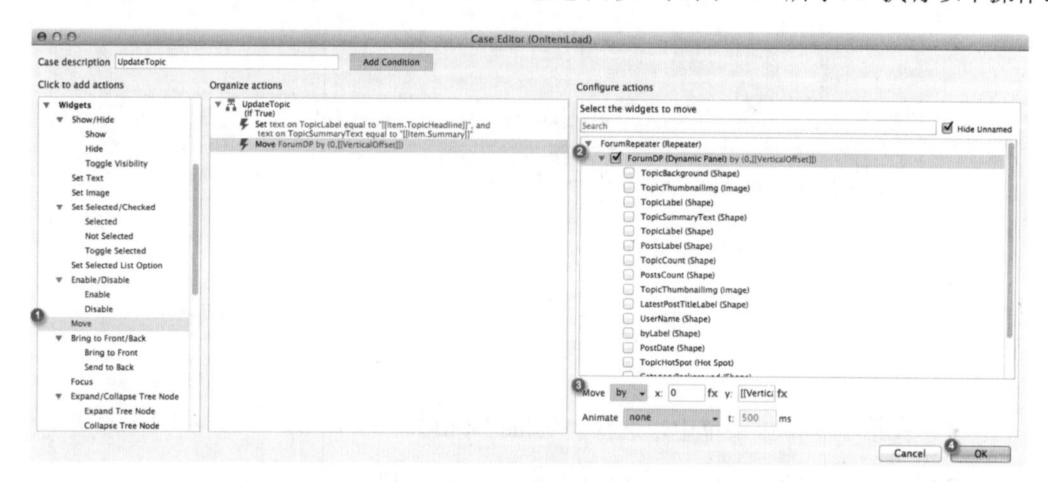

图 2-30

1）在“Click to add actions”（添加动作）一栏下，滚动至“Widgets”（元件），单击“Move”（移动）。

2）在“Configure actions”（配置动作）一栏下，勾选“ForumDP”旁边的单选框。

3）在下方的“Move”（移动）旁边，打开第一个下拉菜单，选择“by”（相对距离为）。在输入区输入“[[VerticalOffset]]”。

4）单击“OK”（确定）。

这样我们就完成了“UpdateTopic”用例的定义。接下来我们继续定义“UpdateCategory”用例。

24．定义“UpdateCategory”用例

在“Widget Interactions and Notes”（元件交互与说明）功能区，选中“Interactions”（交互）标签页，单击“More Events”（更多事件），双击“OnItemLoad”（每项加载时），打开用例编辑器对话框。在对话框中执行以下操作：

1．在用例描述区域输入“UpdateCategory”。

2．执行以下操作来添加条件：

1）单击“Add Condition”按钮。

2）在“Condition Builder”（条件设立）对话框中执行以下操作，如图2-31所示。

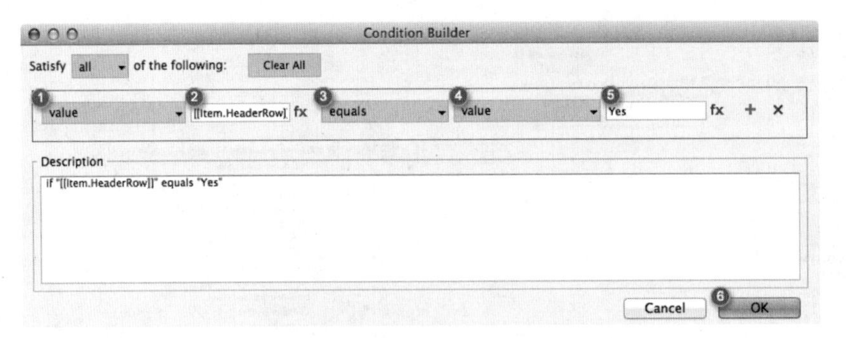

图2-31

（1）在第一个下拉菜单中，选择“Value”（值）。

（2）在第一个输入区，输入“[[Item.HeaderRow]]”。

（3）在第二个下拉菜单中，选择“equals”（==）。

（4）在第三个下拉菜单中，选择“Value”（值）。

（5）在第二个输入区输入“Yes”。

（6）单击“OK”（确定）。

3．现在创建第一个动作来设置“CategoryLabel”变量的值（如图2-32所示）。执行以下操作：

1）在“Click to add actions”（添加动作）一栏下，滚动至“Widgets”（元件），单击“Set Text”（设置文本）。

2）在“Configure actions”（配置动作）一栏下，勾选“CategoryLabel”旁边的单选框。

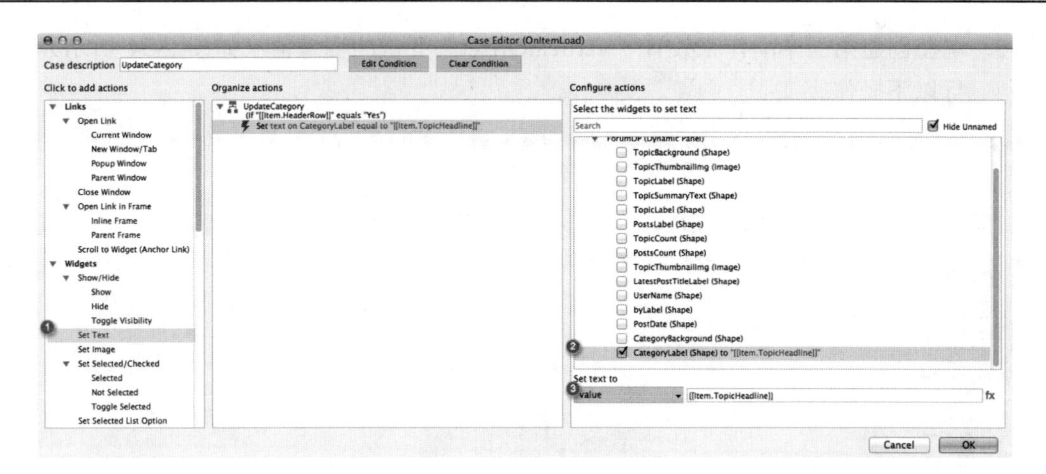

图 2-32

3）在“Set text to”（设置文本为）下方，点开第一个下拉菜单，选择“value”（值），并在文本输入区输入“[[Item.TopicHeadline]]”。

4．接下来创建第二个动作来设置“ForumDP”动态面板的状态（如图 2-33 所示）。执行以下操作：

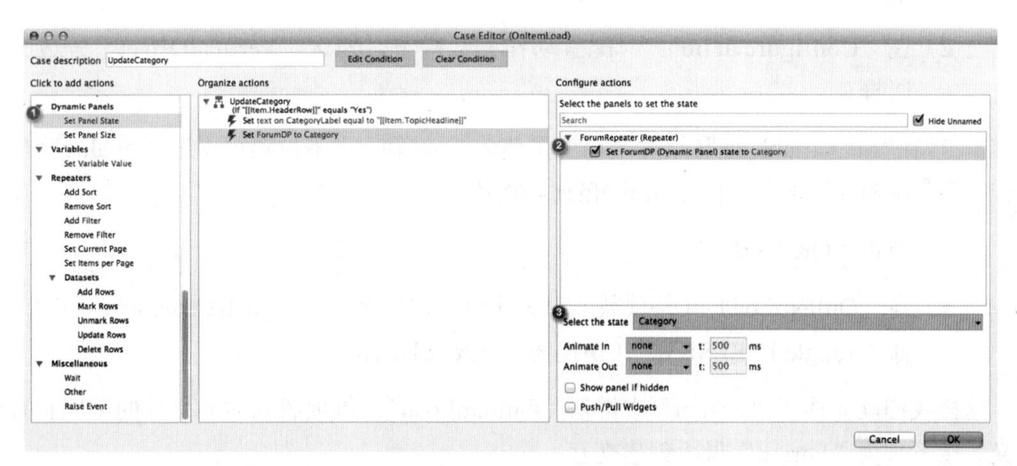

图 2-33

1）在“Click to add actions”（添加动作）一栏下，滚动至“Dynamic Panels”（动态面板），单击“Set Panel State”（设置面板状态）。

2）在“Configure actions”（配置动作）一栏下，勾选“ForumDP”旁边的单选框。

3）在“Select the state”（选择状态为）点开第一个下拉菜单，选择“Category”。

5. 现在创建第三个动作来设置“VerticalOffset”变量的变量值（如图 2-34 所示）。执行以下操作：

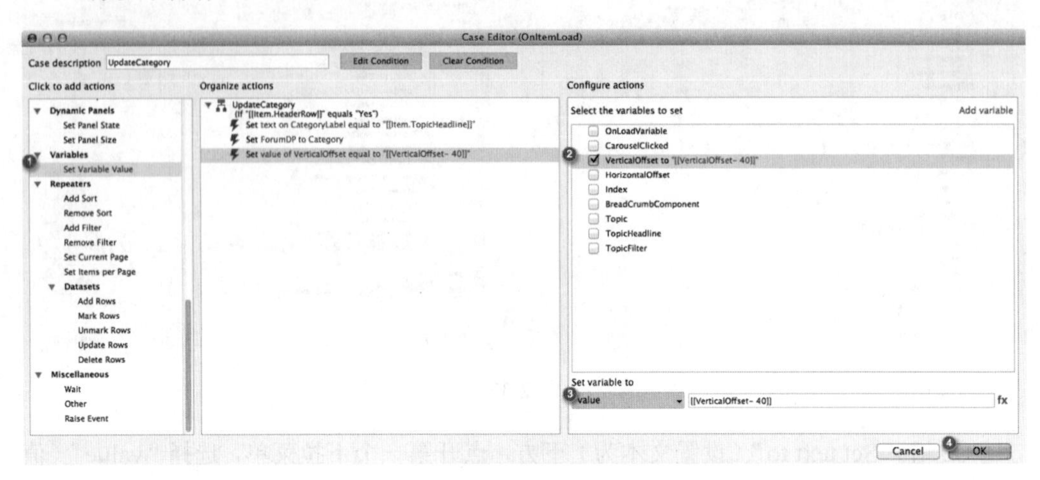

图 2-34

1）在“Click to add actions”（添加动作）一栏下，滚动至“Variables”（全局变量），单击“Set Variable Value”（设置变量值）。

2）在“Configure actions”（配置动作）一栏下，勾选“VerticalOffset”旁边的单选框。

3）在“Set variable to”（设置全局变量值为），在第一个下拉菜单中选择“value”（值），在输入区输入“[[VerticalOffset - 40]]”。

4）单击“OK”（确定）。

5）在“OnItemLoad”（每项载入时）事件，右键单击“UpdateCategory”用例，选择“Toggle IF/ELSE IF”（切换为<If>或<Else If>）。

这样我们就完成了“Forum”中继器“OnItemLoad”（每项载入时）事件的用例和行为定义。接下来为“Forum”母版创建交互。

25. 为“Forum”母版创建交互

“ForumDP”动态面板的“Category”和“Topic”状态下都有“HotSpot”（热区）元件，“Forum”母版的交互就发生在这两个“HotSpot”（热区）元件的“OnClick”（鼠标单击时）事件发生时。

如表 2-11 所列。

表 2-11

“ForumDP”动态面板状态	元件名称	事件
Category	CategoryHotSpot	“OnClick”（鼠标单击时）
Topic	TopicHotSpot	“OnClick”（鼠标单击时）

我们现在来为这两个热区设定交互。从“CategoryHotSpot”开始。

26. 为“CategoryHotSpot”设定鼠标单击时的交互

在“Widget Manager”（元件管理）功能区，在“ForumDP”动态面板下方，双击“Category”状态将其在工作区打开。单击位于坐标（0，0）处的“CategoryHotSpot”。在“Widget Interactions and Notes”（元件交互与说明）功能区，选择“Interactions”（交互）标签页，双击“OnClick”（鼠标单击时）。在弹出的用例编辑对话框中执行以下操作：

1. 创建第一个动作，设置“Index”和“Topic”变量的值（如图 2-35 所示）。执行以下操作：

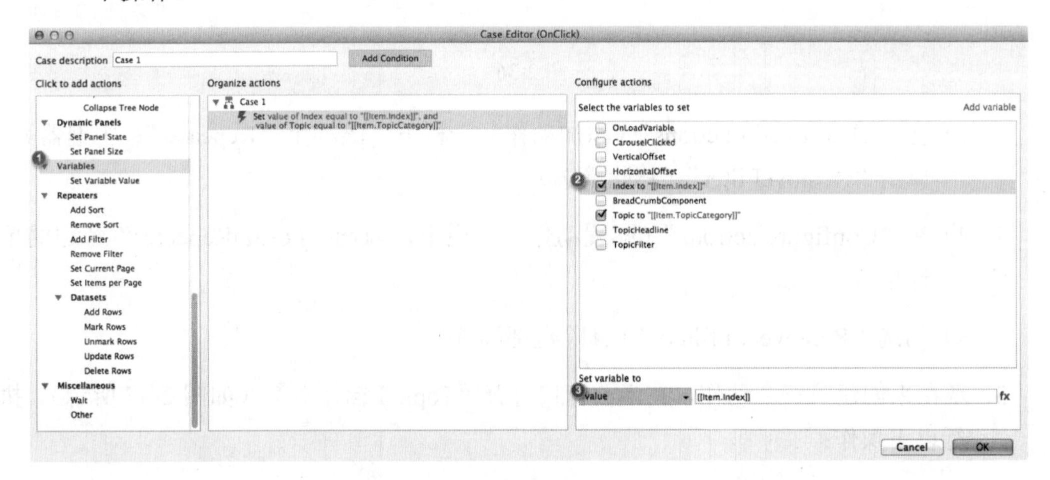

图 2-35

1）在“Click to add actions”（添加动作）一栏下，滚动至“Widgets”（元件），单击“Set Text”（设置文本）。

2）在“Configure actions”（配置动作）一栏下，勾选“Index”旁边的单选框。

3）在“Set text to”（设置文本为）下方，点开第一个下拉菜单，选择“value”（值），并在文本输入区输入“[[Item.Index]]”。

4）重复步骤2）和3）。执行步骤2）时，勾选“Topic”旁边的单选框；执行步骤3）时，在文本输入区输入“[[Item.TopicCategory]]”。

2．现在创建第二个动作来移除“ForumRepeater”的筛选（如图2-36所示）。执行以下操作：

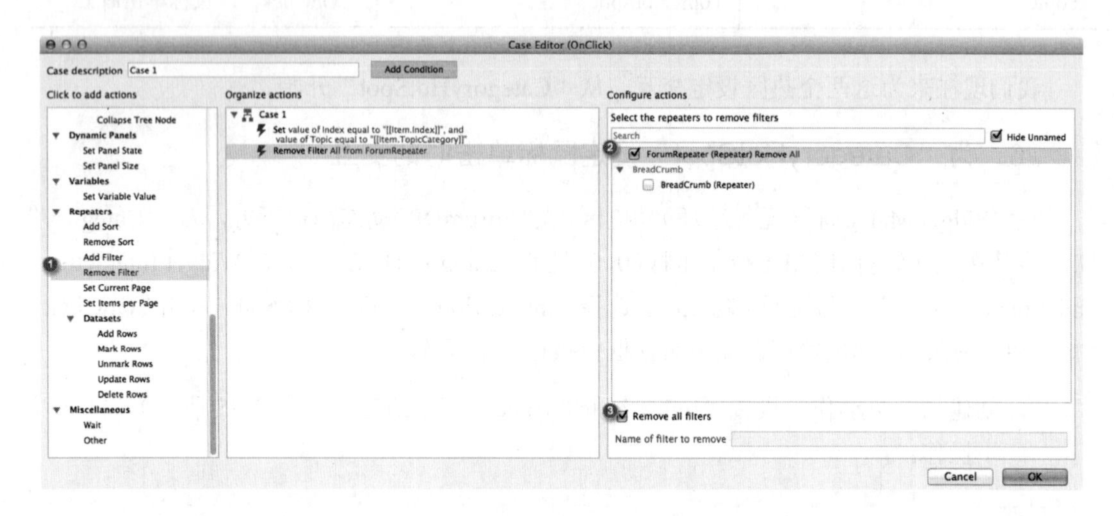

图2-36

1）在“Click to add actions”（添加动作）一栏下，滚动至“Repeater”（中继器），单击“RemoveFilter”（移除筛选）。

2）在“Configure actions”（配置动作）一栏下，勾选“ForumRepeater”旁边的单选框。

3）勾选“Remove all filters”（移除全部筛选）。

3．现在来创建第三个动作，在当前窗口打开“Topic List”页面（如图2-37所示）。执行以下操作：

1）在“Click to add actions”（添加动作）一栏下，滚动至“Links”（链接），单击“OpenLink”（打开链接）下拉菜单，选择“CurrentWindow”（当前窗口）。

2）在“Configure actions”（配置动作）一栏下选择“TopicList”。

3）单击“OK”（确定）。

我们接下来为“TopicHotSpot”设定鼠标单击时的交互。

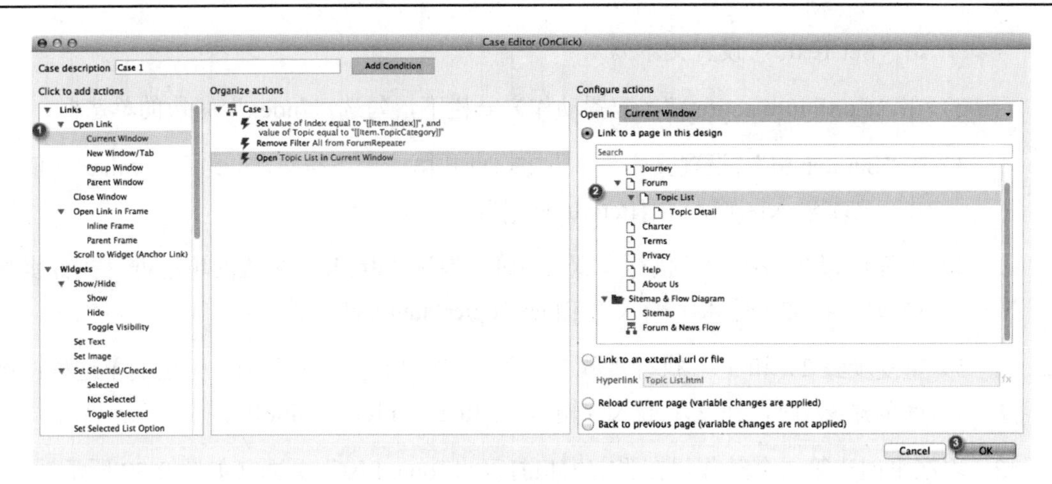

图 2-37

27．为“TopicHotSpot”设定鼠标单击时的交互

在“Widget Manager”（元件管理）功能区，在“ForumDP”动态面板下方，双击“Topic”状态将其在工作区打开。单击位于坐标（10，10）处的“TopicHotSpot”。在“Widget Interactions and Notes”（元件交互与说明）功能区，选择“Interactions”（交互）标签页，双击“OnClick”（鼠标单击时）。在弹出的用例编辑对话框中执行以下操作：

1．创建第一个动作，设置“Index”，“Topic”和“TopicHeadline”变量的值（如图 2-38 所示）。执行以下操作：

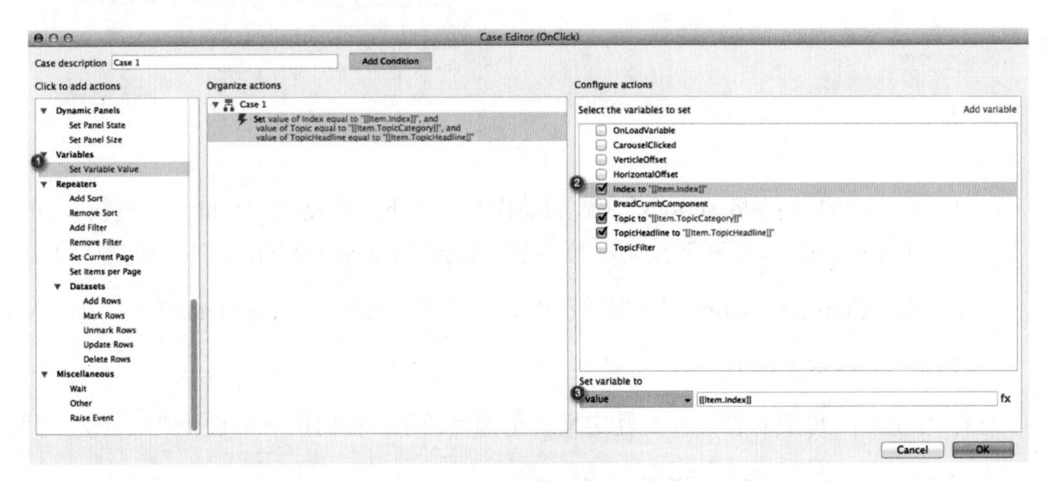

图 2-38

1）在“Click to add actions”（添加动作）一栏下，滚动至“Widgets”（元件），单

击“Set Text”（设置文本）。

2）在“Configure actions”（配置动作）一栏下，勾选“Index”旁边的单选框。

3）在“Set text to”（设置文本为）下方，点开第一个下拉菜单，选择“value”（值），并在文本输入区输入“[[Item.Index]]”。

4）重复步骤 2）和 3）。执行步骤 2）时，勾选“Topic”旁边的单选框；执行步骤 3）时，在文本输入区输入“[[Item.TopicCategory]]”。

5）重复步骤 2）和 3）。执行步骤 2）时，勾选“TopicHeadline”旁边的单选框；执行步骤 3）时，在文本输入区输入“[[Item.TopicHeadline]]”。

2. 现在来创建第二个动作，在当前窗口打开“Topic List”页面（如图 2-39 所示）。执行以下操作：

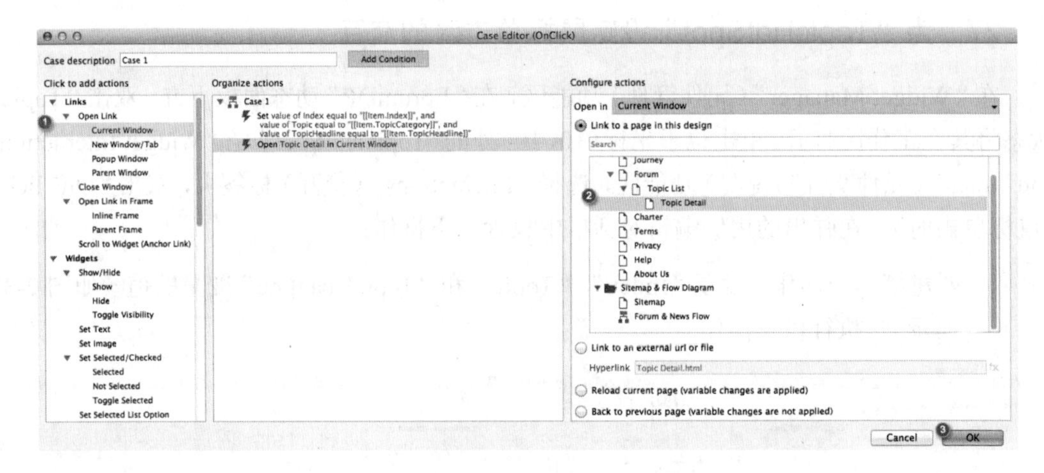

图 2-39

1）在“Click to add actions”（添加动作）一栏下，滚动至“Links”（链接），单击“Open Link”（打开链接）下拉菜单，选择“Current Window”（当前窗口）。

2）在“Configure actions”（配置动作）一栏下，选择“Topic Detail”。

3）单击“OK”（确定）。

这样“Forum”母版的设计和交互定义就全部完成了。我们接下来设计“Footer”母版。

28. 设计“Footer”（页脚）母版

“Footer”（页脚）母版将出现在这个社区网站的所有页面。完成后的“Footer”（页脚）

母版如图 2-40 所示。

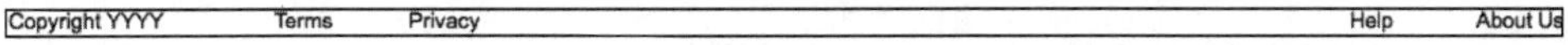

Copyright YYYY Terms Privacy Help About Us

图 2-40

“Footer”（页脚）母版将由五个“Label”（文本标签）元件组成。现在我们将元件放入母版。

29. 在“Footer”母版中添加元件

我们用到的所有元件都可以在元件库的“Default | Common”（默认 | 基本元件）中找到。将元件添加到“Footer”母版的步骤如下：

1. 在“Masters”（母版）功能区，双击“Footer”母版旁边的按钮，将其在工作区打开。
2. 在“Widgets”（元件）功能区，将“Label”（文本标签）元件拖放到工作区坐标（10，715）处。
3. 选中“Label”（文本标签）元件，执行以下操作：
   1）输入“Copyright YYYY”。在工具栏将元件的宽度（w）设为 140，高度（h）设为 15。
   2）在“Widget Interactions and Notes”（元件交互与说明）功能区，单击“Shape Name”（形状名称）编辑区，输入“CopyrightLink”。
4. 使用表 2-12 给出的参数，重复步骤 2 和 3。

表 2-12

坐标	文本*（将在元件上显示）	宽	高	名称（“Widget Interactions and Notes”（元件交互与说明）中）
（170，715）	Terms	60	15	TermsLink
（250，715）	Privacy	60	15	PrivacyLink
（813，715）	Help	27	15	HelpLink
（890，715）	About Us	60	15	AboutUsLink

这样我们就完成了“Footer”母版的设计。接下来为其定义交互。

30．为“Footer”母版创建交互

“Footer”母版将有以下“OnClick”（鼠标单击时）事件：

- TermsLink
- PrivacyLink
- HelpLink
- AboutUsLink

现在我们来为每一个“Label”（文本标签）元件定义交互。

31．为“Label”（文本标签）元件定义交互

执行以下操作为我们的4个“Label”（文本标签）元件定义交互：

1．单击位于坐标（170，715）处的“TermsLink”。在“Widget Interactions and Notes”（元件交互与说明）功能区，选择“Interactions”（交互）选项卡，单击“Create Link”（创建链接），在弹出的站点地图中选择“Terms”。

2．使用表2-13给出的参数，重复步骤1。

表2-13

“Label”（文本标签）元件	坐标	创建链接（至站点地图中的页面）
Terms	（170，715）	Terms
Privacy	（250，715）	Privacy
Help	（813，715）	Help
About Us	（890，715）	About Us

这样我们就完成了“Footer”母版的设计和交互定义。现在可以来将母版放入社区网站的各个页面了。

2.2.4　完成社区网站的页面设计

要完成我们的社区网站的页面设计，我们首先设计“Home”页面的主体并为其定义交互，然后将母版放入网站的各个页面，最后为给定的页面定义“OnPageLoad”（页面载入时）事件。

1．将元件和母版放入“Home”页面

“Home”页面由页头母版、页面主体和页脚母版组成。完成后的“Home”页面如图 2-41 所示。

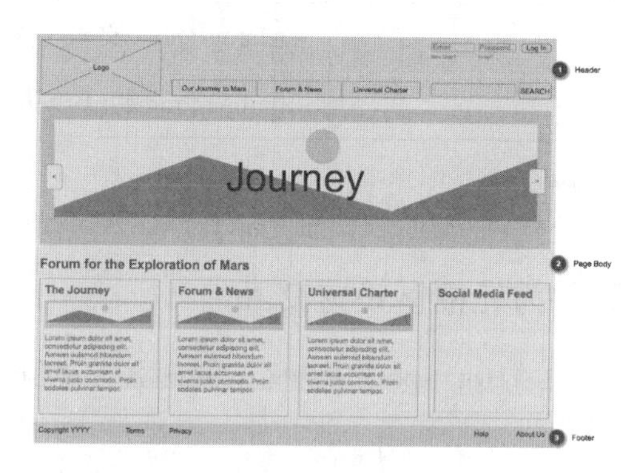

图 2-41

在置入页头和页脚母版之前，我们首先来设计页面主体部分需要用到的元素：

- 轮播
- 标题和召唤行动
- 社交媒体 feed

现在我们就来设计“Home”页面的主体。

2．设计页面主体

页面主体将由表 2-14 所列元件组成。

表 2-14

元件数量	元件样式
4	Hot Spot（热区）
1	Dynamic Panel（动态面板）
6	Image（图片）
2	Button Shape（按钮形状）
1	Heading 1（一级标题）
4	Rectangle（矩形）

续表

元件数量	元件样式
4	H2Heading 2（二级标题）
3	Paragraph（文本段落）
1	Inline Frame（内联框架）

我们首先把元件放入页面，并为轮播区设置交互。

3．把元件放入页面并为轮播区设置交互

我们首先放置一个隐藏的“Hot Spot”（热区）并命名为“CheckForClick”。为了确保轮播区的自动轮播在用户单击上一张和下一张按钮时自动停止，我们为“CheckForClick”热区设置焦点事件。“CheckForClick”热区检查“CarouselClicked”的值是否为0。当“CarouselClicked”的值为0时，“CarouselDP”的设置面板状态动作将动态面板的状态设置为“Next”。我们通过这样的方式来确保用户在等待状态下单击“Previous”或“Next”按钮时，图片自动轮播会停止。

我们的轮播区将有三个状态，每一个状态都有一个包含“OnClick”（鼠标单击时）事件的图片元件。当一张图片被单击时，相应的页面会在当前窗口打开。

我们用到的所有元件都可以在元件库的“Default | Common”（默认 | 基本元件）中找到。将元件添加到“Home”页面的步骤如下：

1．在“Masters”（母版）功能区，双击“Home”页面旁边的按钮，将其在工作区打开。

2．在“Widgets”（元件）功能区，将“Hot Spot”（热区）元件拖放到工作区坐标（95，35）处。在工具栏将元件的宽度（w）设为50，高度（h）设为50。在“Widget Interactions and Notes”（元件交互与说明）功能区，单击“Hot Spot Name”（热区名称）编辑区，输入“CheckForClick”。

3．在“Widgets”（元件）功能区，将“Image”（图片）元件拖放到工作区坐标（10，130）处。在工具栏将元件的宽度（w）设为940，高度（h）设为250。右键单击位于坐标（10，130）处的这个图片元件，在弹出菜单中选择“Convert to Dynamic Panel”（转换为动态面板）。在“Widget Interactions and Notes”（元件交互与说明）功能区，单击“Dynamic Panel Name”（动态面板名称）编辑区，输入“CarouselDP”。

4．在“Widget Manager”（元件管理）功能区，右键单击“State1”旁边的状态按钮，

在弹出菜单中选择“Duplicate State”（复制状态）来创建“State2”。

5. 重复步骤 4 来创建“State3”。

6. 在“Widgets”（元件）功能区，将“Button Shape”（按钮形状）元件拖放到工作区坐标（20，235）处。在工具栏将元件的宽度（w）设为 30，高度（h）设为 45。在“Widget Interactions and Notes”（元件交互与说明）功能区，单击“Shape Name”（形状名称）编辑区，输入“PreviousButton”。

7. 在“Widgets”（元件）功能区，将“Button Shape”（按钮形状）元件拖放到工作区坐标（910，235）处。在工具栏将元件的宽度（w）设为 30，高度（h）设为 45。在“Widget Interactions and Notes”（元件交互与说明）功能区，单击“Shape Name”（形状名称）编辑区，输入“NextButton”。

8. 在“Widget Manager”（元件管理）功能区，双击“State1”旁边的按钮，将该状态在工作区打开。单击位于坐标（10，130）处的图片元件，输入“Journey”。在“Widget Interactions and Notes”（元件交互与说明）功能区，单击“Image Name”（图片名称）编辑区，输入“Image1”。

9. 使用表 2-15 中的参数，重复步骤 8 来完成“CarouselDP”的“State2”和“State3”的设计。

表 2-15

“CarouselDP”状态	文本（将在元件上显示）	名称（“Widget Interactions and Notes”（元件交互与说明）中）
State2	Latest News	Image2
State3	UniversalCharter	Image3

这样我们就完成了“CarouselDP”的设计，接下来可以为其添加交互了。

4. 为“CarouselDP”设置交互

我们首先为“CheckForClick”热区定义交互，再为“CarouselDP”动态面板的不同状态定义“OnClick”（鼠标单击时）交互，最后定义“Previous”和“Next”按钮的交互。

5. 为“CheckForClick”热区定义交互

当“CarouselClicked”的值为 0 时，“CheckForClick”热区的“OnClick”事件将把

“CarouselDP”的状态设置为“Next”。执行以下操作：

1．单击位于坐标（95，35）处的“CheckForClick”热区来设置“OnClick”事件。

2．在“Widget Interactions and Notes”（元件交互与说明）功能区，选中“Interactions”（交互）选项卡，单击“More Events”（更多事件），双击“OnFocus”（获取焦点时），打开“Case Editor”（用例编辑）对话框。

3．单击“Add Condition”（添加条件）按钮来添加新的条件。

4．在“Condition Builder”（条件设立）对话框中参照图 2-42 的示意执行以下操作：

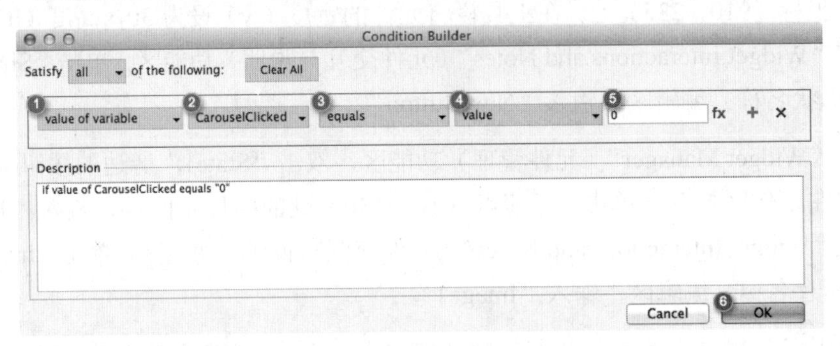

图 2-42

1）在第一个下拉菜单中，选择“Value”（值）。

2）在第二个下拉菜单中，选择“CarouselClicked”。

3）在第三个下拉菜单中，选择“equals”（==）。

4）在第四个下拉菜单中，选择“Value”（值）。

5）在输入区输入“0”。

6）单击“OK”（确定）。

5．现在来创建动作。执行以下操作来将“CarouselDP”的状态设置为“Next”（如图 2-43 所示）。

1）在“Click to add actions”（添加动作）一栏下，滚动至“Dynamic Panels”（动态面板），单击“Set Panel State”（设置面板状态）。

2）在“Configure actions”（配置动作）一栏下，勾选“CarouselDP”旁边的单选框。

3）在“Select the state”（选择状态为）点开第一个下拉菜单，选择“Next”。

4）勾选“Wrap from last to first”（向后循环）旁边的单选框。

5）单击“OK”（确定）。

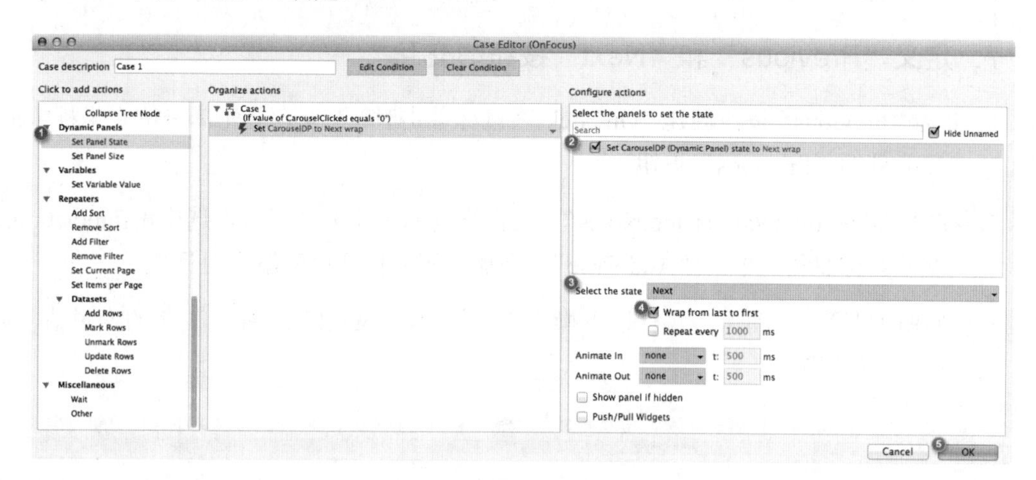

图 2-43

现在我们来为“CarouselDP”动态面板的不同状态定义“OnClick”（鼠标单击时）交互。

6．为“CarouselDP”动态面板的不同状态定义“OnClick”（鼠标单击时）交互

执行以下操作来为“CarouselDP”动态面板的不同状态定义“OnClick”（鼠标单击时）交互：

1．在“Widget Manager”（元件管理）功能区，双击“State1”旁边的按钮 ，将该状态在工作区打开。单击位于坐标（0，0）处的图片元件。在“Widget Interactions and Notes”（元件交互与说明）功能区，选中“Interactions”（交互）标签页，单击“Create Link”（创建链接），在弹出的站点地图中选择“Journey”。

2．在“Widget Manager”（元件管理）功能区，双击“State2”旁边的按钮 ，将该状态在工作区打开。单击位于坐标（0，0）处的图片元件。在“Widget Interactions and Notes”（元件交互与说明）功能区，选中“Interactions”（交互）标签页，单击“Create Link”（创建链接），在弹出的站点地图中选择“Forum”。

3．在“Widget Manager”（元件管理）功能区，双击“State3”旁边的按钮 ，将该状态在工作区打开。单击位于坐标（0，0）处的图片元件。在“Widget Interactions and Notes”（元件交互与说明）功能区，选中“Interactions”（交互）标签页，单击

"Create Link"（创建链接），在弹出的站点地图中选择"Charter"。

接下来我们来定义"Previous"和"Next"按钮的交互。

7. 定义"Previous"和"Next"按钮的交互

1. 要为"Previous"按钮创建"OnClick"（鼠标单击时）交互，首先单击位于坐标（20，235）处的"Previous"按钮。

2. 在"Widget Interactions and Notes"（元件交互与说明）功能区，选中"Interactions"（交互）标签页，单击"Add Case"（添加用例）打开用例编辑对话框。

3. 现在创建第一个动作。执行以下操作来设置"CarouselClicked"变量的变量值（如图 2-44 所示）。

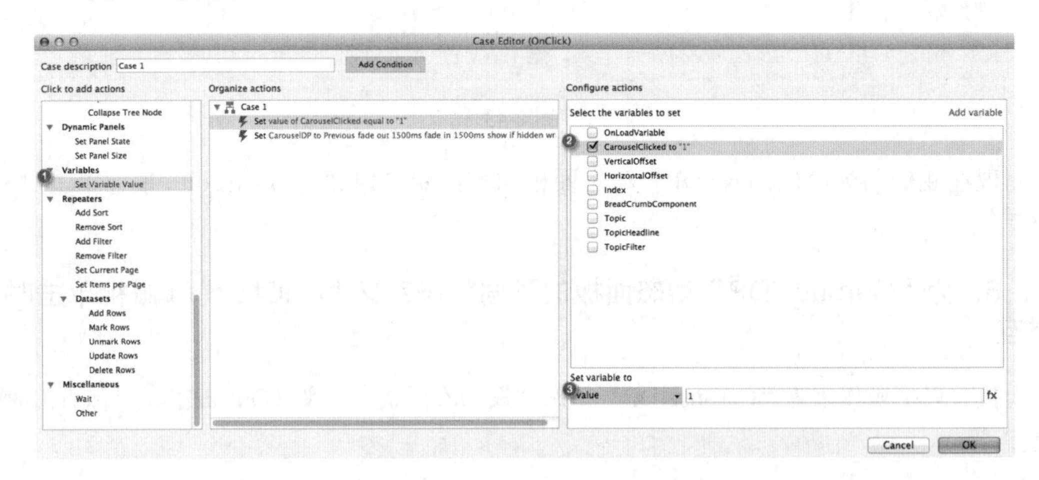

图 2-44

1）在"Click to add actions"（添加动作）一栏下，滚动至"Variables"（全局变量），单击"Set Variable Value"（设置变量值）。

2）在"Configure actions"（配置动作）一栏下，勾选"CarouselClicked"旁边的单选框。

3）在"Set variable to"（设置全局变量值为），在第一个下拉菜单中选择"value"（值），在输入区输入 1。

4. 现在创建第二个动作，将"CarouselDP"的状态设置为"Previous"。执行以下操作（如图 2-45 所示）。

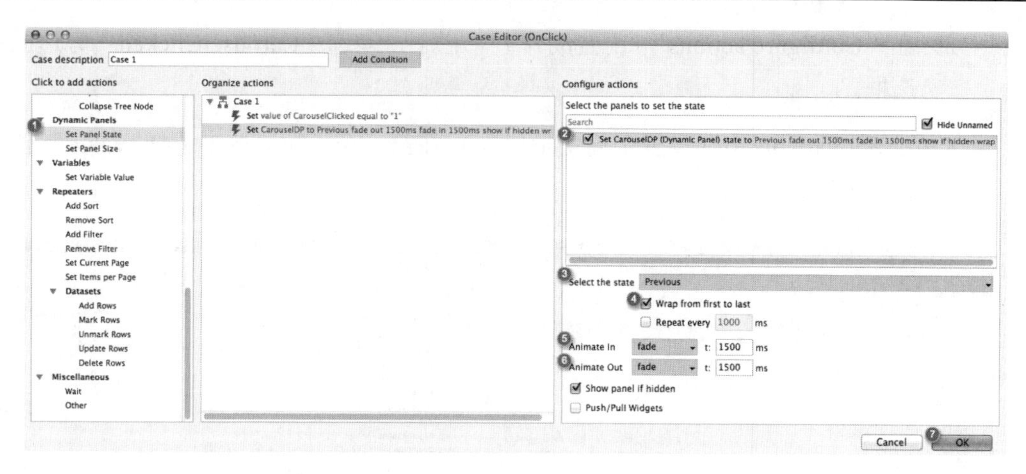

图 2-45

1）在“Click to add actions”（添加动作）一栏下，滚动至“Dynamic Panels”（动态面板），单击“Set Panel State”（设置面板状态）。

2）在“Configure actions”（配置动作）一栏下，勾选“CarouselDP”旁边的单选框。

3）在“Select the state”（选择状态为），点开第一个下拉菜单，选择“Previous”。

4）勾选“Wrap from last to first”（向后循环）旁边的单选框。

5）点开“Animate In”（进入动画）下拉菜单，选择“fade”（逐渐），在“t”（时间）旁边的输入区输入 1500。

6）点开“Animate Out”（退出动画）下拉菜单，选择“fade”（逐渐），在“t”（时间）旁边的输入区输入 1500。

7）单击“OK”（确定）。

现在我们为“Next”按钮创建“OnClick”（鼠标单击时）交互，首先单击位于坐标（910，235）处的“Next”按钮。在“Widget Interactions and Notes”（元件交互与说明）功能区，选中“Interactions”（交互）标签页，单击“Addcase”（添加用例），打开用例编辑对话框。在对话框中执行以下操作：

1. 现在创建第一个动作。执行以下操作来设置“CarouselClicked”变量的变量值（如图 2-46 所示）。

   1）在“Click to add actions”（添加动作）一栏下，滚动至“Variables”（全局变量），单击“Set Variable Value”（设置变量值）。

2）在“Configure actions”（配置动作）一栏下，勾选“CarouselClicked”旁边的单选框。

3）在“Set variable to”（设置全局变量值为），在第一个下拉菜单中选择“value”（值），在输入区输入 1。

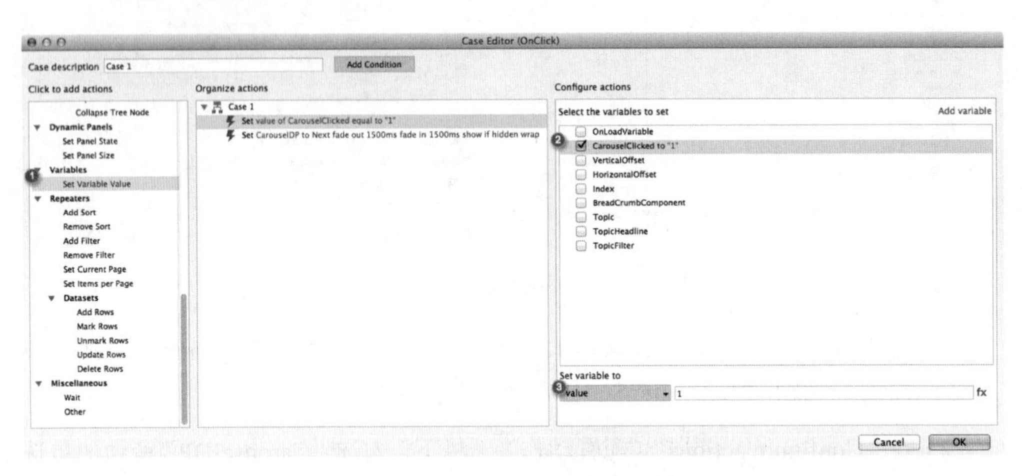

图 2-46

2. 现在创建第二个动作，将“CarouselDP”的状态设置为“Next”。执行以下操作（如图 2-47 所示）。

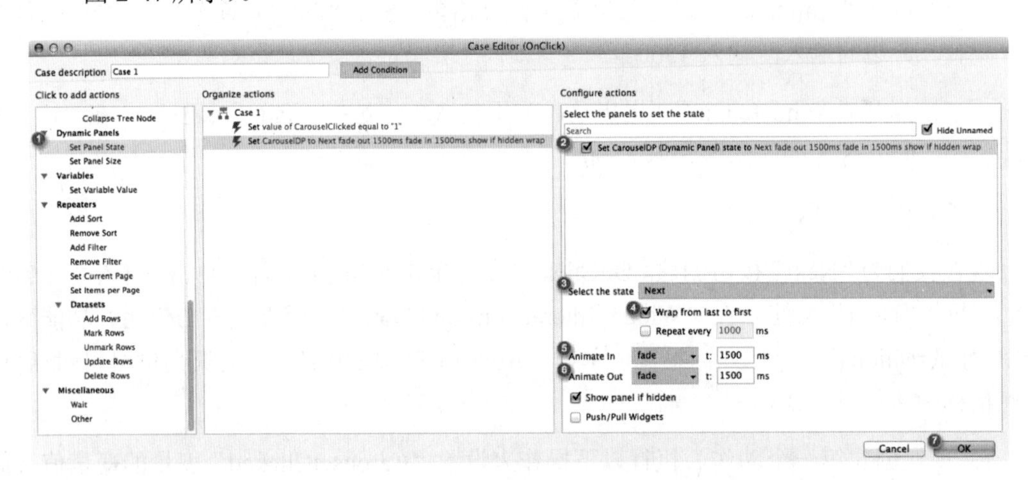

图 2-47

1）在“Click to add actions”（添加动作）一栏下，滚动至“Dynamic Panels”（动态面板），单击“Set Panel State”（设置面板状态）。

2）在“Configure actions”（配置动作）一栏下，勾选“CarouselDP”旁边的单选框。

3）在“Select the state”（选择状态为），点开第一个下拉菜单，选择“Next”。

4）勾选“Wrap from last to first”（向后循环）旁边的单选框。

5）点开“Animate In”（进入动画）下拉菜单，选择“fade”（逐渐），在“t”（时间）旁边的输入区输入 1500。

6）点开“Animate Out”（退出动画）下拉菜单，选择“fade”（逐渐），在“t”（时间）旁边的输入区输入 1500。

7）单击“OK”（确定）。

这样我们就完成了轮播区动态面板设计和交互定义。接下来我们为标题区添加元件，并为召唤行动框添加交互。

8. 为标题区添加元件并为召唤行动框添加交互

首先添加“Heading 1”（一级标题）元件，然后创建三个召唤行动框。执行以下操作：

1. 在“Masters”（母版）功能区，双击“Home”页面旁边的按钮，将其在工作区打开。
2. 在“Widgets”（元件）功能区，将“Heading 1”（一级标题）元件**H1**拖放到工作区坐标（10，400）处，输入“Forum for the Exploration of Mars”。在工具栏将元件的宽度（w）设为 388，高度（h）设为 28。在“Widget Interactions and Notes”（元件交互与说明）功能区，单击“Shape Name”（形状名称）编辑区，输入“Heading 1”。
3. 在“Widgets”（元件）功能区，将“Rectangle”（矩形）元件拖放到工作区坐标（10，440）处。在工具栏将元件的宽度（w）设为 220，高度（h）设为 245。在“Widget Interactions and Notes”（元件交互与说明）功能区，单击“Shape Name”（形状名称）编辑区，输入“Section1_Background”。
4. 在“Widgets”（元件）功能区，将“Heading 2”（二级标题）元件**H2**拖放到工作区坐标（20，450）处，输入“The Journey”。在“Widget Interactions and Notes”（元件交互与说明）功能区，单击“Shape Name”（形状名称）编辑区，输入“Section1_Heading”。
5. 在“Widgets”（元件）功能区，将“Image”（图片）元件拖放到工作区坐标（20，480）处。在工具栏将元件的宽度（w）设为 200，高度（h）设为 50。在“Widget

Interactions and Notes”（元件交互与说明）功能区，单击“Shape Name”（形状名称）编辑区，输入“Section1_Image”。

6. 在“Widgets”（元件）功能区，将“Paragraph”（文本段落）元件拖放到工作区坐标（20，540）处。在工具栏将元件的宽度（w）设为180，高度（h）设为117。在“Widget Interactions and Notes”（元件交互与说明）功能区，单击“Shape Name”（形状名称）编辑区，输入“Section1_Copy”。调整文本段落元件中的文本，使其符合“Section1_Background”的大小。

7. 在“Widgets”（元件）功能区，将“Hot Spot”（热区）元件拖放到工作区坐标（10，440）处。在工具栏将元件的宽度（w）设为220，高度（h）设为245。在“Widget Interactions and Notes”（元件交互与说明）功能区，单击“Hot Spot Name”（热区名称）编辑区，输入“Journey_HotSpot”。

8. 在“Widgets”（元件）功能区，将“Rectangle”（矩形）元件拖放到工作区坐标（250，440）处。在工具栏将元件的宽度（w）设为220，高度（h）设为245。在“Widget Interactions and Notes”（元件交互与说明）功能区，单击“Shape Name”（形状名称）编辑区，输入“Section2_Background”。

9. 在“Widgets”（元件）功能区，将“Heading 2”（二级标题）元件**H2**拖放到工作区坐标（265，450）处，输入“Forum & News”。在“Widget Interactions and Notes”（元件交互与说明）功能区，单击“Shape Name”（形状名称）编辑区，输入“Section2_Heading”。

10. 在“Widgets”（元件）功能区，将“Image”（图片）元件拖放到工作区坐标（260，480）处。在工具栏将元件的宽度（w）设为200，高度（h）设为50。在“Widget Interactions and Notes”（元件交互与说明）功能区，单击“Shape Name”（形状名称）编辑区，输入“Section2_Image”。

11. 在“Widgets”（元件）功能区，将“Paragraph”（文本段落）元件拖放到工作区坐标（265，540）处。在工具栏将元件的宽度（w）设为180，高度（h）设为117。在“Widget Interactions and Notes”（元件交互与说明）功能区，单击“Shape Name”（形状名称）编辑区，输入“Section2_Copy”。调整文本段落元件中的文本，使其符合“Section2_Background”的大小。

12. 在“Widgets”（元件）功能区，将“Hot Spot”（热区）元件拖放到工作区坐标（250，440）处。在工具栏将元件的宽度（w）设为220，高度（h）设为245。在“Widget Interactions and Notes”（元件交互与说明）功能区，单击“Hot Spot Name”（热区名称）编辑区，输入“News_HotSpot”。

13. 在“Widgets”（元件）功能区，将“Rectangle”（矩形）元件拖放到工作区坐标（490，440）处。在工具栏将元件的宽度（w）设为 220，高度（h）设为 245。在“Widget Interactions and Notes”（元件交互与说明）功能区，单击“Shape Name”（形状名称）编辑区，输入“Section3_Background”。

14. 在“Widgets”（元件）功能区，将“Heading 2”（二级标题）元件H2拖放到工作区坐标（505，450）处，输入“Universal Charter”。在“Widget Interactions and Notes”（元件交互与说明）功能区，单击“Shape Name”（形状名称）编辑区，输入“Section3_Heading”。

15. 在“Widgets”（元件）功能区，将“Image”（图片）元件拖放到工作区坐标（500，480）处。在工具栏将元件的宽度（w）设为 200，高度（h）设为 50。在“Widget Interactions and Notes”（元件交互与说明）功能区，单击“Shape Name”（形状名称）编辑区，输入“Section3_Image”。

16. 在“Widgets”（元件）功能区，将“Paragraph”（文本段落）元件拖放到工作区坐标（505，540）处。在工具栏将元件的宽度（w）设为 180，高度（h）设为 117。在“Widget Interactions and Notes”（元件交互与说明）功能区，单击“Shape Name”（形状名称）编辑区，输入“Section3_Copy”。调整文本段落元件中的文本，使其符合“Section3_Background”的大小。

17. 在“Widgets”（元件）功能区，将“Hot Spot”（热区）元件拖放到工作区坐标（490，440）处。在工具栏将元件的宽度（w）设为 220，高度（h）设为 245。在“Widget Interactions and Notes”（元件交互与说明）功能区，单击“Hot Spot Name”（热区名称）编辑区，输入“Charter_HotSpot”。

执行以下操作为三个热区添加“OnClick”（鼠标单击时）的交互：

1. 单击位于坐标（10，440）处的“Hot Spot”（热区）元件，在“Widget Interactions and Notes”（元件交互与说明）功能区选中“Interactions”（交互）标签页，单击“Create Link”（创建链接），在弹出的站点地图中选择“Journey”。

2. 单击位于坐标（250，440）处的“Hot Spot”（热区）元件，在“Widget Interactions and Notes”（元件交互与说明）功能区选中“Interactions”（交互）标签页，单击“Create Link”（创建链接），在弹出的站点地图中选择“Forum”。

3. 单击位于坐标（490，440）处的“Hot Spot”（热区）元件，在“Widget Interactions and Notes”（元件交互与说明）功能区选中“Interactions”（交互）标签页，单击“Create Link”（创建链接），在弹出的站点地图中选择“Charter”。

接下来我们为“Home”页面添加社交媒体feed。

9. 添加社交媒体feed

我们将用到一个“Inline Frame”（内联框架）元件和社交媒体聚合器Tint（http://www.tintup.com）。在Tint注册一个账号并添加一个Tint（也就是一个社交媒体feed）之后，我们会得到一个对应的链接。执行以下操作来添加社交媒体feed：

1. 在“Widgets”（元件）功能区，将“Rectangle”（矩形）元件拖放到工作区坐标（730，440）处。在工具栏将元件的宽度（w）设为220，高度（h）设为245。在“Widget Interactions and Notes”（元件交互与说明）功能区，单击“Shape Name”（形状名称）编辑区，输入“SocialMediaFeedBackground”。

2. 在“Widgets”（元件）功能区，将“Heading 2”（二级标题）元件**H2**拖放到工作区坐标（745，450）处，输入“Social Media Feed”。在“Widget Interactions and Notes”（元件交互与说明）功能区，单击“Shape Name”（形状名称）编辑区，输入“SocialMediaFeedHeading”。

3. 在“Widgets”（元件）功能区，将“Inline Frame”（内联框架）元件拖放到工作区坐标（740，480）处，执行以下操作：

   1）在“Widget Interactions and Notes”（元件交互与说明）功能区，单击“Inline Frame Name”（内联框架名称）编辑区，输入“SocialMediaFeedIF”。

   2）在工具栏将元件的宽度（w）设为200，高度（h）设为195。

   3）右键单击“SocialMediaFeedIF”元件，在弹出的菜单中选择“Scrollbars”（滚动条），然后选择“Never Show Scrollbars”（从不显示滚动条）。

   4）右键单击“SocialMediaFeedIF”元件，在弹出的菜单中选择“Frame Target”（框架目标页面）。在“Link Properties”（链接属性）对话框，勾选“Link to an external url or file”（链接到url或文件），在超链接输入区粘贴你的Tint链接（如http://www.tintup.com/axuredemo）。

到这里我们就完成了“Home”页面主体的设计。接下来我们再往其中添加母版，并定义“OnPageLoad”（页面载入时）事件。

10. 为“Home”页面添加母版并定义交互

我们首先将“Header”和“Footer”母版添加进“Home”页面，接下来定义“OnPageLoad”

（页面载入时）事件。将“Home”页面在工作区打开，执行以下操作：

1. 在“Masters”（母版）功能区，将“Header”母版拖拽至工作区任意位置。
2. 在“Masters”（母版）功能区，将“Footer”母版拖拽至工作区任意位置。

提示：
“Header”和“Footer”母版旁边的图标表示该母版的拖放行为是固定位置的。有着这样拖放行为定义的母版，被拖放到工作区时会自动放置到它在母版中的相应位置。

接下来我们来定义“OnPageLoad”（页面载入时）事件。在工作区下方的“Page Properties”（页面属性）功能区，选择“Page Interactions”（页面交互）标签页，单击“Add Case”（添加用例）打开用例编辑对话框。在对话框中执行以下操作：

1. 创建第一个动作，设置“CarouselClicked”变量的变量值。执行以下操作（如图 2-48 所示）。

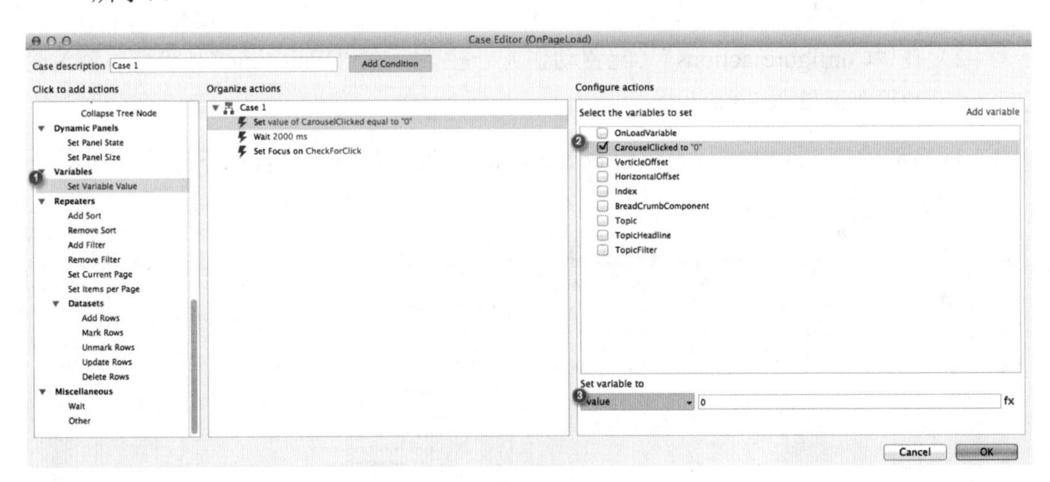

图 2-48

1）在“Click to add actions”（添加动作）一栏下，滚动至“Variables”（全局变量），单击“Set Variable Value”（设置变量值）。

2）在“Configure actions”（配置动作）一栏下，勾选“CarouselClicked”旁边的单选框。

3）在“Set variable to”（设置全局变量值为），在第一个下拉菜单中选择“value”（值），在输入区输入 0。

2．现在创建第二个动作，等待 2000ms。执行以下操作（如图 2-49 所示）。

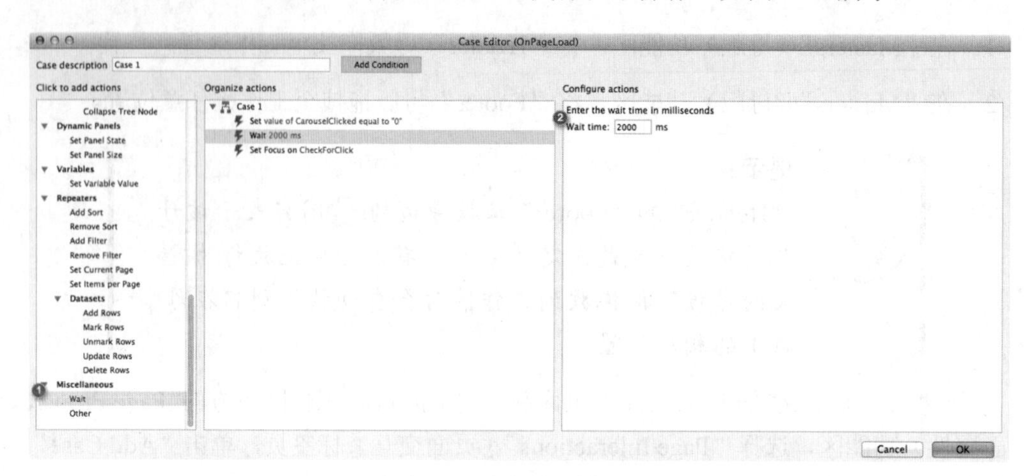

图 2-49

1）在“Click to add actions”（添加动作）一栏下，滚动至“Miscellaneous”（其他），单击“Wait”（等待）。

2）在“Configure actions”（配置动作）一栏下，在“Wait time”（等待时间）旁边的输入区输入 2000。

3．现在创建第三个动作，为“CheckForClick”设置焦点。执行以下操作（如图 2-50 所示）。

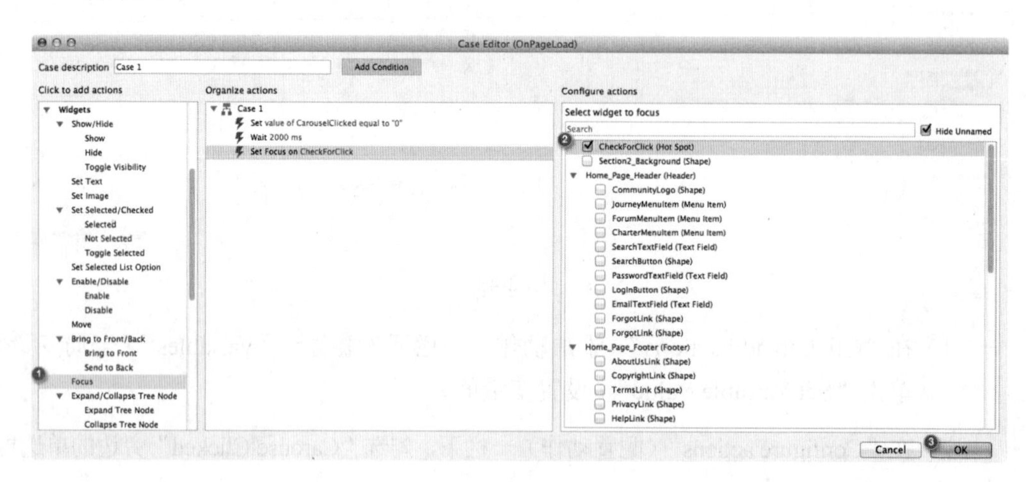

图 2-50

1）在“Click to add actions”（添加动作）一栏下，滚动至“Widgets”（元件），单

击“Set Focus”（设置焦点）。

2）在“Configure actions”（配置动作）一栏下，勾选“CheckForClick”旁边的单选框。

3）单击“OK”（确定）。

现在我们全部完成了“Home”页面的设计和交互定义。现在我们来继续完成“Journey”，“TopicDetail”，“Charter”和“About Us”页面。

11．完成“Journey”，“TopicDetail”，“Charter”和“About Us”页面的设计和交互定义

“Journey”，“TopicDetail”，“Charter”和“About Us”页面将用到“Header”，“Secondary_Page_Body”和“Footer”母版。执行以下操作来完成这几个页面：

1. 在“Sitemap”（站点地图）功能区（原文为“在‘Masters’（母版）功能区”，可能为笔误——译者注），双击“Journey”页面旁边的按钮，将其在工作区打开。
2. 在“Masters”（母版）功能区，将“Header”母版拖拽至工作区任意位置。
3. 在“Masters”（母版）功能区，将“Secondary_Page_Body”母版拖拽至工作区任意位置。
4. 在“Masters”（母版）功能区，将“Footer”母版拖拽至工作区任意位置。
5. 根据表 2-16 重复步骤 1 至 4 来完成“TopicDetail”，“Charter”和“About Us”页面的设计。

表 2-16

打开的页面（步骤 1）
Topic Detail
Charter
About Us

接下来我们来定义“Journey”，“TopicDetail”，“Charter”和“About Us”页面的交互。

12．为“Journey”，“TopicDetail”，“Charter”和“About Us”页面定义交互

我们首先更新这些页面的菜单项以及面包屑导航，来让用户知道他正在哪一页上。要

达到这一目的，我们首先把页头区域的“Set Selected”（设置选中）设置为“True”，并且初始化变量，为面包屑中继器添加需要的行。

让我们从“Journey”页面开始。

13. 为“Journey”页面定义“OnPageLoad”（页面载入时）事件

在“Sitemap”（站点地图）功能区，双击“Journey”页面旁边的按钮，将其在工作区打开。在工作区下方的“Page Properties”（页面属性）功能区，选择“Page Interactions”（页面交互）标签页，单击“Add Case”（添加用例），打开用例编辑对话框。在“Case description”（用例描述）输入区，输入“Initialize”。在用例编辑对话框中继续执行以下操作：

1. 创建第一个动作，将“JourneyMenuItem”的“Set Selected”（设置选中）设置为“True”。执行以下操作（如图 2-51 所示）。

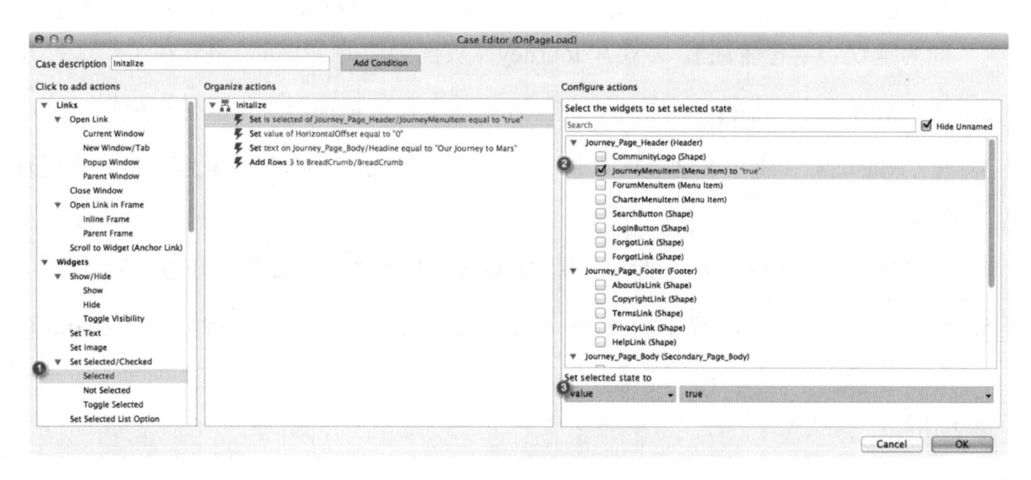

图 2-51

1）在“Click to add actions”（添加动作）一栏下，滚动至“Widgets”（元件），单击“Set Selected/Checked”（设置选中）。

2）在“Configure actions”（配置动作）一栏下，勾选“JourneyMenuItem”旁边的单选框。

3）在“Set selected state to”（设置选中状态为），第一个下拉菜单勾选“value”（值），第二个下拉菜单勾选“true”。

2. 接下来创建第二个动作，设置“HorizontalOffset”变量的变量值。执行以下操作（如图 2-52 所示）。

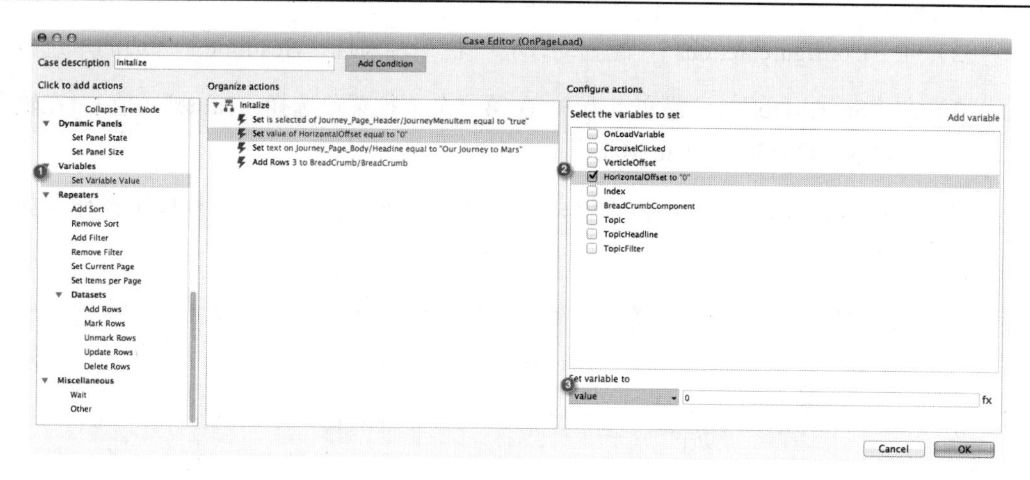

图 2-52

1）在“Click to add actions”（添加动作）一栏下，滚动至“Variables”（全局变量），单击“Set Variable Value”（设置变量值）。

2）在“Configure actions”（配置动作）一栏下，勾选“HorizontalOffset”旁边的单选框。

3）在“Set variable to”（设置全局变量值为），在第一个下拉菜单中选择“value”（值），在输入区输入 0。

3．接下来创建第三个动作，设置“Headline”的文本。执行以下操作（如图 5-53 所示）。

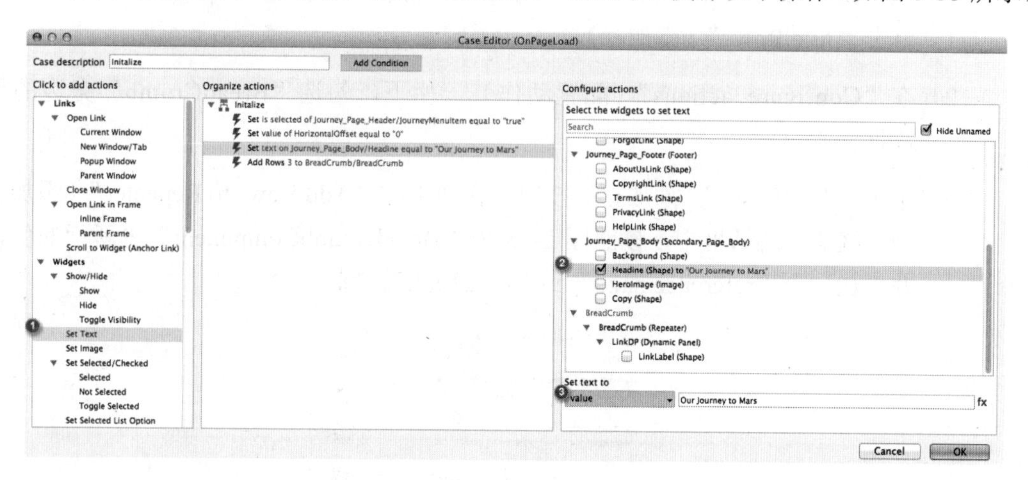

图 2-53

1）在“Click to add actions”（添加动作）一栏下，滚动至“Widgets”（元件），单击“Set Text”（设置文本）。

2）在“Configure actions”（配置动作）一栏下，勾选“Headline”旁边的单选框。

3）在“Set text to”（设置文本为），在第一个下拉菜单选择“value”（值），在输入区输入“Our Journey to Mars”。

4．接下来创建第四个动作，为“BreadCrumb”中继器添加行。执行以下操作（如图2-54所示）。

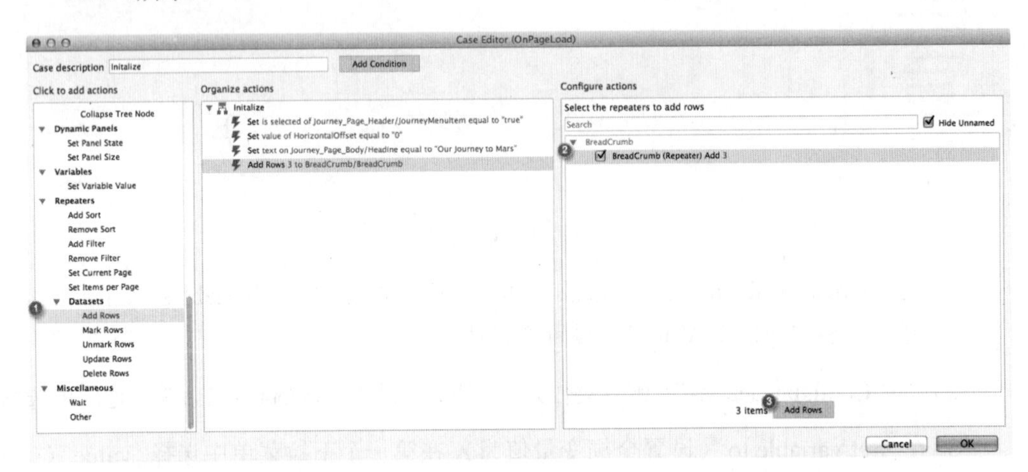

图 2-54

1）在“Click to add actions”（添加动作）一栏下，滚动至“Datasets”（数据集），单击“Add Rows”（添加行）。

2）在“Configure actions”（配置动作）一栏下，勾选“BreadCrumb”旁边的单选框。

3）单击“Add Rows”（添加行）按钮，在弹出的“Add Rows to Repeater”（添加行到中继器）对话框中，参照图2-55为“BreadCrumbComponent”更新行的值，并添加一个“reference page”到“PageLink”。

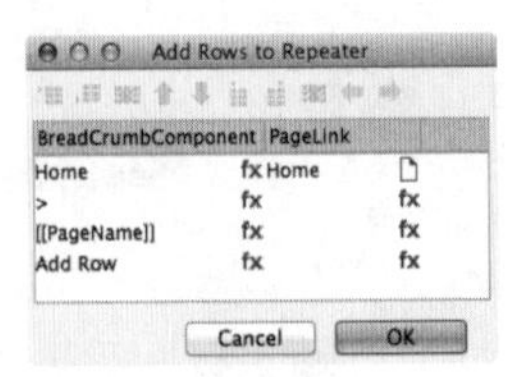

图 2-55

4）单击“OK”（确定）。

5）单击用例编辑对话框的“OK”（确定）。

> **提示：**
>
> 要为“PageLink”添加“reference page”，可以右键单击上图中第一行的“PageLink”，在弹出的菜单项中选择“Reference Page”，在弹出的“Reference Page”对话框中选择“Home”。

这样我们就完成了“Journey”页面的设计和交互定义。接下来我们将完成“Topic Detail”页面。

14．为“Topic Detail”页面定义“OnPageLoad”（页面载入时）事件

“Topic Detail”页面的“OnPageLoad”（页面载入时）事件包含“Initialize”，“TopicFilterSet”和“TopicFilterNotSet”三个用例。

我们从“Initialize”用例开始。

“Initialize”用例设置完成后，在用例编辑对话框中显示如图 2-56 所示。

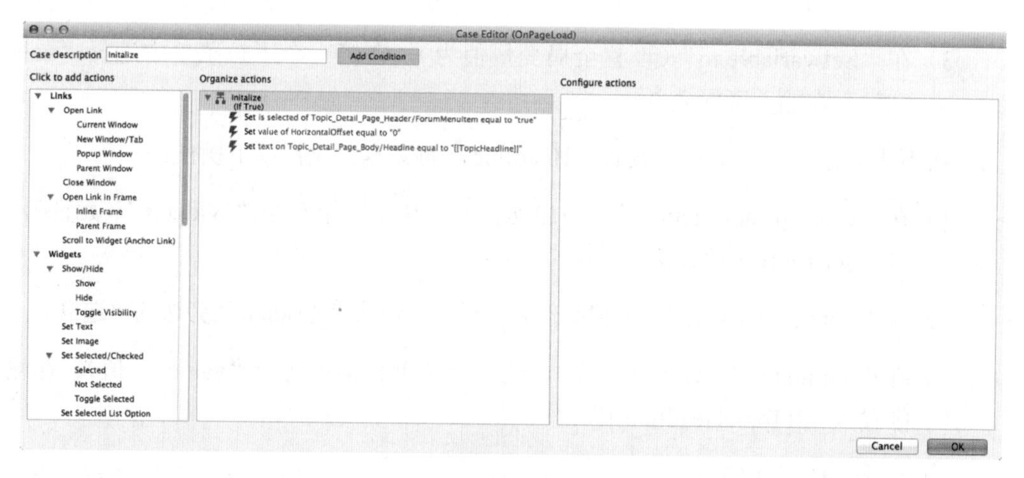

图 2-56

现在我们来创建“Initialize”用例。

在“Sitemap”（站点地图）功能区，双击“Topic Detail”页面旁边的按钮，将其在工作区打开。在工作区下方的“Page Properties”（页面属性）功能区，选择“Page Interactions”（页面交互）标签页，单击“Add Case”（添加用例），打开用例编辑对话框。在“Case description”（用例描述）输入区，输入“Initialize”。在用例编辑对话框中继续执行以下操作：

1. 创建第一个动作，将“ForumMenuItem”的“Set Selected”（设置选中）设置为“True”。执行以下操作：

1）在“Click to add actions”（添加动作）一栏下，滚动至“Widgets”（元件），单击“Set Selected/Checked”（设置选中）。

2）在“Configure actions”（配置动作）一栏下，勾选“ForumMenuItem”旁边的单选框。

3）在“Set selected state to”（设置选中状态为），第一个下拉菜单勾选“value”（值），第二个下拉菜单勾选“true”。

2. 接下来创建第二个动作，设置“HorizontalOffset”变量的变量值。执行以下操作：

1）在“Click to add actions”（添加动作）一栏下，滚动至“Variables”（全局变量），单击“Set Variable Value”（设置变量值）。

2）在“Configure actions”（配置动作）一栏下，勾选“HorizontalOffset”旁边的单选框。

3）在“Set variable to”（设置全局变量值为），在第一个下拉菜单中选择“value”（值），在输入区输入 0。

3. 接下来创建第三个动作，设置“Headline”的文本。执行以下操作：

1）在“Click to add actions”（添加动作）一栏下，滚动至“Widgets”（元件），单击“Set Text”（设置文本）。

2）在“Configure actions”（配置动作）一栏下，勾选“Headline”旁边的单选框。

3）在“Set text to”（设置文本为），在第一个下拉菜单选择“value”（值），在输入区输入“[[TopicHeadline]]”。

4）单击“OK”（确定）。

这样我们就完成了“Initialize”用例。接下来我们将定义“TopicFilterSet”用例。

“TopicFilterSet”用例设置完成后，在用例编辑对话框中显示如图 2-57 所示。

现在我们就来创建“TopicFilterSet”用例。

将“Topic Detail”页面在工作区打开。在工作区下方的“Page Properties”（页面属性）功能区，选择“Page Interactions”（页面交互）标签页，单击“Add Case”（添加用例），打开用例编辑对话框。在“Case description”（用例描述）输入区，输入“TopicFilterSet”。在用例编辑对话框中继续执行以下操作：

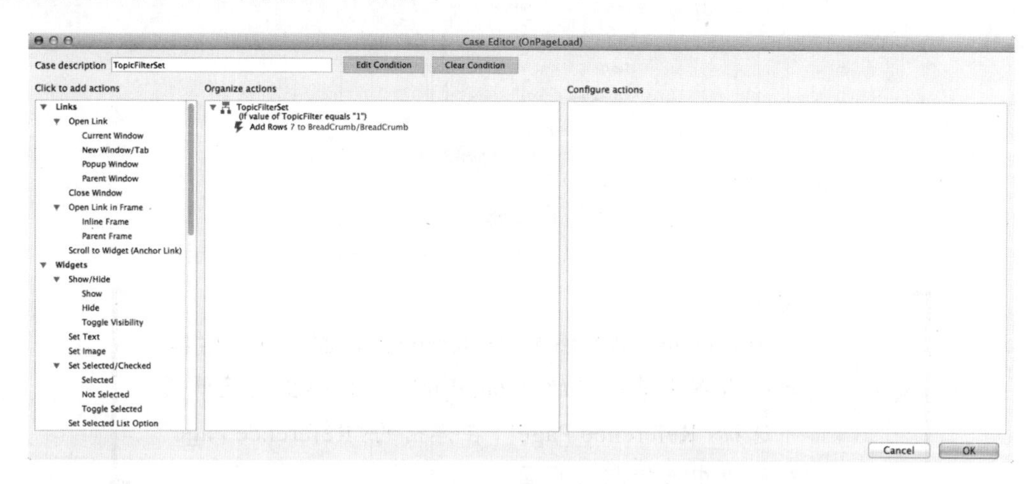

图 2-57

1．单击“Add Condition”（添加条件）按钮来添加条件。

2．在弹出的“Condition Builder”（条件设立）对话框执行以下操作：

1）在第一个下拉菜单，选择“value of variable”（变量值）。

2）在第二个下拉菜单，选择“TopicFilter”。

3）在第三个下拉菜单，选择“equals”（==）。

4）在第四个下拉菜单，选择“value”（值）。

5）在输入区输入 1。

6）单击“OK”（确定）。

3．现在创建第一个动作，为“BreadCrumb”中继器添加行。执行以下操作：

1）在“Click to add actions”（添加动作）一栏下，滚动至“Datasets”（数据集），单击“Add Rows”（添加行）。

2）在“Configure actions”（配置动作）一栏下，勾选“BreadCrumb”旁边的单选框。

3）单击“Add Rows”（添加行）按钮，在弹出的“Add Rows to Repeater”（添加行到中继器）对话框中，参照图 2-58 为“BreadCrumbComponent”更新行的值，并添加一个“reference page”到“PageLink”。

图 2-58

提示：

要为“PageLink”添加“reference page”，可以右键单击上图中第一行的“PageLink”，在弹出的菜单项中选择“Reference Page”，在弹出的“Reference Page”对话框中选择相应页面。

4）单击“OK”（确定）。

5）单击用例编辑对话框的“OK”（确定）。

4. 在“OnPageLoad”（页面载入时）事件，右键单击“TopicFilterSet”用例，选择“Toggle IF/ELSE IF”（切换为<If>或<Else If>）。

这样我们就完成了“TopicFilterSet”用例。接下来我们将定义“TopicFilterNotSet”用例。

“TopicFilterNotSet”用例设置完成后，在用例编辑对话框中显示如图 2-59 所示。

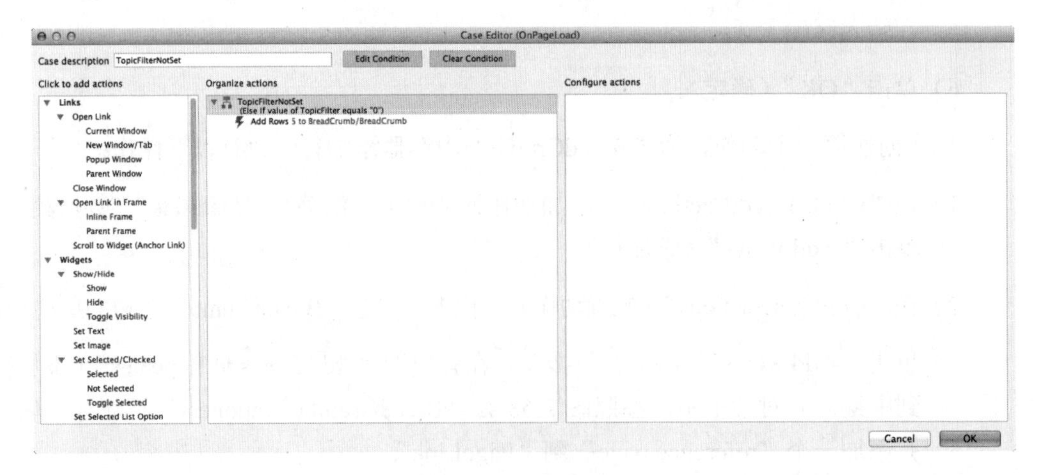

图 2-59

现在我们来创建“TopicFilterNotSet”用例。

将“Topic Detail”页面在工作区打开。在工作区下方的“Page Properties”（页面属性）功能区，选择“Page Interactions”（页面交互）标签页，单击“Add Case”（添加用例），打开用例编辑对话框。在“Case description”（用例描述）输入区，输入“TopicFilterNotSet”。在用例编辑对话框中继续执行以下操作：

1．单击“Add Condition”（添加条件）按钮来添加条件。

2．在弹出的“Condition Builder”（条件设立）对话框执行以下操作：

1）在第一个下拉菜单，选择“value of variable”（变量值）。

2）在第二个下拉菜单，选择“TopicFilter”。

3）在第三个下拉菜单，选择“equals”（==）。

4）在第四个下拉菜单，选择“value”（值）。

5）在输入区输入 1。

6）单击“OK”（确定）。

3．现在创建第一个动作，为“BreadCrumb”中继器添加行。执行以下操作：

1）在“Click to add actions”（添加动作）一栏下，滚动至“Datasets”（数据集），单击“Add Rows”（添加行）。

2）在“Configure actions”（配置动作）一栏下，勾选“BreadCrumb”旁边的单选框。

3）单击“Add Rows”（添加行）按钮，在弹出的“Add Rows to Repeater”（添加行到中继器）对话框中，参照图 2-60 为“BreadCrumbComponent”更新行的值，并添加一个“reference page”到“PageLink”。

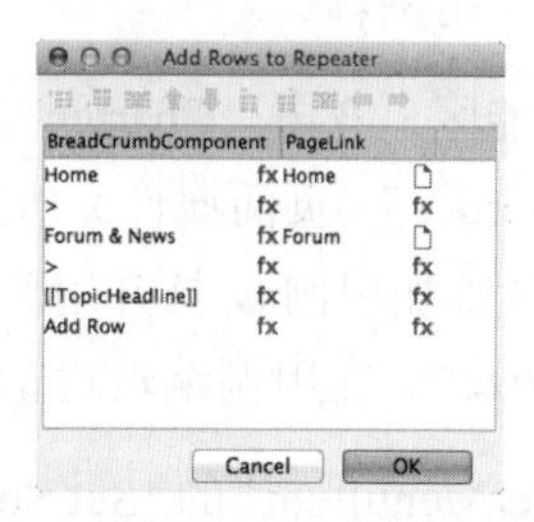

图 2-60

4）单击“OK”（确定）。

5）单击用例编辑对话框的“OK”（确定）。

提示：

要为“PageLink”添加“reference page”，可以右键单击上图中第一行的“PageLink”，在弹出的菜单项中选择“Reference Page”，在弹出的“Reference Page”对话框中选择相应页面。

这样我们就完成了“Topic Detail”页面的设计和交互定义。接下来我们将完成“Charter”页面。

15. 为“Charter”页面定义“OnPageLoad”（页面载入时）事件

“Initialize”用例设置完成后，在用例编辑对话框中显示如图2-61所示。

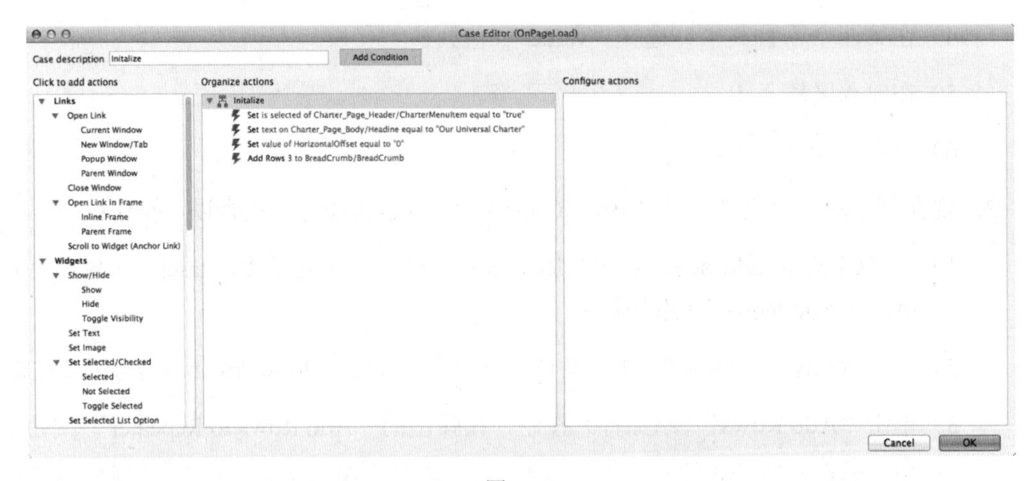

图2-61

现在我们就来创建“Initialize”用例。

在“Sitemap”（站点地图）功能区，双击“Charter”页面旁边的按钮，将其在工作区打开。在工作区下方的“Page Properties”（页面属性）功能区，选择“Page Interactions”（页面交互）标签页，单击“Add Case”（添加用例），打开用例编辑对话框。在“Case description”（用例描述）输入区，输入“Initialize”。在用例编辑对话框中继续执行以下操作：

1. 创建第一个动作，将“CharterMenuItem”的“Set Selected”（设置选中）设置为“True”。执行以下操作：

1）在“Click to add actions”（添加动作）一栏下，滚动至“Widgets”（元件），单

击“Set Selected/Checked”（设置选中）。

2）在“Configure actions”（配置动作）一栏下，勾选“CharterMenuItem”旁边的单选框。

3）在“Set selected state to”（设置选中状态为），第一个下拉菜单勾选“value”（值），第二个下拉菜单勾选“true”。

2. 接下来创建第二个动作，设置“Headline”的文本（如图 2-62 所示）。执行以下操作：

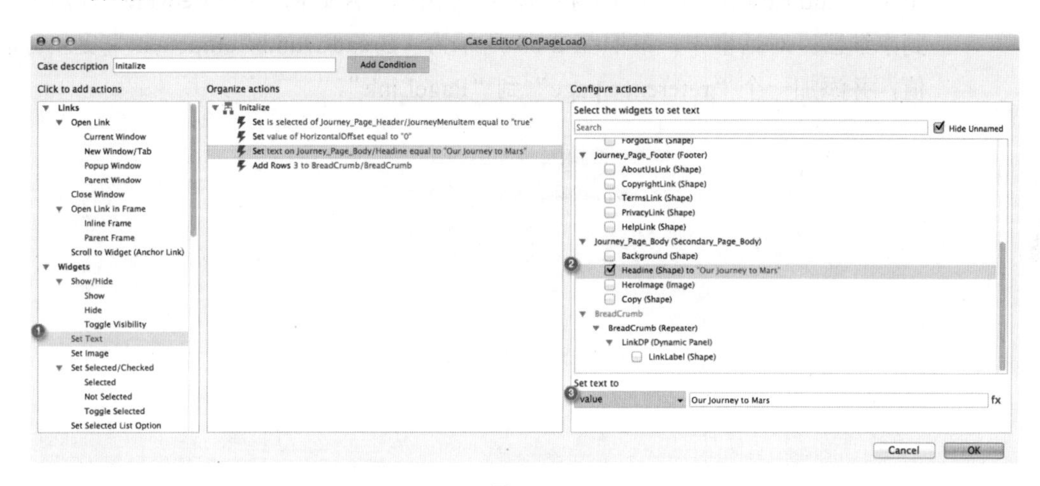

图 2-62

1）在“Click to add actions”（添加动作）一栏下，滚动至“Widgets”（元件），单击“Set Text”（设置文本）。

2）在“Configure actions”（配置动作）一栏下，勾选“Headline”旁边的单选框。

3）在“Set text to”（设置文本为），在第一个下拉菜单选择“value”（值），在输入区输入“Our Universal Charter”。

3. 接下来创建第三个动作，设置“HorizontalOffset”变量的变量值。执行以下操作：

1）在“Click to add actions”（添加动作）一栏下，滚动至“Variables”（全局变量），单击“Set Variable Value”（设置变量值）。

2）在“Configure actions”（配置动作）一栏下，勾选“HorizontalOffset”旁边的单选框。

3）在“Set variable to”（设置全局变量值为），在第一个下拉菜单中选择“value”（值），在输入区输入 0。

4．接下来创建第四个动作，为“BreadCrumb”中继器添加行。执行以下操作：

1）在“Click to add actions”（添加动作）一栏下，滚动至“Datasets”（数据集），单击“Add Rows”（添加行）。

2）在“Configure actions”（配置动作）一栏下，勾选“BreadCrumb”旁边的单选框。

3）单击“Add Rows”（添加行）按钮，在弹出的“Add Rows to Repeater”（添加行到中继器）对话框中，参照图 2-63 所示为“BreadCrumbComponent”更新行的值，并添加一个“reference page”到“PageLink”。

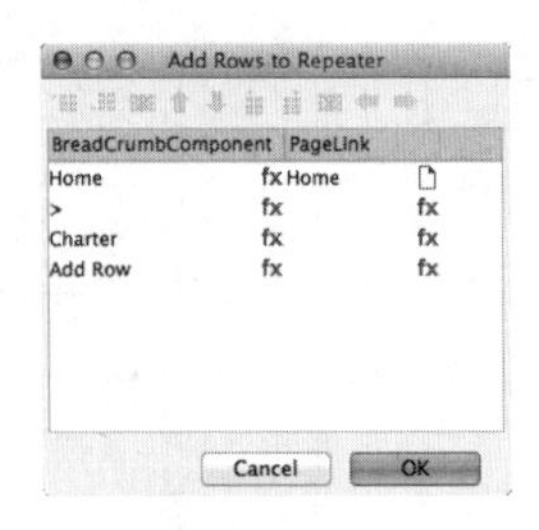

图 2-63

提示：

要为“PageLink”添加“reference page”，可以右键单击上图中第一行的“PageLink”，在弹出的菜单项中选择“Reference Page”，在弹出的“Reference Page”对话框中选择“Home”。

4）单击“OK”（确定）。

5）单击用例编辑对话框的“OK”（确定）。

这样我们就完成了“Charter”页面的设计和交互定义。接下来我们将完成“About Us”页面。

16．为“About Us”页面定义“OnPageLoad”（页面载入时）事件

“Initialize”用例设置完成后，在用例编辑对话框中显示如图 2-64 所示。

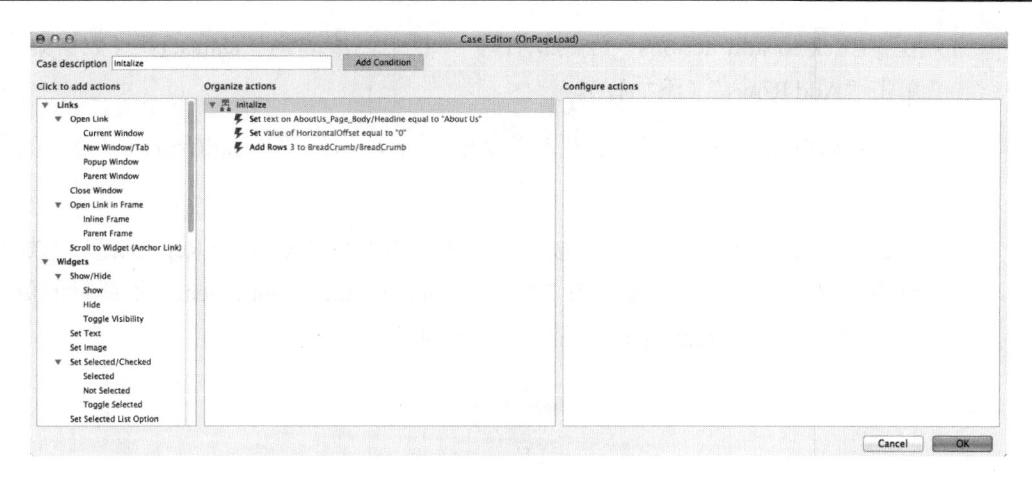

图 2-64

现在我们就来创建“Initialize”用例。

在“Sitemap”（站点地图）功能区，双击“About Us”页面旁边的按钮，将其在工作区打开。在工作区下方的“Page Properties”（页面属性）功能区，选择“Page Interactions”（页面交互）标签页，单击“Add Case”（添加用例），打开用例编辑对话框。在“Case description”（用例描述）输入区，输入“Initialize”。在用例编辑对话框中继续执行以下操作：

1. 创建第一个动作，设置“Headline”的文本。执行以下操作：

   1）在“Click to add actions”（添加动作）一栏下，滚动至“Widgets”（元件），单击“Set Text”（设置文本）。

   2）在“Configure actions”（配置动作）一栏下，勾选“Headline”旁边的单选框。

   3）在“Set text to”（设置文本为），在第一个下拉菜单选择“value”（值），在输入区输入“About Us”。

2. 接下来创建第二个动作，设置“HorizontalOffset”变量的变量值。执行以下操作：

   1）在“Click to add actions”（添加动作）一栏下，滚动至“Variables”（全局变量），单击“Set Variable Value”（设置变量值）。

   2）在“Configure actions”（配置动作）一栏下，勾选“HorizontalOffset”旁边的单选框。

   3）在“Set variable to”（设置全局变量值为），在第一个下拉菜单中选择“value”（值），在输入区输入 0。

3. 接下来创建第三个动作，为“BreadCrumb”中继器添加行。执行以下操作：

1）在“Click to add actions”（添加动作）一栏下，滚动至“Datasets”（数据集），单击“Add Rows”（添加行）。

2）在“Configure actions”（配置动作）一栏下，勾选“BreadCrumb”旁边的单选框。

3）单击“Add Rows”（添加行）按钮，在弹出的“Add Rows to Repeater”（添加行到中继器）对话框中，参照图 2-65 为“BreadCrumbComponent”更新行的值，并添加一个“reference page”到“PageLink”。

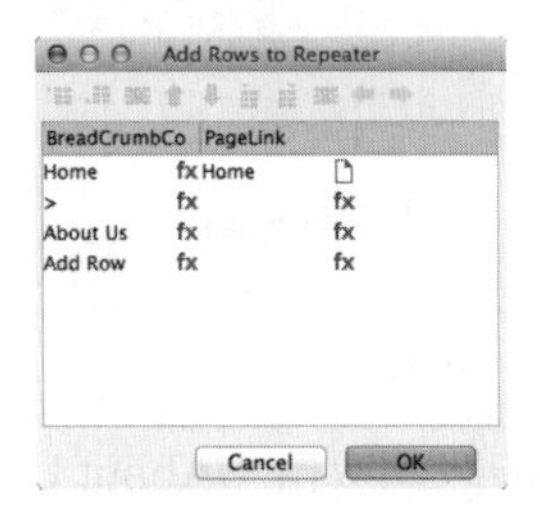

图 2-65

提示：

要为“PageLink”添加“reference page”，可以右键单击上图中第一行的“PageLink”，在弹出的菜单项中选择“Reference Page”，在弹出的“Reference Page”对话框中选择“Home”。

4）单击“OK”（确定）。

5）单击用例编辑对话框的“OK”（确定）。

这样我们就完成了“About Us”页面的设计和交互定义。接下来我们将完成“Forum”页面。

17. 完成“Forum”页面的设计和交互定义

“Forum”页面将用到“Header”，“Forum”和“Footer”母版。执行以下操作来完成页面的设计：

1. 在“Sitemap”（站点地图）功能区（原文为“在‘Masters’（母版）功能区”，可能为笔误——译者注），双击“Forum”页面旁边的按钮，将其在工作区打开。

2. 在“Masters”（母版）功能区，将“Header”母版拖拽至工作区任意位置。

3. 在“Widgets”（元件）功能区，将“Rectangle”（矩形）元件拖放到工作区坐标（10，140）处。在工具栏将元件的宽度（w）设为940，高度（h）设为370。在“Widget Interactions and Notes”（元件交互与说明）功能区，单击“Shape Name”（形状名称）编辑区，输入“Background”。

4. 在“Widgets”（元件）功能区，将“Heading 1”（一级标题）元件**H1**拖放到工作区坐标（20，147）处。输入“Forum & News”。在工具栏将元件的宽度（w）设为225，高度（h）设为37。在“Widget Interactions and Notes”（元件交互与说明）功能区，单击“Shape Name”（形状名称）编辑区，输入“Headline”。

5. 在“Widgets”（元件）功能区，将“Image”（图片）元件拖放到工作区坐标（20，190）处。在工具栏将元件的宽度（w）设为920，高度（h）设为230。在“Widget Interactions and Notes”（元件交互与说明）功能区，单击“Shape Name”（形状名称）编辑区，输入“HeroImage”。

6. 在“Widgets”（元件）功能区，将“Paragraph”（文本段落）元件拖放到工作区坐标（20，430）处。在工具栏将元件的宽度（w）设为920，高度（h）设为73。在“Widget Interactions and Notes”（元件交互与说明）功能区，单击“Shape Name”（形状名称）编辑区，输入“Copy”。调整文本段落中的文字使之适应“Section1_Background”矩形的大小。

7. 在“Masters”（母版）功能区，将“Forum”母版拖拽至工作区坐标（20，530）处。在“Widget Interactions and Notes”（元件交互与说明）功能区，单击“Repeater Name”（中继器名称）编辑区，输入“ForumRepeater”。

8. 在“Masters”（母版）功能区，将“Footer”母版拖拽至工作区任意位置。

这样我们就完成了“Forum”页面的设计，接下来我们为其定义交互。

18. 为“Forum”页面定义“OnPageLoad”（页面载入时）事件

“Initialize”用例设置完成后，在用例编辑对话框中显示如图2-66所示。

现在我们来创建“Initialize”用例。

在“Sitemap”（站点地图）功能区，双击“Forum”页面旁边的按钮，将其在工作区打开。在工作区下方的“Page Properties”（页面属性）功能区，选择“Page Interactions”（页面交互）标签页，单击“Add Case”（添加用例），打开用例编辑对话框。在“Case description”（用例描述）输入区，输入“Initialize”。在用例编辑对话框中继续执行以下操作：

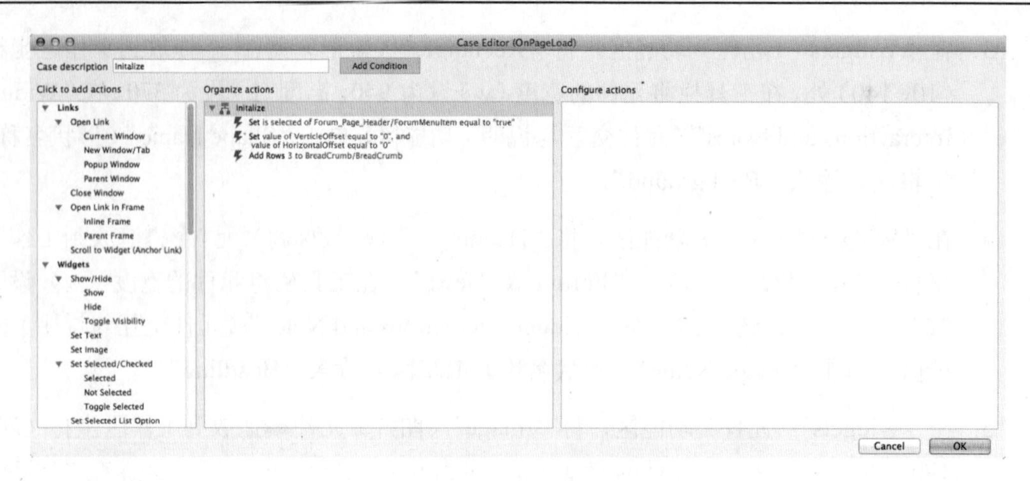

图 2-66

1. 创建第一个动作，将“ForumMenuItem”的“Set Selected”（设置选中）设置为“True”。执行以下操作：

   1）在“Click to add actions”（添加动作）一栏下，滚动至“Widgets”（元件），单击“Set Selected/Checked”（设置选中）。

   2）在“Configure actions”（配置动作）一栏下，勾选“ForumMenuItem”旁边的单选框。

   3）在“Set selected state to”（设置选中状态为），第一个下拉菜单勾选“value”（值），第二个下拉菜单勾选“true”。

2. 接下来创建第二个动作，设置“VerticalOffset”和“HorizontalOffset”变量的变量值。执行以下操作：

   1）在“Click to add actions”（添加动作）一栏下，滚动至“Variables”（全局变量），单击“Set Variable Value”（设置变量值）。

   2）在“Configure actions”（配置动作）一栏下，勾选“VerticalOffset”旁边的单选框。

   3）在“Set variable to”（设置全局变量值为），在第一个下拉菜单中选择“value”（值），在输入区输入 0。

   4）在“Configure actions”（配置动作）一栏下，勾选“HorizontalOffset”旁边的单选框。

   5）在“Set variable to”（设置全局变量值为），在第一个下拉菜单中选择“value”（值），在输入区输入 0。

3. 接下来创建第三个动作，为“BreadCrumb”中继器添加行。执行以下操作：

1）在“Click to add actions”（添加动作）一栏下，滚动至“Datasets”（数据集），单击“Add Rows”（添加行）。

2）在“Configure actions”（配置动作）一栏下，勾选“BreadCrumb”旁边的单选框。

3）单击“Add Rows”（添加行）按钮，在弹出的“Add Rows to Repeater”（添加行到中继器）对话框中，参照图 2-67 为“BreadCrumbComponent”更新行的值，并添加一个“reference page”到“PageLink”。

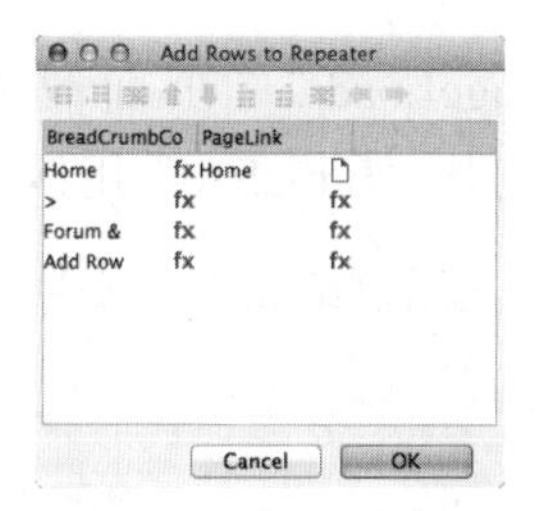

图 2-67

提示：

要为“PageLink”添加“reference page”，可以右键单击上图中第一行的“PageLink”，在弹出的菜单项中选择“Reference Page”，在弹出的“Reference Page”对话框中选择“Home”。

4）单击“OK”（确定）。

5）单击用例编辑对话框的“OK”（确定）。

这样我们就完成了“Forum”页面的设计和交互定义。接下来我们将完成“Topic List”页面。

19．完成“Topic List”页面的设计和交互定义

“Topic List”页面将用到“Header”，“Forum”和“Footer”母版。执行以下操作来完成页面设计：

1．在“Sitemap”（站点地图）功能区（原文为“在‘Masters’（母版）功能区”，可能为笔误——译者注），双击“Topic List”页面旁边的按钮，将其在工作区打开。

2．在“Masters”（母版）功能区，将“Header”母版拖拽至工作区任意位置。

3. 在“Masters”（母版）功能区，将“Forum”母版拖拽至工作区坐标（20，140）处。在“Widget Interactions and Notes”（元件交互与说明）功能区，单击“Repeater Name”（中继器名称）编辑区，输入“TopicListRepeater”。
4. 在“Masters”（母版）功能区，将“Footer”母版拖拽至工作区任意位置。

这样我们就完成了“Topic List”页面的设计。现在来为其定义交互。

20. 为“Topic List”页面定义“OnPageLoad”（页面载入时）事件

“Topic List”页面的“OnPageLoad”（页面载入时）事件包含“Initialize”和“SetAllTopicFilter”两个用例。我们从“Initialize”用例开始。

“Initialize”用例设置完成后，在用例编辑对话框中显示如图 2-68 所示。

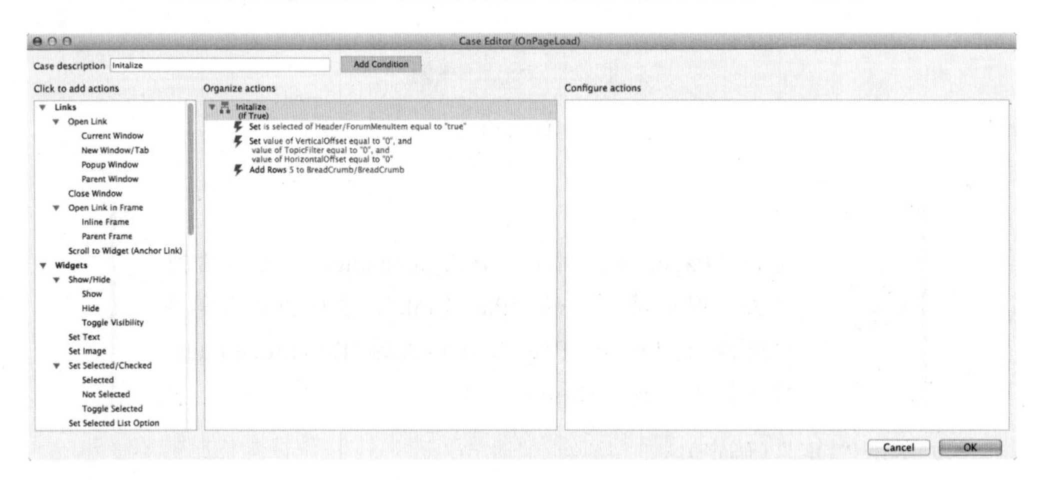

图 2-68

现在我们就来创建“Initialize”用例。

21. 为“OnPageLoad”（页面载入时）事件创建“Initialize”用例

在“Sitemap”（站点地图）功能区，双击“Topic List”页面旁边的按钮，将其在工作区打开。在工作区下方的“Page Properties”（页面属性）功能区，选择“Page Interactions”（页面交互）标签页，单击“Add Case”（添加用例），打开用例编辑对话框。在“Case description”（用例描述）输入区，输入“Initialize”。在用例编辑对话框中继续执行以下操作：

1. 创建第一个动作，将“ForumMenuItem”的“Set Selected”（设置选中）设置为“True”。执行以下操作：

1）在“Click to add actions”（添加动作）一栏下，滚动至“Widgets”（元件），单击“Set Selected/Checked”（设置选中）。

2）在“Configure actions”（配置动作）一栏下，勾选“ForumMenuItem”旁边的单选框。

3）在“Set selected state to”（设置选中状态为），第一个下拉菜单勾选“value”（值），第二个下拉菜单勾选“true”。

2．接下来创建第二个动作，设置“VerticalOffset”，“TopicFilter”和“HorizontalOffset”变量的变量值。执行以下操作：

1）在“Click to add actions”（添加动作）一栏下，滚动至“Variables”（全局变量），单击“Set Variable Value”（设置变量值）。

2）在“Configure actions”（配置动作）一栏下，勾选“VerticalOffset”旁边的单选框。

3）在“Set Variable to”（设置全局变量值为），在第一个下拉菜单中选择“value”（值），在输入区输入 0。

4）在“Configure actions”（配置动作）一栏下，勾选“TopicFilter”旁边的单选框。

5）在“Set variable to”（设置全局变量值为），在第一个下拉菜单中选择“value”（值），在输入区输入 0。

6）在“Configure actions”（配置动作）一栏下，勾选“HorizontalOffset”旁边的单选框。

7）在“Set variable to”（设置全局变量值为），在第一个下拉菜单中选择“value”（值），在输入区输入 0。

3．接下来创建第三个动作，为“BreadCrumb”中继器添加行。执行以下操作：

1）在“Click to add actions”（添加动作）一栏下，滚动至“Datasets”（数据集），单击“Add Rows”（添加行）。

2）在“Configure actions”（配置动作）一栏下，勾选“BreadCrumb”旁边的单选框。

3）单击“Add Rows”（添加行）按钮，在弹出的“Add Rows to Repeater”（添加行到中继器）对话框中，参照图 2-69 为“BreadCrumbComponent”更新行的值，并添加一个“reference page”到“PageLink”。

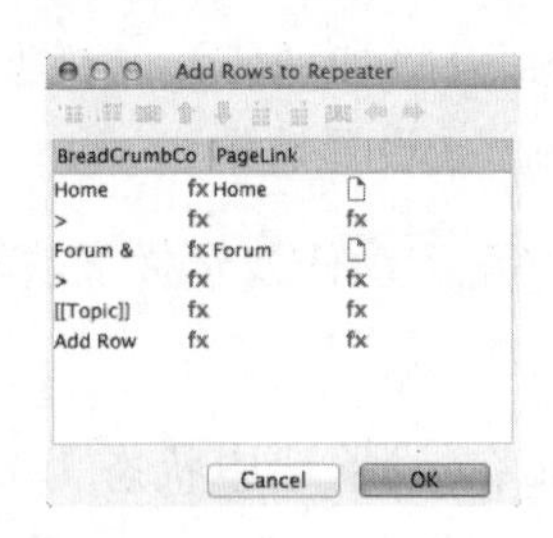

图 2-69

提示：

要为“PageLink”添加“reference page”，可以右键单击上图中第一行的“PageLink”，在弹出的菜单项中选择“Reference Page”，在弹出的“Reference Page”对话框中选择“Home”。

4）单击“OK”（确定）。

5）单击用例编辑对话框的“OK”（确定）。

接下来我们来创建“SetAllTopicFilter”用例。

22. 为“OnPageLoad”（页面载入时）事件创建“SetAllTopicFilter”用例

“SetAllTopicFilter”用例设置完成后，在用例编辑对话框中显示如图 2-70 所示。

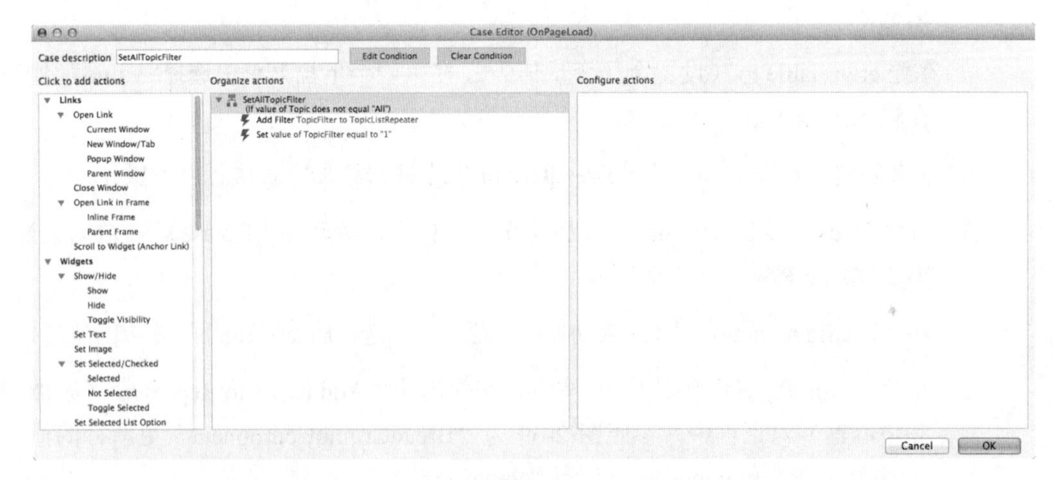

图 2-70

将“Topic Detail”页面在工作区打开。在工作区下方的“Page Properties”（页面属性）功能区，选择“Page Interactions”（页面交互）标签页，单击“Add Case”（添加用例），打开用例编辑对话框。在“Case description”（用例描述）输入区，输入“TopicFilterNotCase”。在用例编辑对话框中继续执行以下操作：

1. 单击“Add Condition”（添加条件）按钮来添加条件。
2. 在弹出的“Condition Builder”（条件设立）对话框执行以下操作：
   1）在第一个下拉菜单，选择“value of variable”（变量值）。
   2）在第二个下拉菜单，选择“TopicFilter”。
   3）在第三个下拉菜单，选择“equals”（==）。
   4）在第四个下拉菜单，选择“value”（值）。
   5）在输入区输入“All”。
   6）单击“OK”（确定）。
3. 现在创建第一个动作，为中继器添加筛选。执行以下操作：
   1）在“Click to add actions”（添加动作）一栏下，滚动至“Repeaters”（中继器），单击“Add Filter”（添加筛选）。
   2）在“Configure actions”（配置动作）一栏下，勾选“TopicListRepeater”旁边的单选框。在“Name”（名称）编辑区输入“TopicFilter”，在“Rules”（条件）编辑区输入[[Item.TopicCategory == Topic]]。
4. 接下来创建第二个动作，设置“TopicFilter”变量的变量值。执行以下操作：
   1）在“Click to add actions”（添加动作）一栏下，滚动至“Variables”（全局变量），单击“Set Variable Value”（设置变量值）。
   2）在“Configure actions”（配置动作）一栏下，勾选“TopicFilter”旁边的单选框。
   3）在“Set variable to”（设置全局变量值为），在第一个下拉菜单中选择“value”（值），在输入区输入 1。
   4）单击“OK”（确定）。
   5）在“OnPageLoad”（页面载入时）事件，右键单击“TopicFilterSet”用例，选择“Toggle IF/ELSE IF”（切换为<If>或<Else If>）。

这样我们就完成了“TopicList”页面的设计和交互定义。接下来我们继续完成“Terms”，“Privacy”和“Help”页面。

23．完成“Terms”，“Privacy”和“Help”页面的设计和交互定义

“Terms”，“Privacy”和“Help”页面将用到“Header”，“Information_Page_Body”和“Footer”母版。执行以下操作来完成这几个页面：

1．在“Sitemap”（站点地图）功能区（原文为“在‘Masters’（母版）功能区”，可能为笔误——译者注），双击“Terms”页面旁边的按钮，将其在工作区打开。

2．在“Masters”（母版）功能区，将“Header”母版拖拽至工作区任意位置。

3．在“Masters”（母版）功能区，将“Informational_Page_Body”母版拖拽至工作区任意位置。

4．在“Masters”（母版）功能区，将“Footer”母版拖拽至工作区任意位置。

5．重复步骤 1 至 4 来完成“Privacy”和“Help”页面的设计。如表 2-17 所示，在第一步中，依次打开“Privacy”和“Help”，然后执行步骤 2 至 4。

表 2-17

打开的页面（步骤 1）
Privacy
Help

接下来我们来定义“Terms”，“Privacy”和“Help”页面的“OnPageLoad”（页面载入时）事件。

24．为“Terms”页面的“OnPageLoad”（页面载入时）事件创建“Initialize”用例

“Initialize”用例设置完成后，在用例编辑对话框中呈现如图 2-71 所示。

在“Sitemap”（站点地图）功能区，双击“Terms”页面旁边的按钮，将其在工作区打开。在工作区下方的“Page Properties”（页面属性）功能区，选择“Page Interactions”（页面交互）标签页，单击“Add Case”（添加用例），打开用例编辑对话框。在“Case description”（用例描述）输入区，输入“Initialize”。在用例编辑对话框中继续执行以下操作：

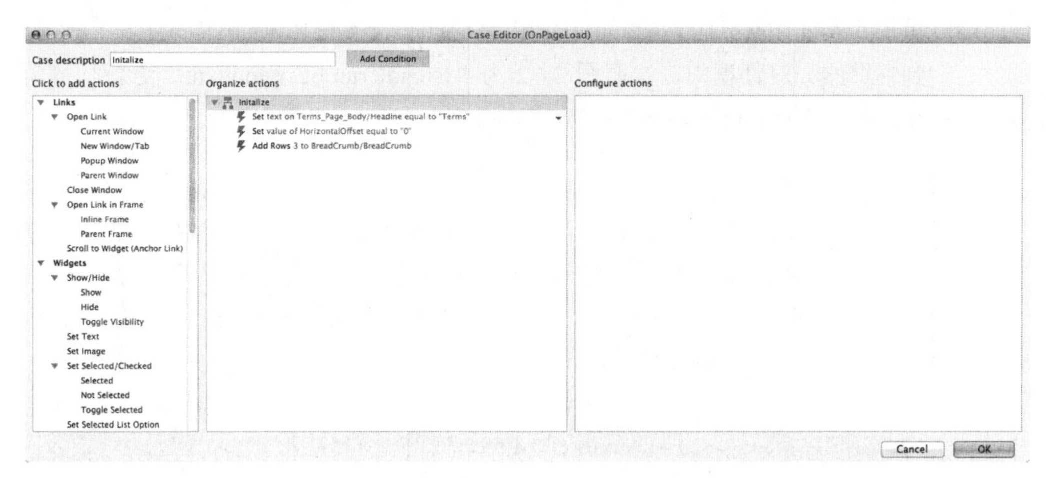

图 2-71

1．创建第一个动作，设置“Headline”的文本。执行以下操作：

1）在“Click to add actions”（添加动作）一栏下，滚动至“Widgets”（元件），单击“Set Text”（设置文本）。

2）在“Configure actions”（配置动作）一栏下，勾选“Headline”旁边的单选框。

3）在“Set text to”（设置文本为），在第一个下拉菜单选择“value”（值），在输入区输入“Terms”。

2．接下来创建第二个动作，设置“HorizontalOffset”变量的变量值。执行以下操作：

1）在“Click to add actions”（添加动作）一栏下，滚动至“Variables”（全局变量），单击“Set Variable Value”（设置变量值）。

2）在“Configure actions”（配置动作）一栏下，勾选“HorizontalOffset”旁边的单选框。

3）在“Set variable to”（设置全局变量值为），在第一个下拉菜单中选择“value”（值），在输入区输入 0。

3．接下来创建第三个动作，为“BreadCrumb”中继器添加行（如图 2-72 所示）。执行以下操作：

1）在“Click to add actions”（添加动作）一栏下，滚动至“Datasets”（数据集），单击“Add Rows”（添加行）。

2）在“Configure actions”（配置动作）一栏下，勾选“BreadCrumb”旁边的单选框。

3）单击“Add Rows”（添加行）按钮，在弹出的“Add Rows to Repeater”（添加行到中继器）对话框中，参照图 2-72 为“BreadCrumbComponent”更新行的值，并添加一个“reference page”到“PageLink”。

提示：

要为“PageLink”添加“reference page”，可以右键单击上图中第一行的“PageLink”，在弹出的菜单项中选择“Reference Page”，在弹出的“Reference Page”对话框中选择“Home”。

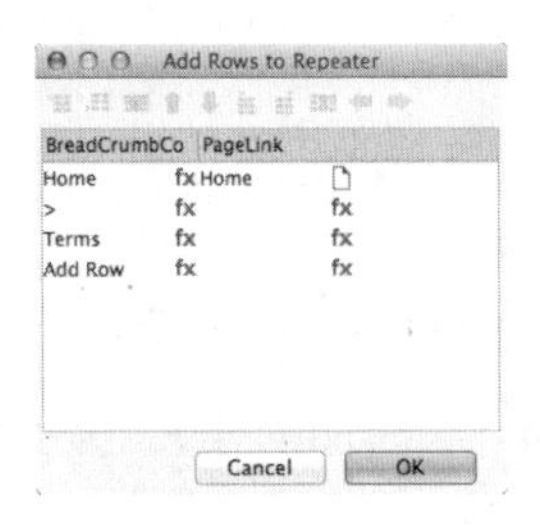

图 2-72

4）单击“OK”（确定）。

5）单击用例编辑对话框的“OK”（确定）。

这样我们就完成了“Terms”页面的交互定义。接下来我们将完成“Privacy”页面的“OnPageLoad”（页面载入时）交互。

25. 为“Privacy”页面的“OnPageLoad”（页面载入时）事件创建“Initialize”用例

“Initialize”用例设置完成后，在用例编辑对话框中显示如图 2-73 所示。

在“Sitemap”（站点地图）功能区，双击“Privacy”页面旁边的按钮，将其在工作区打开。在工作区下方的“Page Properties”（页面属性）功能区，选择“Page Interactions”（页面交互）标签页，单击“Add Case”（添加用例），打开用例编辑对话框。在“Case description”（用例描述）输入区，输入“Initialize”。在用例编辑对话框中继续执行以下操作：

1. 创建第一个动作，设置“Headline”的文本。执行以下操作：

1）在“Click to add actions”（添加动作）一栏下，滚动至“Widgets”（元件），单击“Set Text”（设置文本）。

2）在“Configure actions”（配置动作）一栏下，勾选“Headline”旁边的单选框。

3）在“Set text to”（设置文本为），在第一个下拉菜单选择“value”（值），在输入区输入“Privacy”。

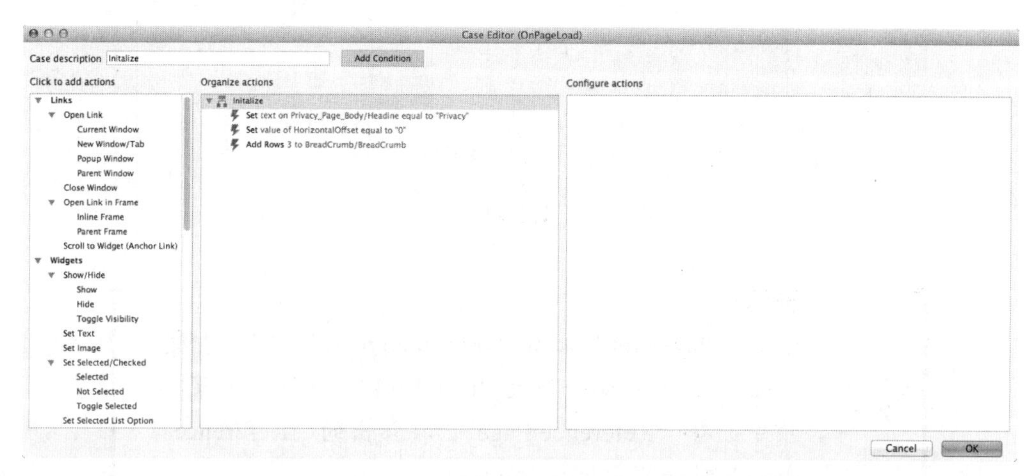

图 2-73

2. 接下来创建第二个动作，设置“HorizontalOffset”变量的变量值。执行以下操作：

1）在“Click to add actions”（添加动作）一栏下，滚动至“Variables”（全局变量），单击“Set Variable Value”（设置变量值）。

2）在“Configure actions”（配置动作）一栏下，勾选“HorizontalOffset”旁边的单选框。

3）在“Set variable to”（设置全局变量值为），在第一个下拉菜单中选择“value”（值），在输入区输入 0。

3. 接下来创建第三个动作，为“BreadCrumb”中继器添加行（如图 2-74 所示）。执行以下操作：

1）在“Click to add actions”（添加动作）一栏下，滚动至“Datasets”（数据集），单击“Add Rows”（添加行）。

2）在“Configure actions”（配置动作）一栏下，勾选“BreadCrumb”旁边的单选框。

3）单击“Add Rows”（添加行）按钮，在弹出的“Add Rows to Repeater”（添加行到中继器）对话框中，参照图 2-74 为“BreadCrumbComponent”更新行的值，并添加一个“reference page”到“PageLink”。

4）单击“OK”（确定）。

5）单击用例编辑对话框的“OK”（确定）。

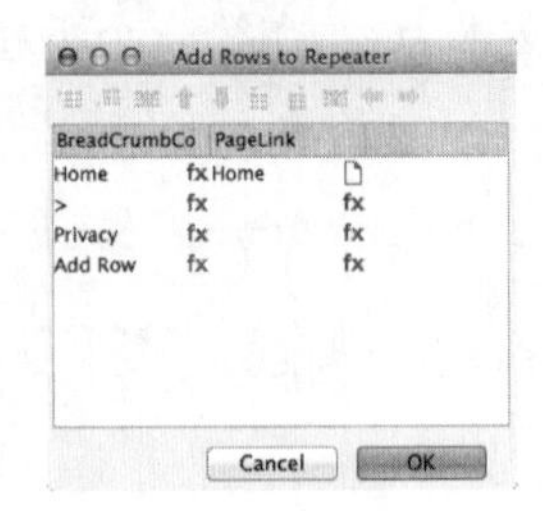

图 2-74

提示：

要为“PageLink”添加“reference page”，可以右键单击图 2-74 中第一行的“PageLink”，在弹出的菜单项中选择“Reference Page”，在弹出的“Reference Page”对话框中选择“Home”。

这样我们就完成了“Privacy”页面的交互定义。接下来我们将完成“Help”页面的“OnPageLoad”（页面载入时）交互。

26．为“Help”页面的“OnPageLoad”（页面载入时）事件创建“Initialize”用例

“Initialize”用例设置完成后，在用例编辑对话框中显示如图 2-75 所示。

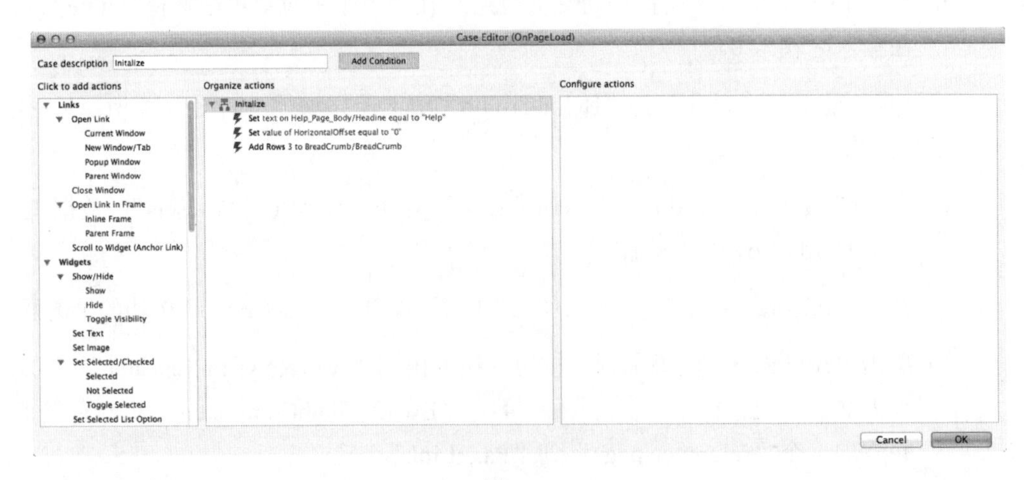

图 2-75

在“Sitemap”（站点地图）功能区，双击“Help”页面旁边的按钮，将其在工作区打开。在工作区下方的“Page Properties”（页面属性）功能区，选择“Page Interactions”（页面交互）标签页，单击“Add Case”（添加用例），打开用例编辑对话框。在“Case description”（用例描述）输入区，输入“Initialize”。在用例编辑对话框中继续执行以下操作：

1. 创建第一个动作，设置“Headline”的文本。执行以下操作：

 1）在“Click to add actions”（添加动作）一栏下，滚动至“Widgets”（元件），单击“Set Text”（设置文本）。

 2）在“Configure actions”（配置动作）一栏下，勾选“Headline”旁边的单选框。

 3）在“Set text to”（设置文本为），在第一个下拉菜单选择“value”（值），在输入区输入“Help”。

2. 接下来创建第二个动作，设置“HorizontalOffset”变量的变量值。执行以下操作：

 1）在“Click to add actions”（添加动作）一栏下，滚动至“Variables”（全局变量），单击“Set Variable Value”（设置变量值）。

 2）在“Configure actions”（配置动作）一栏下，勾选“HorizontalOffset”旁边的单选框。

 3）在“Set variable to”（设置全局变量值为），在第一个下拉菜单中选择“value”（值），在输入区输入 0。

3. 接下来创建第三个动作，为“BreadCrumb”中继器添加行（如图 2-76 所示）。执行以下操作：

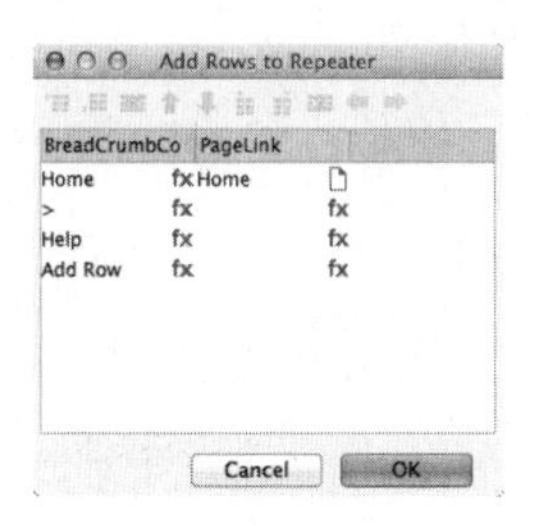

图 2-76

 1）在“Click to add actions”（添加动作）一栏下，滚动至“Datasets”（数据集），单击“Add Rows”（添加行）。

 2）在“Configure actions”（配置动作）一栏下，勾选“BreadCrumb”旁边的单选框。

3）单击“Add Rows”（添加行）按钮，在弹出的“Add Rows to Repeater”（添加行到中继器）对话框中，参照图 2-76 为“BreadCrumbComponent”更新行的值，并添加一个“reference page”到“PageLink”。

提示：

要为“PageLink”添加“reference page”，可以右键单击图 2-76 中第一行的“PageLink”，在弹出的菜单项中选择“Reference Page”，在弹出的“Reference Page”对话框中选择“Home”。

4）单击“OK”（确定）。

5）单击用例编辑对话框的“OK”（确定）。

祝贺！这样我们就完成了这个社区网站的所有页面。

2.3 小结

在这一章中，我们学到了如何利用母版来使设计变得简单——我们创建了每一个页面都要用到的“Header”（页头）和“Footer”（页脚）母版。我们在“Home”页面创建了一个可交互的图片轮播、一个召唤行动区域，还有社交媒体 feed。为了方便页面之间的导航，我们还创建了动态的面包屑导航。

为了更方便地创建余下的页面，我们创建了三种不同的页面主体母版。第一种是二级页面主体（secondary page body），它包含一个标题（headline）、题图（hero image）和相关的文本（supportivecopy）；第二种是信息页面主体（informational page body），它包含两个分别由标题和文本组成的区块；第三种是一个论坛（forum）中继器，我们在“Forum”和“Topic List”中都用到了它。

在下一章中，我们将创建一个有内容流的博客。

第 3 章 创建一个博客

博客的形式多种多样，它可以仅仅是个人的网络日志，也可以是非常专业的用作媒体宣传平台的多作者博客（Multi-Author Blog，简称 MAB）。和社区网站一样，博客将内容整合到不同的类别、主题和每一篇发布的文章中。特权用户可以添加新的主题，注册用户可以通过在主题下发表评论参与到讨论中去。通常情况下，信息流的显示方式是最近的发布靠前显示。

博客的以上属性意味着，在一个交互性的博客站点中，内容管理的工作量非常大。最流行的博客内容管理系统（Content Management Systems，简称 CMS）之一是 WordPress。根据网站 builtwith.com 的统计，43%用到 CMS 的网站使用的都是 WordPress 的服务。

在这一章中你将学到：

- 检视我们的项目
- 规划我们的博客
- 更新和创建母版
- 重新定义站点地图中的页面

3.1 检视我们的项目

在 WordPress.org 网站浏览几分钟后我们发现，WordPress 提供了非常多的插件和主题，这为我们的设计带来了额外的灵活性。基于调研，我们认为 WordPress 非常适合用于这个新的博客项目。

从客户处得到的背景信息

一位音乐人需要一个博客，她联系了我们的设计公司。这位音乐人希望这个博客简洁，能够很容易地完成更新，而注册用户们可以在她发布的文章下进行评论。她希望她最新发布的内容显示在主页的靠前中心的位置。她还要求主导航有以下三项：

- Random Musings
- Accolades and News
- About

此外，她还要求看到一个着重展示以下几个用户情境的原型：

- **注册**：作为新用户，我希望能够非常容易地注册一个账号。
- **创建一篇新 post**：作为管理员，我希望能非常容易地创建新 post。
- **在 post 下评论**：作为一名注册用户，我希望能很容易地在现有 post 下发表我的观点（也就是评论）。

我们的客户希望尽快看到线框图和原型，并且她的预算也十分有限。时间不等人，让我们赶紧开始吧！

3.2 规划我们的博客

我们将从创建站点地图和能够支持客户要求的用例的流程文档开始。通过检视站点地图和流程，我们将可以确定需要哪些母版，方便我们未来重复利用。

现在我们就可以来检视一下站点地图，并开始生成论坛和新闻的流程文档了。

3.2.1 检视站点地图

根据从客户处得到的背景信息，我们认为可以借鉴在前一章创建社区网站中用到的架构以及控件数量。首先，复制第2章中的 Axure RP 文件，将其重命名。随后，在 Sitemap（站点地图）功能区中，通过删除、重命名、重新组合页面来更新站点地图。

博客的新站点地图如图 3-1 所示。

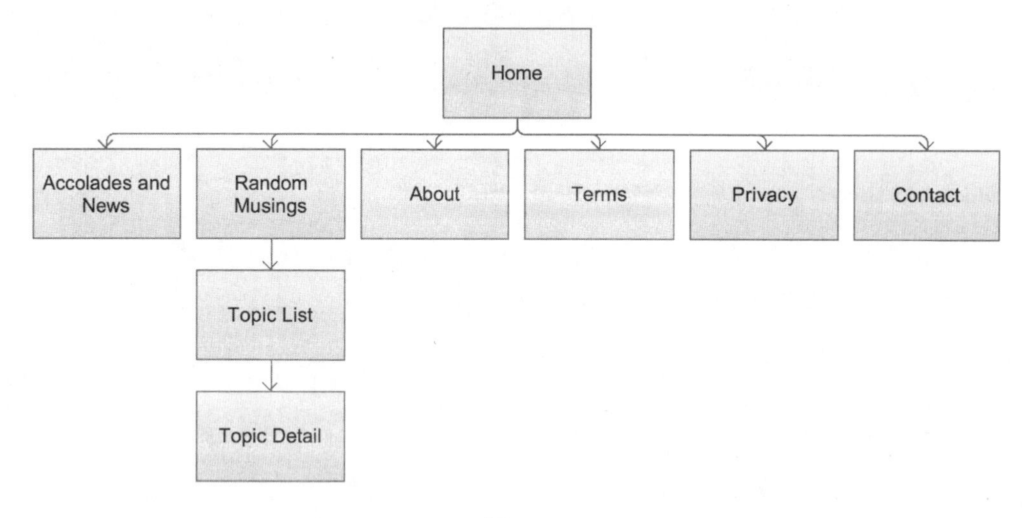

图 3-1

现在我们来生成支持所需要的用例的流程文档。

3.2.2 检视注册和发布的流程

根据从客户处得到的背景信息，我们创建了注册、创建新的 post（create new post）、评论一篇 post（comment on post）三个流程，如图 3-2 所示。

现在我们可以来更新和创建新的母版了。

3.3 更新和创建母版

我们认为，只需要修改一下，上一章社区网站中用到的母版就可以重复利用。为了支持新的用例，我们需要额外创建注册相关的变量、一个用以支持用户注册的母版以及用于发布和评论一个 post 的交互。

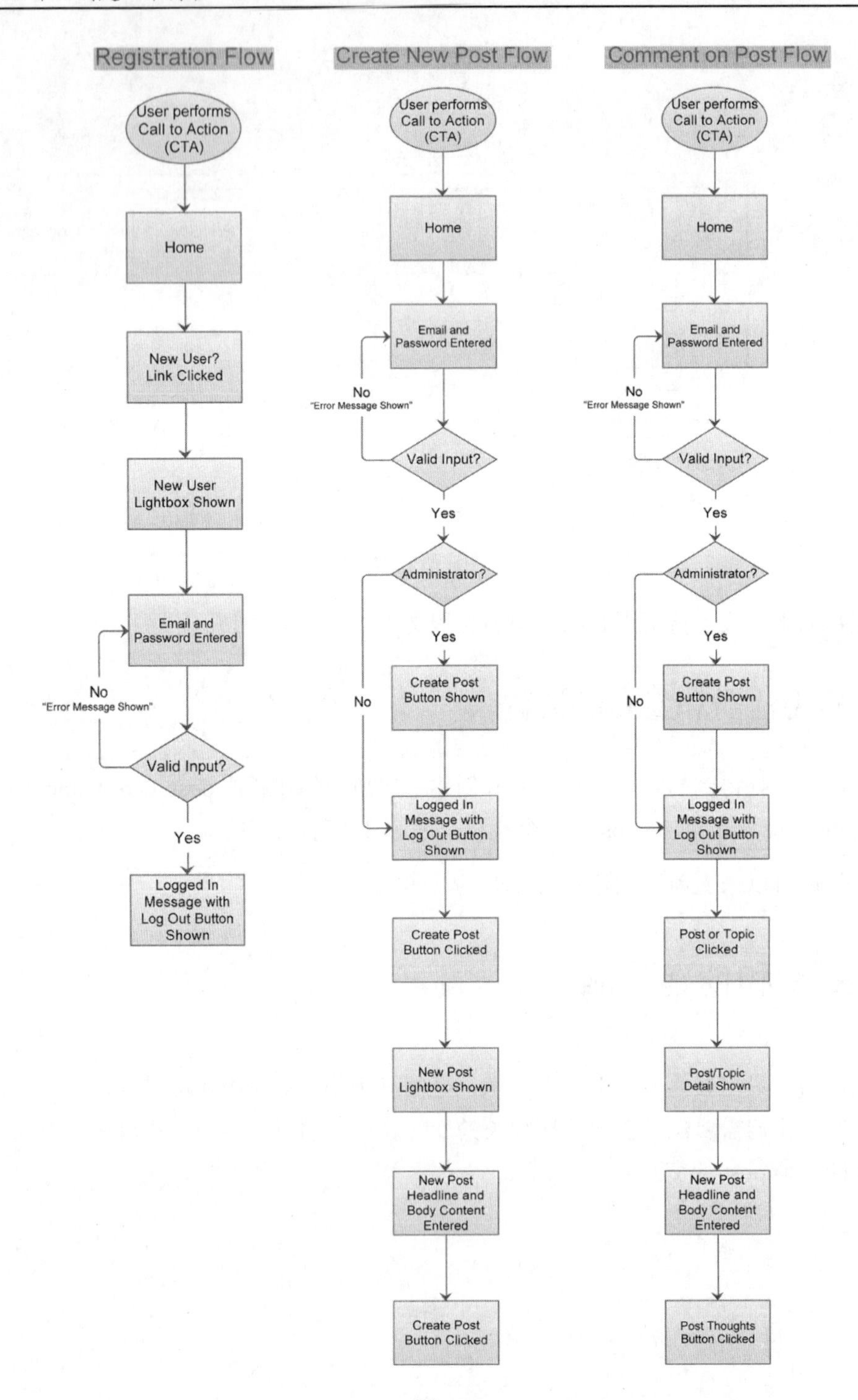
Registration Flow
User performs Call to Action (CTA)
Home
New User? Link Clicked
New User Lightbox Shown
Email and Password Entered
No
"Error Message Shown"
Valid Input?
Yes
Logged In Message with Log Out Button Shown
Create New Post Flow
User performs Call to Action (CTA)
Home
Email and Password Entered
No
"Error Message Shown"
Valid Input?
Yes
Administrator?
Yes
No
Create Post Button Shown
Logged In Message with Log Out Button Shown
Create Post Button Clicked
New Post Lightbox Shown
New Post Headline and Body Content Entered
Create Post Button Clicked
Comment on Post Flow
User performs Call to Action (CTA)
Home
Email and Password Entered
No
"Error Message Shown"
Valid Input?
Yes
Administrator?
Yes
No
Create Post Button Shown
Logged In Message with Log Out Button Shown
Post or Topic Clicked
Post/Topic Detail Shown
New Post Headline and Body Content Entered
Post Thoughts Button Clicked

图 3-2

3.3.1 创建新增的全局变量

根据项目需求，我们定义出九个所需要的全局变量。要创建全局变量，在主菜单单击“Project”（项目），然后单击“Global Variables”（全局变量）。在“Global Variables”（全局变量）中执行以下步骤：

1. 单击绿色的+号，输入“Email”。单击“Default Value”（默认值）输入区，输入songwriter@test.com。
2. 八次重复步骤1，在“Variable Name”（变量名称）和“Default Value”（默认值）输入区分别输入表3-1中提供的参数。

表 3-1

“Variable Name”（变量名称）	“Default Value”（默认值）
Password	Grammy
UserEmail	
UserPassword	
LoggedIn	No
TopicIndex	0
UserText	
NewPostTopic	
NewPostHeadline	

3. 单击“OK”（确定）。

创建好所需要的全局变量后，就可以创建新的母版以及更新现有母版的设计和交互了。让我们从在“Masters”（母版）功能区添加新的母版开始吧。

3.3.2 在“Masters”（母版）功能区添加母版

我们需要在“Masters”（母版）功能区添加两个母版。步骤如下：

1. 在“Masters”（母版）功能区，单击“Add Masters”（添加母版）按钮，输入“PostCommentary”然后回车。

2. 在“Masters”（母版）功能区，再次单击“Add Masters”（添加母版）按钮，输入“NewPost”然后回车。

3. 在“Masters”（母版）功能区，右键单击“Header”（页头）母版旁边的按钮，将鼠标移动到“Drop Behavior”（拖放行为），然后选择“Lock to Master Location”（固定位置）。

现在可以来更新现有的母版，并为新增的母版完成设计和交互了。让我们从“Header”（页头）母版开始吧。

3.3.3 更新“Header”（页头）母版

完成后的“Header”（页头）母版如图3-3所示。

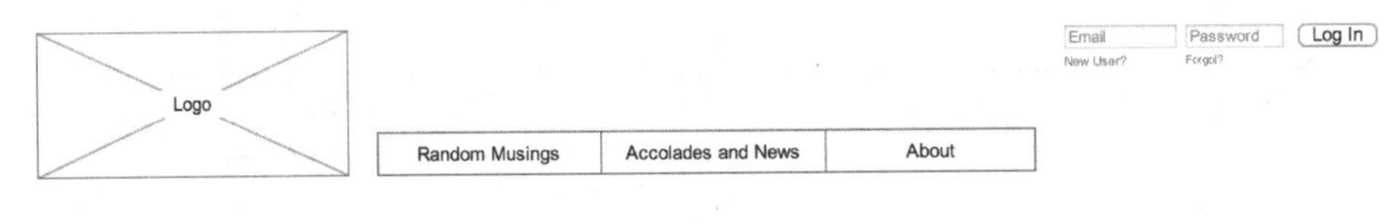

图3-3

要更新“Header”（页头）母版，我们需要添加一个“ErrorMessage”标签，删除“Search”（搜索）元件，以及更新菜单项。可以参照以下步骤更新“Header”（页头）母版中的元件：

1. 在“Masters”（母版）功能区，双击“Header”（页头）母版旁边的按钮，将其在工作区打开。

2. 在“Widgets”（元件）功能区，将“Label”（文本标签）元件拖放到工作区坐标（730，0）处。

3. 单击文本框元件，输入“Your email or password is incorrect...”

4. 在“Widget Interactions and Notes”（元件交互与说明）功能区，单击“Shape Name”（形状名称）编辑区，输入“ErrorMessage”。

5. 在“Widget Properties and Style”（元件属性与样式）功能区，选中“Style”（样式）标签页，滚动到“Font”（字体）选项，并执行以下操作：

   1）将字号设置为8。

   2）单击字体颜色按钮旁边的向下箭头。在下拉菜单中，在“#”旁边的输入区输入“FF0000”。

   3）在工具栏，勾选“Hidden”（隐藏）旁边的单选框。

6. 单击位于坐标（730，10）处的“EmailTextField”。如果文本在文本区显示，右键单击选择“Edit Text”（编辑文字）。这时该元件上的所有文字会以高亮方式显示，单击“Delete”（删除）。在“Widget Properties and Style”（元件属性与样式）面板，选中“Properties”（属性）标签页，滚动到“Text Field”（文本框）选项，并执行以下操作：

   1）在“Hint Text”（提示文字）旁边的输入区输入“Email”。

   2）单击“Hint Style”（提示样式），在弹出的设置交互样式对话框中，选中字体颜色旁边的单选框。单击字体颜色按钮旁边的向下箭头 A ▾。在下拉菜单中，在“#”旁边的输入区输入 999999。单击“OK”（确定）。

7. 单击位于坐标（815，10）处的“PasswordTextField”。如果文本在文本区显示，右键单击选择“Edit Text”（编辑文字）。这时该控件上的所有文字会以高亮方式显示，单击“Delete”（删除）。

8. 在“Widget Properties and Style”（元件属性与样式）功能区，选中“Properties”（属性）标签页，滚动到“Text Field”（文本框）选项，并执行以下操作：

   1）单击“Type”（类型）旁边的向下箭头，选择“Password”（密码）。

   2）单击“Hint Style”（提示样式），在弹出的设置交互样式对话框中，选中字体颜色旁边的单选框。单击字体颜色按钮旁边的向下箭头 A ▾。在下拉菜单中，在“#”旁边的输入区输入 999999。

   3）单击“OK”（确定）。

9. 单击位于坐标（730，82）处的“SearchTextField”，将其删除。

10. 单击位于坐标（890，80）处的“SearchButton”，将其删除。

接下来，我们要把所有与 Log In（登录）有关的元件转换到一个动态面板中，并将该动态面板命名为“LoginDP”。“LoginDP”动态面板能让我们在不同状态（state）间切换，并且在用户登录时显示不同的内容。我们在页头中选中表 3-2 所列元件来创建“LoginDP”动态面板。

表 3-2

元件名称	坐标
ErrorMessage	（730，0）
EmailTextField	（730，10）
PasswordTextField	（815，10）

续表

元件名称	坐标
LogInButton	（894，10）
NewUserLink	（730，30）
ForgotLink	（815，30）

选中以上六个元件后，右键单击，在弹出的菜单中选择“Convert to Dynamic Panel”（转换为动态面板）。

在“Widget Interactions and Notes”（元件交互与说明）功能区，单击“Dynamic Panel Name”（动态面板名称）编辑区，输入“LogInDP”。所有的登录元件则都在“LogInDP”动态面板的“State1”。

现在我们来为“LogInDP”动态面板的“State2”添加元件。在所有的登录元件都被转换到“LogInDP”动态面板后，我们就可以添加和设计“State2”了。在“Widget Management”（元件管理）功能区，在“State1”下，右键单击“State1”，在弹出菜单中选择“Add State”（添加状态）。之后双击“State2”旁边的 按钮，在工作区打开它，执行以下操作：

1. 在“Widget”（元件）功能区，将“Label”（文本标签）元件A_拖放到工作区坐标（0，13）处，并执行以下操作：

   1）输入“Welcome, email@test.com”。

   2）在“Widget Interactions and Notes”（元件交互与说明）功能区，单击“Shape Name”（形状名称）区域并输入“WelcomeLabel”。

   3）在“Widget Properties and Style”（元件属性与样式）功能区，选中“Style”（样式）标签页，滚动到“Font”（字体）选项，将字号设置为9，并设置为斜体（I）。

2. 从“Widget”（元件）功能区，将“Button Shape”（按钮形状）元件拖放到工作区坐标（164，10）处，输入“Log Out”。在工具栏修改“w”值为56，“h”值为16。在“Widget Interactions and Notes”（元件交互与说明）功能区，单击“Shape Name”（形状名称）区域并输入“LogOutButton”。

我们还需要命名“HzMenu”中的菜单项才能完成“Header”（页头）母版的设计。在“Masters”（母版）功能区中双击“Header”（页头）母版，将其在工作区打开。选中位于坐标（250，80）处的“HzMenu”，进行如下操作：

1. 选中第一条菜单项，输入“Random Musings”。在“Widget Interactions and Notes”（元件交互与说明）功能区，单击“Menu Item Name”（菜单项名称）编辑区，输入“RandomMusingsMenuItem”。单击“OnClick”（鼠标单击时）事件下的用例 1，并单击删除。单击“CreateLink”（创建链接），在弹出的站点地图中选择“Random Musings”。
2. 选中第二条菜单项（原文中是“选中第一条菜单项”，可能为笔误——译者注），输入“Accolades and News”。在“Widget Interactions and Notes”（元件交互与说明）面板，单击“Menu Item Name”（菜单项名称）编辑区，输入“AccoladesMenuItem”。单击“OnClick”（鼠标单击时）事件下的用例 1，并单击删除。单击“CreateLink”（创建链接），在弹出的站点地图中选择“Accolades and News”。
3. 选中第三条菜单项（原文中是“选中第一条菜单项”，可能为笔误——译者注），输入“About”。在“Widget Interactions and Notes”（元件交互与说明）功能区，单击“Menu Item Name”（菜单项名称）编辑区，输入“AboutMenuItem”。单击“OnClick”（鼠标单击时）事件下的用例 1，并单击删除。单击“CreateLink”（创建链接），在弹出的站点地图中选择“About”。

接下来我们创建一个灯箱效果的注册对话框。这个对话框将在用户单击“NewUser Link”时弹出。

提示：

要将一个动态面板以灯箱效果显示，我们需要用到元件的“显示”效果以及“treat as lightbox”（灯箱效果）设置。我们还将通过“Registration”动态面板的“Pin to Browser”（固定到浏览器）设置，确保动态面板在浏览器窗口中居中显示。访问网址：http://www.axure.com/learn/dynamic-panels/ basic/lightbox-tutorial 可以了解更多信息。

1. 在“Masters”（母版）面板中，双击“Header”（页头）母版旁边的按钮，将其在工作区打开。从“Widget”（元件）功能区，将“Dynamic Panel”（动态面板）元件拖放到工作区坐标（310，200）处。在工具栏修改“w”值为 250，“h”值为 250，勾选“Hidden”（隐藏）。在“Widget Interactions and Notes”（元件交互与说明）功能区，单击“Dynamic Panel Name”（动态面板名称）编辑区，输入“RegistrationLightBoxDP”。

2. 在“Widget Manager”（元件管理）功能区，在“RegistrationLightBoxDP”下方，双击“State”旁边的图标，将“State1”状态在工作区打开。

3. 在“Widgets”（元件）功能区，将“Rectangle”（矩形）元件拖放到工作区坐标（0，0）处。在“Widget Interactions and Notes”（元件交互与说明）功能区，单击“Shape Name”（形状名称）编辑区，输入“BackgroundRectangle”。在工具栏将元件的宽度（w）设为250，高度（h）设为250。

4. 在“Widgets”（元件）功能区，将“Heading2”（二级标题）元件H2拖放到工作区坐标（25，20）处。

5. 选中这个二级标题元件，输入“Registration”。在工具栏将元件的宽度（w）设为141，高度（h）设为28。

6. 在“Widget Interactions and Notes”（元件交互与说明）功能区，单击“Shape Name”（形状名称）编辑区，输入“RegistrationHeading”。

7. 参照表3-3中的参数重复步骤8至10来完成“RegistrationLightBoxDP”的设计（标有*号的项目表示不是每个元件都有此参数）。

表3-3

元件	坐标	描述*（将在元件上显示）	宽度*（w）	高度*（h）	名称（“Widget Interactions and Notes”（元件交互与说明）中）
A_ Label（文本标签）	（25，67）	Enter Email			EnterEmailLabel
abc Text Field（文本框）	（25，86）				EnterEmailField
A_ Label（文本标签）	（25，121）	Enter Password			EnterPasswordLabel
abc Text Field（文本框）	（25，140）				EnterPasswordField
Button Shape（按钮形状）	（25，190）	Submit	200	30	SubmitButton

8．单击位于坐标（25，86）处的“EnterEmailField”文本框，在“Widget Properties and Style”（元件属性与样式）功能区，选中“Properties”（样式）标签页，滚动至“Text Field”（文本框），执行以下操作：

1）单击“Hint Style”（提示样式），在弹出的设置交互样式对话框中，选中字体颜色旁边的单选框。单击字体颜色按钮旁边的向下箭头 A ▾。在下拉菜单中，在“#”旁边的输入区输入 999999。

2）单击“OK”（确定）。

9．单击位于坐标（25，140）处的“EnterPasswordField”文本框，在“Widget Properties and Style”（元件属性与样式）功能区，选中“Properties”（样式）标签页，滚动至“Text Field”（文本框），执行以下操作：

1）单击“Type”（类型）旁边的向下箭头，选择“Password”（密码）。

2）在“Hint Text”（提示文字）旁边的输入区，输入“Password”（密码）。

3）单击“Hint Style”（提示样式），在弹出的设置交互样式对话框中，选中字体颜色旁边的单选框。单击字体颜色按钮旁边的向下箭头 A ▾。在下拉菜单中，在“#”旁边的输入区输入 999999。

4）单击“OK”（确定）。

这样我们就完成了“Header”母版的设计，接下来我们将为之定义交互。

1．为“Header”（页头）母版创建交互

我们需要为母版添加登录和注册的交互。

母版中的交互将由表 3-4 所列的元件和事件触发。

表 3-4

动态面板	状态	元件	事件
LoginDP	State1	LoginButton	OnClick（鼠标单击时）
LoginDP	State1	NewUserLink	OnClick（鼠标单击时）
LoginDP	State1	ForgotLink	OnClick（鼠标单击时）
LoginDP	State2	LogOutButton	OnClick（鼠标单击时）
RegistrationLightBoxDP	State1	SubmitButton	OnClick（鼠标单击时）

现在我们就来为这些元件定义交互。让我们从“LoginButton”开始。

2. 为“LoginButton”元件定义交互

用户单击“LoginButton”时，“OnClick”（鼠标单击时）事件将会判断用户在“EmailTextField”和“PasswordTextField”输入的值是否与 Email 和密码变量的值一致。如果一致，“LoginDP”将被设置为“State2”，“WelcomeLabel”上的文本将会被更新；如果不一致，我们将显示错误信息。我们通过创建“ValidateUser”和“ShowErrorMessage”两个用例来定义这些行为。

3. 验证用户的 Email 和密码

现在我们来为“OnClick”（鼠标单击时）事件创建“ValidateUser”用例。将“LoginDP”的“State1”在工作区打开，单击位于坐标（164，10）处的“LoginButton”元件，在“Widget Interactions and Notes”（元件交互与说明）功能区，选中在“Interactions”（交互）标签页，单击“Add Case”（添加用例），在弹出的用例编辑对话框中，在“Case Name”（用例名称）输入区输入“ValidateUser”。继续在用例编辑对话框中执行以下操作：

当第一个和第二个条件编辑完成后，条件设立对话框应当如图 3-4 所示。

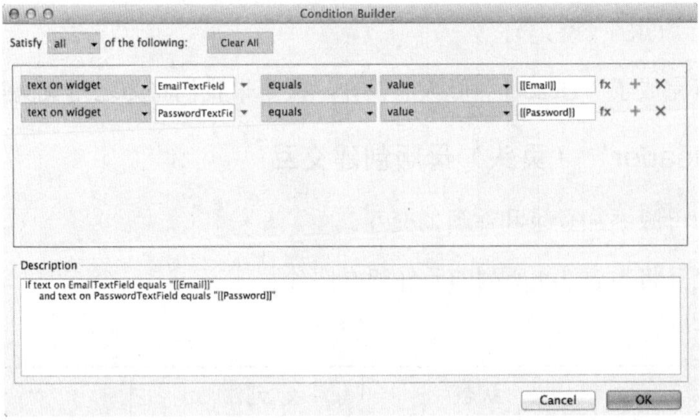

图 3-4

1. 设立第一个条件。单击“Add Condition”（添加条件）按钮。

2. 在弹出的条件设立对话框中，在条件编辑区域执行以下操作：

   1）在第一个下拉菜单中，选择“text on widget”（元件文字）。

   2）在第二个下拉菜单中，选择“EmailTextField”。

3）在第三个下拉菜单中，选择“equals”（==）。

4）在第四个下拉菜单中，选择“value”（值）。

5）在第五个下拉菜单中，选择“[[Email]]”。

6）单击绿色加号按钮。

3．设立第 2 个条件。单击“Add Condition”（添加条件）按钮。

4．在弹出的条件设立对话框中，在条件编辑区域执行以下操作：

1）在第一个下拉菜单中，选择“text on widget”（元件文字）。

2）在第二个下拉菜单中，选择“PasswordTextField”。

3）在第三个下拉菜单中，选择“equals”（==）。

4）在第四个下拉菜单中，选择“value”（值）。

5）在第五个下拉菜单中，选择“[[Password]]”。

5．接下来我们创建三个动作。完成后的用例编辑对话框应当如图 3-5 所示。

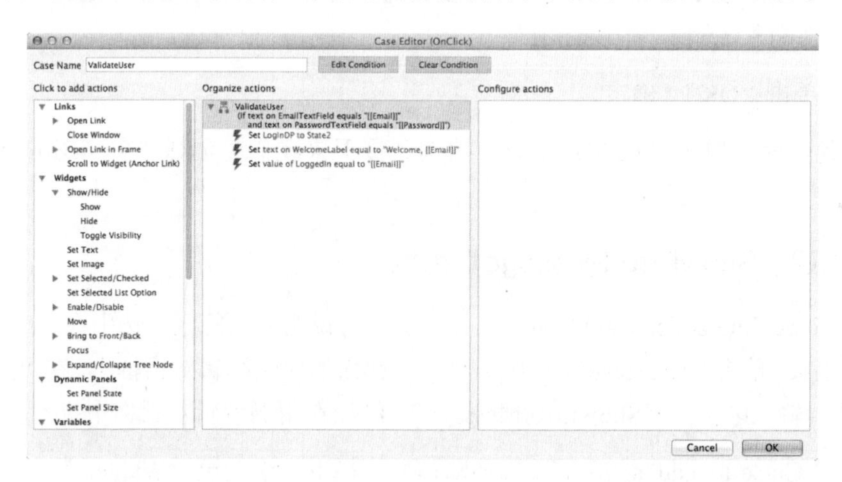

图 3-5

6．创建第一个动作，设置“LogInDP”动态面板的状态。执行以下操作：

1）在“Click to add actions”（添加动作）一栏下，滚动至“Dynamic Panels”（动态面板），单击“Set Panel State”（设置面板状态）。

2）在“Configure actions”（配置动作）一栏下，勾选“LoginDP”旁边的单选框。

3）在“Select the state”（选择状态为），点开第一个下拉菜单，选择“State2”。

7. 创建第二个动作，设置“WelcomLabel”的文本。执行以下操作：

1）在“Click to add actions”（添加动作）一栏下，滚动至“Widgets”（元件），单击“Set Text”（设置文本）。

2）在“Configure actions”（配置动作）一栏下，勾选“WelcomeLabel”旁边的单选框。

3）在“Set text to”（设置文本为）下方，点开第一个下拉菜单，选择“value”（值），并在文本输入区输入“Welcome, [[Email]]”。

8. 创建第三个动作，设置“LoggedIn”变量的变量值。执行以下操作：

1）在“Click to add actions”（添加动作）一栏下，滚动至“Variables”（全局变量），单击“Set Variable Value”（设置变量值）。

2）在“Configure actions”（配置动作）一栏下，勾选“LoggedIn”旁边的单选框。

3）在“Set variable to”（设置全局变量值为），在第一个下拉菜单中选择“value”（值），在输入区输入“[[Email]]”。

4）单击“OK”（确定）。

这样我们就完成了“ValidateUser”用例。接下来我们将创建“ShowErrorMessage”用例。

4. 创建“ShowErrorMessage”用例

在“Widget Interactions and Notes”（元件交互与说明）功能区，选中在“Interactions”（交互）标签页，单击“Add Case”（添加用例），在弹出的用例编辑对话框中，在“Case Name”（用例名称）输入区输入“ShowErrorMessage”。继续在用例编辑对话框中执行以下操作：

1. 在“Click to add actions”（添加动作）一栏下，滚动至“Widgets”（元件），展开“Show/Hide”（显示/隐藏），单击“Show”（显示）。
2. 在“Configure actions”（配置动作）一栏下，勾选“LoginDP”动态面板下方“ErrorMessage”旁边的单选框。
3. 单击“OK”（确定）。

接下来我们将创建“NewUserLink”的交互。

5. 创建“NewUserLink”的交互

当用户单击“NewUserLink”时，作为“OnClick”（鼠标单击时）事件，“RegistrationLightBox”动态面板将以灯箱效果被显示，显示效果如图 3-6 所示。

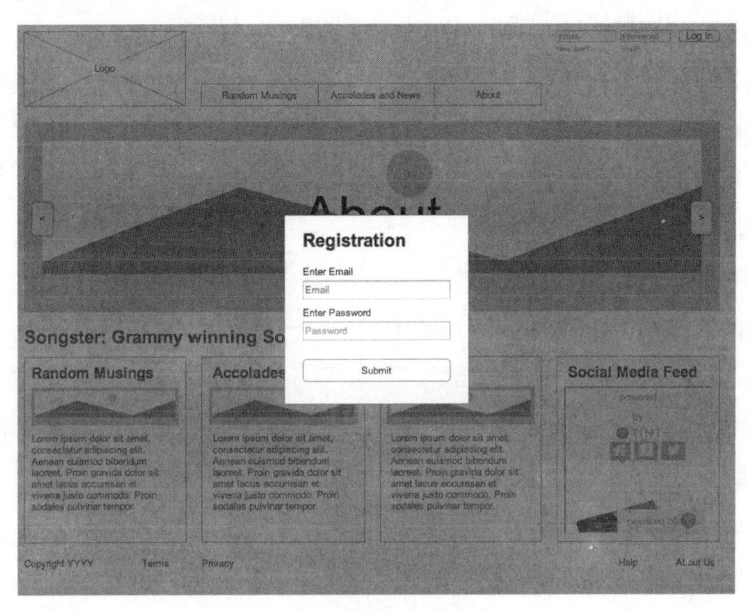

图 3-6

我们依然把“LoginDP”的“State1”在工作区打开，单击位于坐标（0，30）处的“NewUserLink”元件，在“Widget Interactions and Notes”（元件交互与说明）功能区的“Interactions”（交互）标签页，单击“Add Case”（添加用例），在弹出的用例编辑对话框中，在“Case Name”（用例名称）输入区输入“ShowLightBox”。继续在用例编辑对话框中执行以下操作：

1. 在“Click to add actions”（添加动作）一栏下，滚动至“Widgets”（元件），展开“Show/Hide”（显示/隐藏），单击“Show”（显示）。
2. 在“Configure actions”（配置动作）一栏下，勾选“RegistrationLightBoxDP”旁边的单选框。
3. 点开“More options”（更多选项）下拉菜单，选择“treat as lightbox”（灯箱效果）
4. 单击“OK”（确定）。

我们接下来将创建“ForgotLink”的交互。

6．创建“ForgotLink”的交互

当用户单击“ForgotLink”时，作为“OnClick”（鼠标单击时）事件，“RegistrationLightBox”动态面板将以灯箱效果被显示，“RegistrationHeading”的文字将被替换为“ForgotPassword?”，同时“EnterPasswordLabel”和“EnterPasswordField”将被隐藏。

我们现在就来创建这一事件。在“Widget Interactions and Notes”（元件交互与说明）功能区的“Interactions”（交互）标签页，单击“Add Case”（添加用例），在弹出的用例编辑对话框中，在“Case Name”（用例名称）输入区输入“ShowLightBox”。继续在用例编辑对话框中执行以下操作：

1．创建第一个动作，显示“RegistrationLightBox”。执行以下操作：

1）在“Click to add actions”（添加动作）一栏下，滚动至“Widgets”（元件），展开“Show/Hide”（显示/隐藏），单击“Show”（显示）。

2）在“Configure actions”（配置动作）一栏下，勾选“RegistrationLightBoxDP”旁边的单选框。

3）点开“More options”（更多选项）下拉菜单，选择“treat as lightbox”（灯箱效果）。

2．创建第二个动作，设置“RegistrationHeading”的文本。执行以下操作：

1）在“Click to add actions”（添加动作）一栏下，滚动至“Widgets”（元件），单击“Set Text”（设置文本）。

2）在“Configure actions”（配置动作）一栏下，勾选“RegistrationHeading”旁边的单选框。

3）在“Set text to”（设置文本为）下方，点开第一个下拉菜单，选择“value”（值），并在文本输入区输入“Forgot Password?”。

3．创建第三个动作，隐藏“EnterPasswordLabel”和“EnterPasswordField”。执行以下操作：

1）在“Click to add actions”（添加动作）一栏下，滚动至“Widgets”（元件），展开“Show/Hide”（显示/隐藏），单击“Hide”（隐藏）。

2）在“Configure actions”（配置动作）一栏下，勾选“RegistrationLightBoxDP”下方“EnterPasswordLabel”和“EnterPasswordField”旁边的单选框。

3）单击“OK”（确定）。

这样我们就完成了“LoginDP”动态面板“State1”的交互。接下来我们将创建“LogOut Button”的交互。

7. 创建“LogOutButton”的交互

用户单击“LogOutButton”时，“OnClick”（鼠标单击时）事件将执行以下动作：

- 隐藏“LoginDP”动态面板“State1”上的“ErrorMessage”
- 设置“PasswordTextField”和“EmailTextField”的文本
- 将“LoginDP”动态面板的状态设定为“State1”
- 设置“LoggedIn”的变量值

接下来我们来创建“OnClick”（鼠标单击时）事件。把“LogInDP”的“State2”在工作区打开，单击位于坐标（164，10）处的“LogInOut”元件，在“Widget Interactions and Notes”（元件交互与说明）功能区的“Interactions”（交互）标签页，单击“Add Case”（添加用例），在弹出的用例编辑对话框中，在“Case Name”（用例名称）输入区输入“LogOut”。继续在用例编辑对话框中执行以下操作：

1. 创建第一个动作，隐藏“ErrorMessage”。执行以下操作：

   1）Click to add actions”（添加动作）一栏下，滚动至“Widgets”（元件），展开“Show/Hide”（显示/隐藏），单击“Hide”（隐藏）。

   2）“Configure actions”（配置动作）一栏下，勾选“LoginDp”动态面板下方“ErrorMessage”旁边的单选框。

2. 创建第二个动作来设置“PasswordTextField”和“EmailTextField”上的文字。执行以下操作：

   1）“Click to add actions”（添加动作）一栏下，滚动至“Widgets”（元件），单击“Set Text”（设置文本）。

   2）“Configure actions”（配置动作）一栏下，勾选“PasswordTextField”旁边的单选框。

   3）“Set text to”（设置文本为）下方，点开第一个下拉菜单，选择“value”（值），并在文本输入区把所有的文字清除。

   4）“Configure actions”（配置动作）一栏下，勾选“EmailTextField”旁边的单

选框。

5）“Set text to”（设置文本为）下方，点开第一个下拉菜单，选择“value”（值），并在文本输入区输入“Email”。

3．创建第三个动作，设置“LogInDP”动态面板的状态。执行以下操作：

1）“Click to add actions”（添加动作）一栏下，滚动至“Dynamic Panels”（动态面板），单击“Set Panel State”（设置面板状态）。

2）“Configure actions”（配置动作）一栏下，勾选“LoginDP”旁边的单选框。

3）“Select the state”（选择状态为），点开第一个下拉菜单，选择“State1”。

4．创建第四个动作，设置“LoggedIn”变量的值。执行以下操作：

1）在“Click to add actions”（添加动作）一栏下，滚动至“Variables”（变量），单击“Set Variable Value”（设置变量值）。

2）在“Configure actions”（配置动作）一栏下，勾选“LoggedIn”。

3）在“Set variable to”（设置全局变量值为）的位置，第一个下拉菜单处选择“value”（值），然后在输入区输入“No”。

4）单击“OK”（确定）。

这样我们就完成了“LoginDP”动态面板“State2”状态的交互定义。下面我们来为“RegistrationLightBoxDP”定义交互。

8．为“RegistrationLightBoxDP”定义交互

当用户单击“LoginButton”时，“OnClick”事件将隐藏“RegistrationLightBoxDP”，并将“Email”和“Password”的变量值设为“EnterEmailField”和“EnterPasswordField”中输入的文本。同时，如果“RegistrationHeading”上的文本和“Registration”相符，“LoginDP”动态面板将被设置为“State2”状态。我们通过创建“UpdateVariables”和“ShowLogInState”两个用例来完成这些动作。

9．更新变量和隐藏“RegistrationLightBoxDP”

在“Widget Manager”（元件管理）功能区，双击“RegistrationLightBoxDP”的“State1”将其在工作区打开，我们来创建“UpdateVariables”用例。单击位于坐标（25，190）处的“SubmitButton”，在“Widget Interactions and Notes”（元件交互与说明）功能区的“Interactions”

（交互）标签页，单击“Add Case”（添加用例），在弹出的用例编辑对话框中，在“Case Name”（用例名称）输入区输入“UpdateVariables”。继续在用例编辑对话框中执行以下操作：

用例设置完成后的用例编辑对话框将如图 3-7 所示。

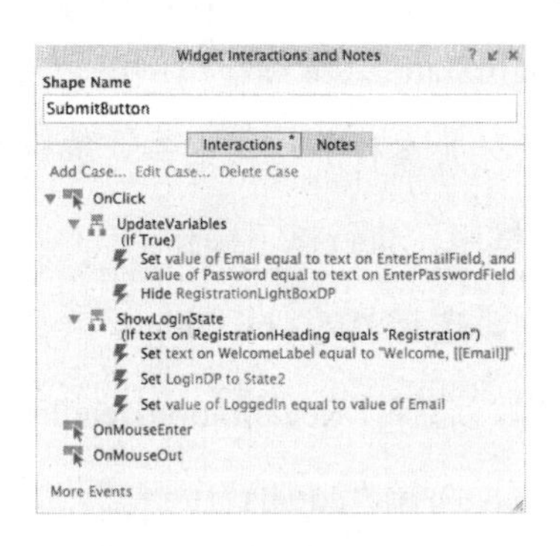

图 3-7

1．创建第一个动作，设置“Email”和“Password”变量的值。执行以下操作：

1）在“Click to add actions”（添加动作）一栏下，滚动至“Variables”（变量），单击“Set Variable Value”（设置变量值）。

2）在“Configure actions”（配置动作）一栏下，勾选“Email”。

3）在“Set variable to”（设置全局变量值为）的位置，第一个下拉菜单处选择“text on widget”（元件文字），然后在输入区输入“EnterEmailField”。

4）在“Configure actions”（配置动作）一栏下，勾选“Password”。

5）在“Set variable to”（设置全局变量值为）的位置，第一个下拉菜单处选择“text on widget”（元件文字），然后在输入区输入“EnterPasswordField”。

2．创建第二个动作，隐藏“RegistrationLightBoxDP”。执行以下操作：

1）在“Click to add actions”（添加动作）一栏下，滚动至“Widgets”（元件），展开“Show/Hide”（显示/隐藏），单击“Hide”（隐藏）。

2）在“Configure actions”（配置动作）一栏下，勾选“RegistrationLightBoxDP”。

3）单击“OK”（确定）。

这样我们就完成了“UpdateVariables”用例的创建。下面我们来创建“ShowLogInState”用例。

10．创建“ShowLogInState”用例

在“Widget Interactions and Notes”（元件交互与说明）功能区的“Interactions”（交互）标签页，单击“Add Case”（添加用例），在弹出的用例编辑对话框中，在“Case Name”（用例名称）输入区输入“ShowLogInState”。继续在用例编辑对话框中执行以下操作：

1．单击“Add Condition”（添加条件）按钮来设立第一个条件。

2．在弹出的条件设立对话框中，执行以下操作：

1）在第一个下拉菜单中，选择“text on widget”（元件文字）。

2）在第二个下拉菜单中，选择“RegistrationHeadline”。

3）在第三个下拉菜单中，选择“equals”（==）。

4）在第四个下拉菜单中，选择“value”（值）。

5）在第五个下拉菜单中，选择“Registration”。

6）单击“OK”（确定）。

3．创建第一个动作，设置“WelcomeLabel”上的文字。执行以下操作：

1）在“Click to add actions”（添加动作）一栏下，滚动至“Widgets”（元件），单击“Set Text”（设置文本）。

2）在“Configure actions”（配置动作）一栏下，勾选“WelcomeLabel”旁边的单选框。

3）在“Set text to”（设置文本为）下方，点开第一个下拉菜单，选择“value”（值），并在文本输入区输入“Welcome, [[Email]]”。

4）单击“OK”（确定）。

4．创建第二个动作，设置“LogInDP”动态面板的状态。执行以下操作：

1）在“Click to add actions”（添加动作）一栏下，滚动至“Dynamic Panels”（动态面板），单击“Set Panel State”（设置面板状态）。

2）在“Configure actions”（配置动作）一栏下，勾选“LoginDP”旁边的单选框。

3）在“Select the state”（选择状态为），点开第一个下拉菜单，选择“State2”。

5．创建第三个动作，设置“LoggedIn”变量的值。执行以下操作：

1）在“Click to add actions”（添加动作）一栏下，滚动至“Variables”（变量），单击“Set Variable Value”（设置变量值）。

2）在“Configure actions”（配置动作）一栏下，勾选“Email”。

3）在“Set variable to”（设置全局变量值为）的位置，第一个下拉菜单处选择“text on widget”（元件文字），然后在输入区输入“[[Email]]”。

4）单击“OK”（确定）。

6. 在“OnClick”（鼠标单击时）事件，右键单击“ShowErrorMessage”用例，选择“Toggle IF/ELSE IF”（切换为<If>或<Else If>）。

这样我们就更新完了“Header”母版。接下来将更新“Forum”中继器的数据。

3.3.4 更新“Forum”母版的数据集

我们之前的“ForumRepeater”共有五行七列数据，在现在这个新的项目中，我们需要更新它。执行以下操作：

1. 在“Masters”（母版）功能区，鼠标双击“Forum”母版旁边的按钮，将其在工作区打开。

2. 双击“ForumRepeater”元件，将其在工作区打开。

3. 在工作区下方的“Repeater”（中继器）功能区，选中“Repeater Dataset”（数据集）标签页，参照图 3-8 进行更新。

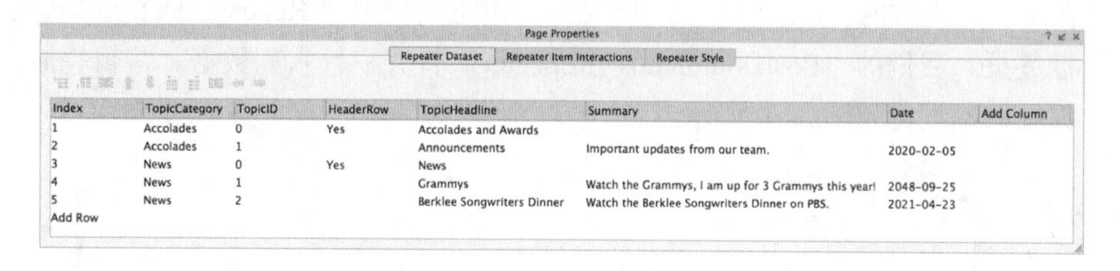

Index	TopicCategory	TopicID	HeaderRow	TopicHeadline	Summary	Date	Add Column
1	Accolades	0	Yes	Accolades and Awards			
2	Accolades	1		Announcements	Important updates from our team.	2020-02-05	
3	News	0	Yes	News			
4	News	1		Grammys	Watch the Grammys, I am up for 3 Grammys this year!	2048-09-25	
5	News	2		Berklee Songwriters Dinner	Watch the Berklee Songwriters Dinner on PBS.	2021-04-23	
Add Row							

图 3-8

这样我们就完成了“Forum”中继器的数据集更新。下面我们来创建“Post Commentary”母版。

3.3.5 创建“Post Commentary”母版

我们在用户情境中提到客户希望用户能对 post 进行评论。为了达到这一目的，我们创建“Post Commentary”母版，该母版将在“Topic Detail”页面中用到。

完成后的“Post Commentary”母版效果如图 3-9 所示。

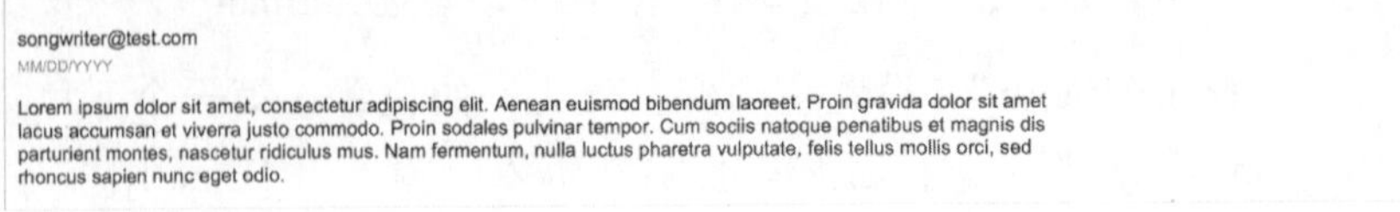

songwriter@test.com
MM/DD/YYYY

Lorem ipsum dolor sit amet, consectetur adipiscing elit. Aenean euismod bibendum laoreet. Proin gravida dolor sit amet lacus accumsan et viverra justo commodo. Proin sodales pulvinar tempor. Cum sociis natoque penatibus et magnis dis parturient montes, nascetur ridiculus mus. Nam fermentum, nulla luctus pharetra vulputate, felis tellus mollis orci, sed rhoncus sapien nunc eget odio.

图 3-9

“Post Commentary”母版中需要用到一个中继器。我们执行以下操作来完成母版的创建：

1. 在“Masters”（母版）功能区，鼠标双击“Post Commentary”母版旁边的按钮，将其在工作区打开。
2. 在“Widgets”（元件）功能区，将“Repeater”（中继器）元件拖放到工作区坐标（0，0）处。在“Widget Interactions and Notes”（元件交互与说明）功能区，单击“Repeater Name”（中继器名称）编辑区，输入“PostCommentaryRepeater”。
3. 双击“PostCommentaryRepeater”元件将其在工作区打开。
4. 在工作区下方的“Repeater”（中继器）功能区，选中“Repeater Style”（中继器样式）标签页来调整中继器的样式。在“Layout”（布局）下拉菜单，选中“Horizontal”（水平）。勾选“Wrap(Grid)”（排布<网格>），在“Items per row”（每行项目数）输入区输入 1。
5. 在工作区下方的“Repeater”（中继器）功能区，选中“Repeater Dataset”（数据集）标签页。我们的“PostCommentaryRepeater”将有三行六列数据。编辑完成后的数据集标签页将如图 3-10 所示。

提示：

参考上图完成中继器的数据集输入。根据需要，单击“Add Column”（添加列）和“Add Row”（添加行）来添加相应的列数和行数。“Topic Index”和“TopicID”分别参考“Forum”中继数据集的栏目“Index”和“TopicID”。

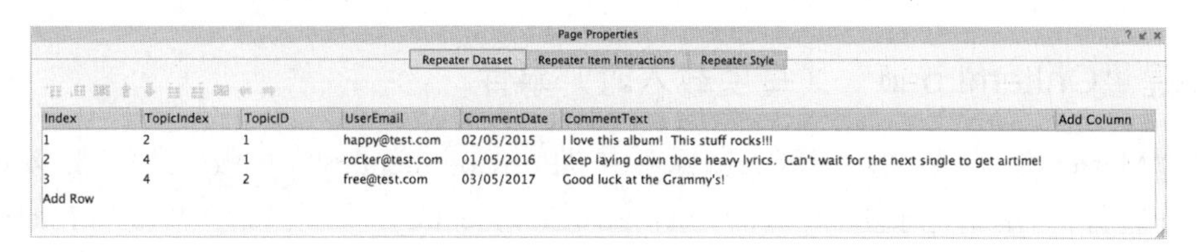

Index	TopicIndex	TopicID	UserEmail	CommentDate	CommentText	Add Column
1	2	1	happy@test.com	02/05/2015	I love this album! This stuff rocks!!!	
2	4	1	rocker@test.com	01/05/2016	Keep laying down those heavy lyrics. Can't wait for the next single to get airtime!	
3	4	2	free@test.com	03/05/2017	Good luck at the Grammy's!	
Add Row						

图 3-10

6．双击“PostCommentaryRepeater”将其在工作区打开，我们开始往中继器上放置元件。单击位于坐标（0，0）处的“Rectangle”（矩形）元件，在工具栏将元件的宽度（w）设为 940，高度（h）设为 140。在“Widget Interactions and Notes”（元件交互与说明）功能区，单击“Shape Name”（形状名称）编辑区，输入“PCBackground”。

7．在“Widget”（元件）功能区，将“Label”（文本标签）元件拖放到工作区坐标（10，20）处，在“Widget Interactions and Notes”（元件交互与说明）功能区，单击“Shape Name”（形状名称）编辑区，输入“UserEmail”。

8．在“Widget”（元件）功能区，将“Label”（文本标签）元件拖放到工作区坐标（10，40）处。

9．选中这个文本标签元件。

10．输入“MM/DD/YYYY”。在工具栏将元件的宽度（w）设为 65，高度（h）设为 11。

11．在“Widget Interactions and Notes”（元件交互与说明）功能区，单击“Shape Name”（形状名称）编辑区，输入“CommentDate”。

12．在“Widget Properties and Style”（元件属性与样式）功能区，选中“Style”（样式）标签页，滚动至“Font”（字体），执行以下操作：

1）将字号设置为 10。

2）单击字体颜色按钮旁边的向下箭头。在下拉菜单中，在“#”旁边的输入区输入 999999。

3）滚动至“Alignment + Padding”（对齐 | 边距），选中左对齐。

13．在“Widgets”（元件）功能区，将“Paragraph”（文本段落）元件拖放到工作区坐标（10，65）处。在工具栏将元件的宽度（w）设为 700，高度（h）设为 60。在“Widget Interactions and Notes”（元件交互与说明）功能区，单击“Shape Name”（形状名称）编辑区，输入“CommentText”。

接下来我们为“PostCommentary”中继器创建“OnItemLoad”（每项载入时）事件。

创建“OnItemLoad”（每项载入时）事件

在“Masters”（母版）功能区，鼠标双击“PostCommentary”母版旁边的按钮，将其在工作区打开。单击位于坐标(0,0)处的“PostCommentary”中继器。在“Widget Interactions and Notes”（元件交互与说明）功能区的“Interactions”（交互）标签页，单击“More Events”（更多事件），然后双击“OnItemLoad”（每项载入时）。在弹出的用例编辑对话框中执行以下操作：

1. 在“Case Name”（用例名称）输入区输入“SetPostCommentary”。
2. 创建动作，设置“UserEmail”，“CommentDate”和“CommentText”上的文字。执行以下操作：
   1）在“Click to add actions”（添加动作）一栏下，滚动至“Widgets”（元件），单击“Set Text”（设置文本）。
   2）在“Configure actions”（配置动作）一栏下，勾选“WelcomeLabel”旁边的单选框。在“Set text to”（设置文本为）下方，点开第一个下拉菜单，选择“value”（值），并在文本输入区输入“[[Item.UserEmail]]”。
   3）在“Configure actions”（配置动作）一栏下，勾选“CommentDate”旁边的单选框。在“Set text to”（设置文本为）下方，点开第一个下拉菜单，选择“value”（值），并在文本输入区输入“[[Item.CommentDate]]”。
   4）在“Configure actions”（配置动作）一栏下，勾选“CommentText”旁边的单选框。在“Set text to”（设置文本为）下方，点开第一个下拉菜单，选择“value”（值），并在文本输入区输入“[[Item.CommentText]]”。

这样我们就完成了“PostCommentary”中继器的设计和交互定义。接下来我们将创建“NewPost”母版。

3.3.6 创建“NewPost”母版

我们的“NewPost”母版将显示一个链接让授权用户创建新的post。当一个授权用户单击该链接时，一个灯箱效果的“NewPost”对话框将被显示。一个新的post被创建后，“Forum”中继器中将新增一行。

1. 在“Masters”（母版）功能区，双击“NewPost”母版旁边的按钮，将其在工作区打开。在“Widget”（元件）功能区，将“Dynamic Panel”（动态面板）元件拖放到工作区坐标（310，200）处。在工具栏修改“w”值为 250，“h”值为 250，勾选“Hidden”（隐藏）。在“Widget Interactions and Notes”（元件交互与说明）功能区，单击“Dynamic Panel Name”（动态面板名称）编辑区，输入“NewPostLightBoxDP”。在“Widget Manager”（元件管理）功能区，选中“Properties”（样式）标签页，单击“Pin to Browser”（固定到浏览器），在弹出的“Pin to Browser”（固定到浏览器）对话框中，勾选“Pin to browser window”（固定到浏览器窗口）旁边的单选框并单击“OK”（确定）。

2. 在“Widget Manager”（元件管理）功能区，在“NewPostLightBoxDP”下方，双击“State1”旁边的图标，将“State1”状态在工作区打开。执行以下操作：

1）在“Widgets”（元件）功能区，将“Rectangle”（矩形）元件拖放到工作区坐标（0，0）处。在“Widget Interactions and Notes”（元件交互与说明）功能区，单击“Shape Name”（形状名称）编辑区，输入“BackgroundRectangle”。在工具栏将元件的宽度（w）设为 250，高度（h）设为 250。

2）在“Widgets”（元件）功能区，将“Heading2”（二级标题）元件H2拖放到坐标（25，20）处，输入“Add Thought”。在工具栏将元件的宽度（w）设为 150，高度（h）设为 28。在“Widget Interactions and Notes”（元件交互与说明）功能区，单击“Shape Name”（形状名称）编辑区，输入“NewPostHeading”。（原文中这一句作为第三个大步骤，应为排版错误——译者注）

3. 根据表 3-5 列出的参数，重复步骤 2 来完成“NewPostLightBoxDP”的设计（标有*号的项目表示不是每个元件都有此参数）。

表 3-5

元件	坐标	描述*（将在元件上显示）	宽度*（w）	高度*（h）	名称（“Widget Interactions and Notes”（元件交互与说明）中）
Text Area（多行文本框）	（25，60）				NewPostTextArea
Button Shape（按钮形状）	（25，190）	Submit	200	30	NewPostSubmitButton

4. 创建第一个动作，“OnClickSubmit”触发事件。执行以下操作：

1）单击位于坐标（25，190）处的“SubmitButton”，在“Widget Interactions and Notes”

（元件交互与说明）功能区，双击“OnClick”。

2）在“Click to add actions”（添加动作）一栏下，滚动至“Miscellaneous”（其他），单击“Raised Event”（触发事件）。

3）在“Configure actions”（配置动作）一栏下，单击绿色+按钮，输入“OnClick Submit”，勾选其左边的单选框。

5．创建第二个动作，设置“UserText”变量的值。执行以下操作：

1）在“Click to add actions”（添加动作）一栏下，滚动至“Variables”（变量），单击“Set Variable Value”（设置变量值）。

2）在“Configure actions”（配置动作）一栏下，勾选“UserText”。

3）在“Set variable to”（设置全局变量值为）的位置，第一个下拉菜单处选择“text on widget”（元件文字），然后在输入区下拉菜单，选择“NewPostTextArea”。

4）单击“OK”（确定）。

现在我们将“State1”复制生成“State2”，然后编辑它来完成新建post的功能。在“Widget Manager”（元件管理）功能区，在“NewPostLightBoxDP”下方，右键单击“State1”，在弹出的菜单中选择“Duplicate State”（复制状态）。双击“State2”旁边的图标，将“State2”状态在工作区打开。执行以下操作：

1．单击位于坐标（25，20）处的“NewPostHeading”，将其移动至坐标（25，0）处。输入“Create New Post”。

2．单击位于坐标（25，60）处的“NewPostTextArea”，将其移动至坐标（25，97）处。

3．单击位于坐标（25，190）处的“NewPostSubmitButton”，将其移动至坐标（25，210）处。

4．在“Widgets”（元件）功能区，将“Droplist”（下拉列表框）元件拖放到坐标（25，0）处，执行以下操作：

5．右键单击下拉列表框元件，在弹出的菜单中单击“Edit List Items”（编辑列表项）。在弹出的对话框中，单击绿色+按钮，输入“Accolades and Awards”；再次单击绿色+按钮，输入“News”。单击“OK”（确定）。

6．在“Widget Interactions and Notes”（元件交互与说明）功能区，单击“Shape Name”（形状名称）编辑区，输入“CategoryDroplist”。

7. 在“Widgets”（元件）功能区，将“TextField”（文本框）元件abc拖放到坐标（25，64）处，在“Widget Properties and Style”（元件属性与样式）功能区，选中“Properties”（属性）标签页，滚动至“TextField”（文本框）处，执行以下操作：

1）在“Hint Text”（提示文字）旁边的工作区，输入“Headline”。

2）单击“Hint Style”（提示样式），在弹出的设置交互样式对话框中，选中字体颜色旁边的单选框。单击字体颜色按钮旁边的向下箭头A▾。在下拉菜单中，在“#”旁边的输入区输入999999。

8. 在“Widget Interactions and Notes”（元件交互与说明）功能区，在“Case 1”下方，双击“Set value”动作，执行以下操作：

1）在“Configure actions”（配置动作）一栏下，勾选“NewPostTopic”。

2）在“Set variable to”（设置全局变量值为）的位置，第一个下拉菜单处选择“selected option of”（被选项），然后在输入区下拉菜单，选择“CategoryDroplist”。

3）在“Configure actions”（配置动作）一栏下，勾选“NewPostHeadline”。

4）在“Set variable to”（设置全局变量值为）的位置，第一个下拉菜单处选择“selected option of”（被选项），然后在输入区下拉菜单，选择“Headline”。

5）单击“OK”（确定）。

这样我们就完成了“NewPost”母版的设计和交互定义。接下来将在站点地图中重新定义各页面的用途。

3.4 重新定义站点地图中的页面

我们现在来更新站点地图中的页面。客户告诉我们这个网站中不需要使用面包屑导航，所以我们在站点地图中将“BreadCrumb”母版从每个页面中拿掉。然后我们还将更新每个页面的“OnPageLoad”（页面载入时）事件，让其使用更新的页头文本，并移除更新“BreadCrumb”的相关动作。还需要为“Random Musings”，“Topic List”和“Topic Detail”页面进行一些额外的调整以加入新建post和评论的功能。

3.4.1 重组“Home”页面

从架构的角度，现在这个网站的“Home”页面和之前社区网站的“Home”页面类似。但即使如此，我们还是需要更新图片轮播区、标题和召唤行动框。执行以下操作：

1. 在“Sitemap”（站点地图）功能区，双击“Accolades and News”页面旁边的按钮，将其在工作区打开。

2. 单击位于坐标（10，10）处的“Header”，在“Widget Interactions and Notes”（元件交互与说明）功能区，在“Header Name”（页头名称）输入区输入“Accolades_Page_Header”。

3. 单击位于坐标（10，113）处的“BreadCrumb”母版，将其删除。

4. 在工作区下方的“Page Properties”（页面属性）功能区，选择“Page Interactions”（页面交互）标签页，在“Initialize”用例下的“OnPageLoad”（页面载入时）事件，执行以下操作：

   1）选中“Set value of HorizontalOffset equal to ‘0’”动作，单击“Delete”（删除）；单击最后一个动作“Add Rows”（添加行），单击“Delete”（删除）。

   2）双击“Set text”（设置文本）用例。在弹出的用例编辑对话框中，在“Configure actions”（配置动作）一栏下，“Set text to”（设置文本为）输入区，输入“Accolates and News”。

5. 在工作区下方的“Page Properties”（页面属性）功能区，选择“Page Interactions”（页面交互）标签页，在“Initialize”用例下的“OnPageLoad”（页面载入时）事件，执行以下操作：

   1）双击“Set is selected...”用例，在弹出的用例编辑对话框中，找到“Configure actions | Select the widgets to set selected state”（“配置动作”下的“选择要设置选中状态的元件”），并确保选中正确的菜单项。

提示：

例如，要在“Accolades_Page_header(header)”下拉菜单下选中“Accolades and News”，可以勾选“Accolades MenuItem(Menu Item)”旁边的单选框。

   2）单击“OK”（确定）。

6. 参照表3-6中列出的参数，针对剩下的页面重复步骤1至5（标有*号的项目表示不是每行都有此参数）。

表 3-6

打开的页面（步骤 1）	Header Name（步骤 2）	Set Text to*（设置文本为）（步骤 4）	Set is selected*（步骤 5）
Topic List	Topic_List_Page_Header		Topic_List_Page_Header RandomMusings MenuItem
Topic Detail	Topic_Detail_Page_Header	[[TopicHeadline]]	Topic_List_Page_Header RandomMusings MenuItem
About	About_Page_Header	About	
Terms	Terms_Page_Header	Terms	
Privacy	Privacy_Page_Header	Privacy	
Contact	Contact_Page_Header	Contact	
Random Musings	R_M_Page_Header		Topic_List_Page_Header RandomMusings MenuItem

保持页面“Random Musings”在工作区打开，单击位于坐标（20，147）处的“Headline”元件，输入“Randome Musings”。

这样我们就完成了所有页面的设计，现在我们来为“Topic Detail”、“RandomMusings”和“TopicList”页面设置发布 post 和评论的功能。

3.4.2 创建发布新 post 和评论功能

我们首先来为“Topic Detail”页面实现评论功能。我们需要为页面添加“PostCommentary”母版并进行相应调整。接下来将“NewPost”母版添加至“Random Musings”和“Topic List”页面，让授权用户可以创建和发布新 post。

1. 实现评论功能

要为“Topic Detail”页面实现评论功能，我们需要添加“PostCommentary”母版以及一个“Add Your Thoughts”链接。当用户单击链接时，显示“PostCommentary”母版，用户可以在其中输入他们的评论。用户单击“Submit”按钮后，这条评论将被添加到“PostCommentaryRepeater”。

现在我们来更新“Topic Detail”页面。在“Sitemap”(站点地图)功能区，双击“Topic Detail”页面旁边的按钮，将其在工作区打开，执行以下操作：

1. 右键单击位于坐标（10，715）处的“Footer”(页脚)，单击“Break Away”，在工具栏将y坐标设置为1685。“Footer”(页脚)中的所有元件都应该被移至新的y坐标处。

2. 在“Masters”(母版)功能区，将“PostCommentary”母版拖放至工作区坐标（10，760）处。在“Widget Interactions and Notes”(元件交互与说明)功能区，在“PostCommentary”名称输入区输入“CommentaryThread”。

3. 在“Masters”(母版)功能区，将“NewPost”母版拖放至工作区任意位置。在“Widget Interactions and Notes”(元件交互与说明)功能区执行以下操作：

   1）在“NewPost”名称输入区输入“NewComment”。

   2）创建“Add Row”动作。双击“OnClickSubmit”，在弹出的用例编辑对话框中执行以下操作：

4. 在“Click to add actions”(添加动作)一栏下，滚动至“Datasets”(数据集)，单击“Add Rows”(添加行)。

5. 在“Configure actions”(配置动作)一栏下，勾选“PostCommentaryRepeater”旁边的单选框。

6. 单击“Add Rows”(添加行)按钮，在弹出的“Add Rows to Repeater”(添加行到中继器)对话框中，参照图3-11更新所有栏目中的值。

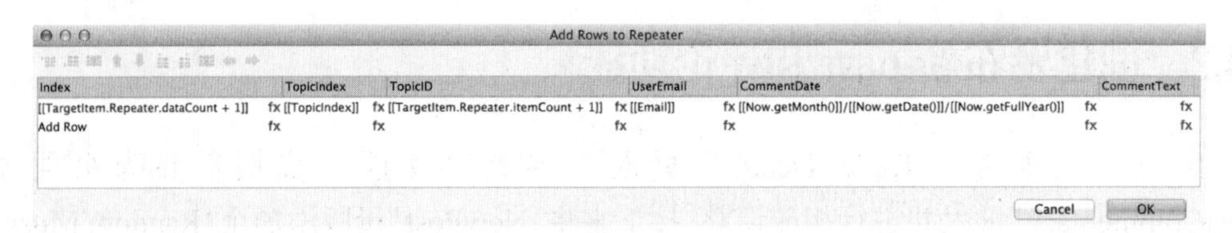

图3-11

7. 创建“Hide the NewPostLightBoxDP”(隐藏“NewPostLightBoxDP”)动作。执行以下操作：

   1）在“Click to add actions”(添加动作)一栏下，滚动至“Widgets”(元件)，展

开“Show/Hide”（显示/隐藏），单击“Hide”（隐藏）。

2）在“Configure actions”（配置动作）一栏下，在“Select the widget to hide/show”（选择要隐藏或显示的元件）下方的输入区，输入“NewPost”。

3）在“NewComment”下方，勾选“NewPostLightBoxDP”旁边的单选框。

4）单击“OK”（确定）。

8．在“Widgets”（元件）功能区，将“Heading 2”（二级标题）元件**H2**拖放到坐标（10，712）处，输入“Add Your Thought”。在“Widget Interactions and Notes”（元件交互与说明）功能区，单击“Shape Name”（形状名称）编辑区，输入“AddThoughtsLink”。在“Widget Properties and Style”（元件样式与属性）功能区，选中“Style”（样式）标签页，滚动至“Font”（字体），执行以下操作：

1）单击下画线按钮U。

2）单击字体颜色按钮旁边的向下箭头A▾。在下拉菜单中，在“#”旁边的输入区输入0033FF。

9．在“Widget”（元件）功能区，将“Label”（文本标签）元件A_拖放到工作区坐标（310，717）处。

10．选中这个文本标签元件，执行以下操作：

11．输入“Error: Please Log In to Add Your Thoughts.”

12．在“Widget Interactions and Notes”（元件交互与说明）功能区，单击“Shape Name”（形状名称）编辑区，输入“ThoughtErrorMessage”。在工具栏，勾选“Hidden”（隐藏）。

13．在“Widget Properties and Style”（元件样式与属性）功能区，选中“Style”（样式）标签页，滚动至“Font”（字体），执行以下操作：

1）将字号设置为16。

2）单击字体颜色按钮旁边的向下箭头A▾。在下拉菜单中，在“#”旁边的输入区输入FF0000。

3）在工具栏，勾选“Hidden”（隐藏）。

接下来我们为“AddThoughtsLink”链接的“OnClick”（鼠标单击时）事件创建“UserLoggedIn”用例。选中位于坐标（10，712）处的“AddThoughtsLink”。在“Widget Interactions and Notes”（元件交互与说明）功能区，选中“Interactions”（交互）标签页，

单击“Add Case”（添加用例），在弹出的用例编辑对话框中，在“Case Name”（用例名称）输入区输入“UserLoggedIn”。继续在用例编辑对话框中执行以下操作：

1. 单击“Add Condition”（添加条件）按钮来创立条件。在弹出的条件设立对话框中，执行以下操作：

    1）在第一个下拉菜单中，选择“value of variable”（变量值）。

    2）在第二个下拉菜单中，选择“LoggedIn”。

    3）在第三个下拉菜单中，选择“does not equal”（！=）。

    4）在第四个下拉菜单中，选择“value”（值）。

    5）在输入区，输入“No”。

    6）单击“OK”（确定）。

2. 创建第一个动作，显示“NewPostLightBoxDP”。执行以下操作：

    1）在“Click to add actions”（添加动作）一栏下，滚动至“Widgets”（元件），展开“Show/Hide”（显示/隐藏），单击“Show”（显示）。

    2）在“Configure actions”（配置动作）一栏下，在“Select the widget to hide/show”（选择要隐藏或显示的元件）下方的输入区，输入“NewPost”。

    3）在“NewComment”下方，勾选“NewPostLightBoxDP”旁边的单选框。

    4）点开“More options”（更多选项）下拉菜单，选择“treat as lightbox”（灯箱效果）。

    5）在“NewComment”下方的“NewPostLightBoxDP”下方，勾选“Background Rectangle”，“NewPostHeading”，“NewPostTextArea”和“NewPostSubmitButton”。

3. 创建第二个动作，隐藏“ThoughtErrorMessage”。执行以下操作：

    1）在“Click to add actions”（添加动作）一栏下，滚动至“Widgets”（元件），展开“Show/Hide”（显示/隐藏），单击“Hide”（隐藏）。

    2）在“Configure actions”（配置动作）一栏下，在“Select the widget to hide/show”（选择要隐藏或显示的元件）下方的输入区，输入“Thought”。

    3）勾选“ThoughtErrorMessage”旁边的单选框。

    4）单击“OK”（确定）。

现在我们来创建“AddThoughtsLink”链接“OnClick”（鼠标单击时）事件的“NotLoggedIn”用例。依然选中“AddThoughtsLink”，在“Widget Interactions and Notes”（元件交互与说明）功能区，选中“Interactions”（交互）标签页，单击“Add Case”（添加用例），在弹出的用例编辑对话框中，在“Case Name”（用例名称）输入区输入“NotLoggedIn”。继续在用例编辑对话框中执行以下操作来创建动作——显示“ThoughtsErrorMessage”：

1. 在“Click to add actions”（添加动作）一栏下，滚动至“Widgets”（元件），展开“Show/Hide”（显示/隐藏），单击“Show”（显示）。
2. 在“Configure actions”（配置动作）一栏下，在“Select the widget to hide/show”（选择要隐藏或显示的元件）下方的输入区，输入“Thought”。
3. 勾选“ThoughtErrorMessage”旁边的单选框。
4. 单击“OK”（确定）。

在用户与“EmailTextField”，“PasswordTextField”和“NewUserLink”交互后，我们最终需要隐藏“ThoughtErrorMessage”。在定义好所需要的“Topic_Detail_Page_Header”相关用例后，“Widget Interactions and Notes”（元件交互与说明）功能区应当如图 3-12 所示。

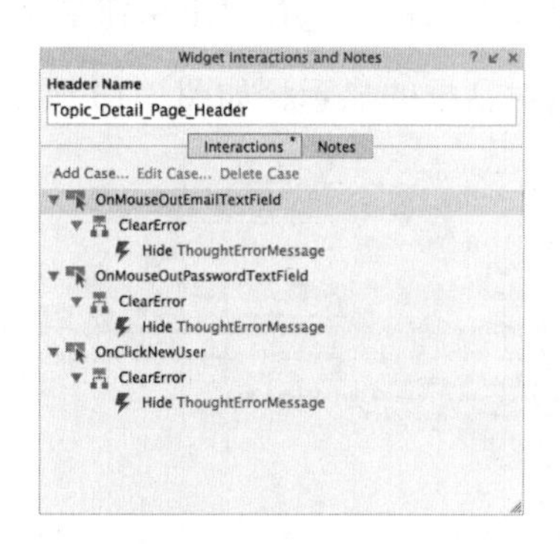

图 3-12

现在我们单击页头，参照图 3-12 执行以下操作：

1. 在“Widget Interactions and Notes”（元件交互与说明）功能区，选中“Interactions”（交互）标签页，双击“OnMouseOutEmailTextField”，弹出用例编辑对话框。在“Case Name”（用例名称）输入区，输入“ClearError”。
2. 在用例编辑对话框内，创建动作来隐藏“ThoughtErrorMessage”。执行以下操作：

   1）在“Click to add actions”（添加动作）一栏下，滚动至“Widgets”（元件），展

开“Show/Hide”（显示/隐藏），单击“Hide”（隐藏）。

2）在“Configure actions”（配置动作）一栏下，在“Select the widget to hide/show”（选择要隐藏或显示的元件）下方的输入区，输入“Thought”。

3）勾选“ThoughtErrorMessage”旁边的单选框。

4）单击“OK”（确定）。

3．参照表 3-7 列出的参数，重复步骤 1 至 2。

表 3-7

事件（步骤 1）
OnMouseOutPasswordTextField
OnClickNewUser

我们还需要将“PostCommentaryRepeater”中继器按时间倒序排列。在工作区下方的“Page Properties”（页面属性）功能区，单击“Page Interactions”标签页，双击“OnPageLoad”（页面载入时）事件的“Initialize”用例，执行以下操作来添加“Add Sort”动作：

在定义完成后，用例编辑对话框的显示将如图 3-13 所示。

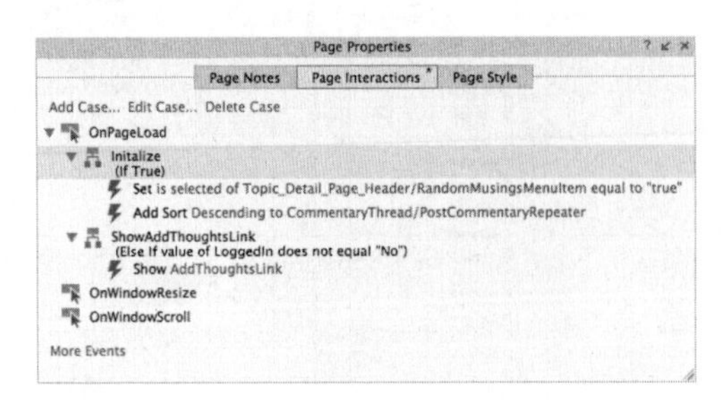

图 3-13

1．在“Click to add actions”（添加动作）一栏下，滚动至“Repeaters”（中继器），单击“Add Sort”（添加排序）。

2．在“Configure actions”（配置动作）一栏下，在“Select widget to add sorting”（选择要添加排序的中继器）下方，勾选“PostCommentaryRepeater”。

3．在“Name”（名称）一栏输入“Descending”。

4．在“Property”（属性）一栏下拉菜单，选择“CommentDate”。

5．在“Sort as”（排序类型）一栏下拉菜单，选择“Date – MM/DD/YYYY”。

6．在“Order”（顺序）一栏下拉菜单，选择“Descending”（倒序）。

7．单击“OK”（确定）。

这样我们就完成了让用户添加评论的部分。接下来我们将完成让授权用户创建新 post 的功能。

2．实现让授权用户创建新 post 的功能

现在我们来实现让授权用户在“Random Musings”和“Topic List”页面下创建新 post 的功能。在“Random Musings”页面，要实现这个功能，我们需要置入一个“Add Post”链接以及一个“NewPost”母版。当授权用户单击这个链接，“NewPost”母版将被打开，授权用户可以在此编辑他们的 post（原文中“comment”（评论），应为笔误——译者注）。当授权用户单击“Submit”按钮，新的 post（原文中“comment”（评论），应为笔误——译者注）就被添加到中继器。

我们在“Sitemap”（站点地图）中双击“Random Musings”页面旁边的□按钮，将其在工作区打开，执行以下操作：

1．当前工作区中的“ForumRepeater”不能反映我们对“Forum”母版所进行的更改，我们需要先删除现在的“ForumRepeater”中继器，并置入更新后的“Forum”母版。单击位于坐标（20，530）处的“ForumRepeater”，将其删除。

2．在“Masters”（母版）功能区，将“Forum”母版拖拽至工作区坐标（20，540）处，在“Widget Interactions and Notes”（元件交互与说明）功能区，将其命名为“PostRepeater”。

3．在“Masters”（母版）功能区，拖拽“NewPost”母版至工作区任意位置。

4．在“Widget Interactions and Notes”（元件交互与说明）功能区，将“NewPost”母版命名为“NewPost”。

5．创建“Add Row”（添加行）动作。双击“OnClickSubmit”，在弹出的用例编辑对话框中执行以下操作：

1）在“Click to add actions”（添加动作）一栏下，滚动至“Datasets”（数据集），单击“Add Rows”（添加行）。

2）在“Configure actions”（配置动作）一栏下，勾选“ForumRepeater”。

3）单击“Add Rows”（添加行）按钮，在“Add Rows to Repeater”（添加行到中继器）对话框中，参照图 3-14 给出的参数更新表单。

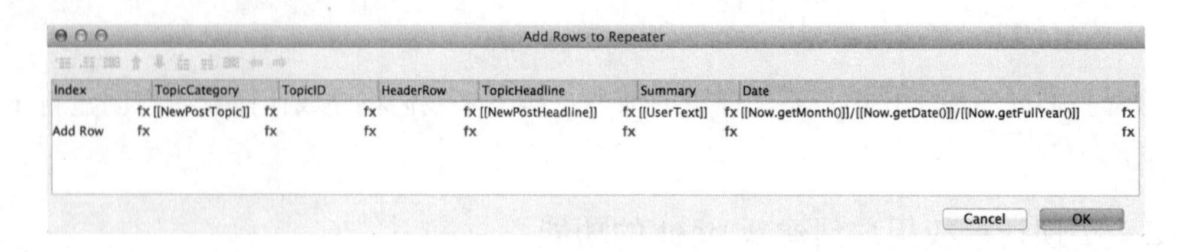

图 3-14

6. 创建第二个动作，隐藏“NewPostLightBoxDP”。执行以下操作：

1）在“Click to add actions”（添加动作）一栏下，滚动至“Widgets”（元件），展开“Show/Hide”（显示/隐藏），单击“Hide”（隐藏）。

2）在“Configure actions”（配置动作）一栏下，在“Select the widget to hide/show”（选择要隐藏或显示的元件）下方的输入区，输入“NewPost”。

3）单击“OK”（确定）。

7. 在“Widget”（元件）功能区，将“Label”（文本标签）元件**A_**拖放到工作区坐标（20，518）处，输入“Add new post”。在工具栏，勾选“Hidden”（隐藏）。在“Widget Interactions and Notes”（元件交互与说明）功能区，单击“Shape Name”（形状名称）编辑区，输入“AddPostLabel”。

8. 在工作区下方的“Page Properties”（页面属性）功能区，单击“Page Interactions”标签页，单击“Add Case”（添加用例），在“Case Name”（用例名称）输入区，输入“AuthorizedUser”。

9. 设立条件。单击“Add Condition”（添加条件）按钮，在弹出的“Condition Builder”（条件设立）对话框中，执行以下操作：

1）在第一个下拉菜单中，选择“value of variable”（变量值）。

2）在第二个下拉菜单中，选择“LoggedIn”。

3）在第三个下拉菜单中，选择“equals”（==）。

4）在第四个下拉菜单中，选择“value”（值）。

5）在输入区输入“songwriter@test.com”。

6）单击“OK”（确定）。

10．创建动作，显示“AddPostLabel”。执行以下操作：

1）在“Click to add actions”（添加动作）一栏下，滚动至“Widgets”（元件），展开“Show/Hide”（显示/隐藏），单击“Show”（显示）。

2）在“Configure actions”（配置动作）一栏下，在“Select the widget to hide/show”（选择要隐藏或显示的元件）下方的输入区，输入“Add”。

3）在“NewComment”下方，勾选“AddThoughtsLink”。

4）单击“OK”（确定）。

11．单击位于坐标（20，518）处的“AddPostLabel”，在“Widget Interactions and Notes”（元件交互与说明）功能区，单击“Shape Name”（形状名称）编辑区，输入“AddPostLabel”。在“Widget Interactions and Notes”（元件交互与说明）功能区，选中“Interactions”（交互）标签页，单击“Add Case”（添加用例），打开用例编辑对话框。

12．创建第一个动作，设置“NewPostLightBoxDP”动态面板的面板状态。执行以下操作：

1）在“Click to add actions”（添加动作）一栏下，滚动至“Dynamic Panels”（动态面板），选择“Set Panel State”（设置面板状态）。

2）在“Configure actions”（配置动作）一栏下，勾选“NewPostLightBoxDP”。

3）在“Select the state”（选择状态为）旁边的下拉菜单，选择“State2”。

13．创建第二个动作，显示“NewPostLightBoxDP”。执行以下操作：

1）在“Click to add actions”（添加动作）一栏下，滚动至“Widgets”（元件），展开“Show/Hide”（显示/隐藏），单击“Show”（显示）。

2）在“Configure actions”（配置动作）一栏下，勾选“NewPostLightBoxDP”。

3）单击“OK”（确定）。

14．在“Sitemap”（站点地图）中双击“Topic List”页面旁边的□按钮，将其在工作区打开，重复前面的步骤 1 至 13 来更新“Topic List”页面。

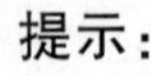

完成上述所有步骤后，将“AddPostLabel”移动至坐标（20，120）处，将“PostRepeater”移动至坐标（20，142）处。

3.5 小结

在这一章中，我们学到了如何复用社区网站中的母版和页面来创建一个全新的博客网站，探索了用户账户验证、动态账户创建以及为授权用户提供额外功能，还学习了如何模拟灯箱效果，如何将用户的输入存入全局变量，以及将在中继器中添加行来存入数据。

下一章中我们将学习创建一个内容聚合器。

第 4 章 导入社交媒体内容聚合

各种社交媒体网站的人气起起落落，因此，企业和个人在使用它们进行推广时总在不断地对自己的策略进行评估，以确定哪些社交媒体推广策略和渠道是最有利的。为了使自己在社交媒体的投资最大限度地发挥作用，在网站上这些媒体渠道的内容通常以一个社交媒体中心的形式展示出来。在网络上从不同的来源收集内容的过程，通常称为“聚合”（aggregation）。

本章我们将探讨如何在 Axure RP 7 原型中导入 Facebook，Twitter，Instagram 和 Pinterest。我们的社交媒体聚合器在完成后将如图 4-1 所示。

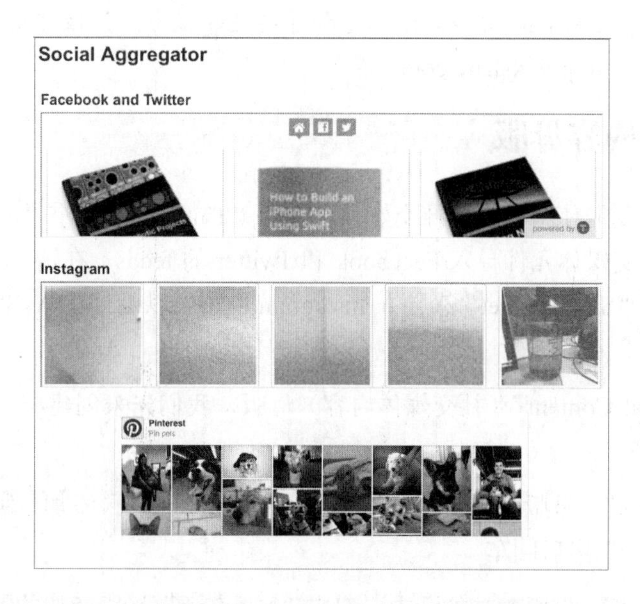

图 4-1

在这一章中，我们将学到：

- 创建一个社交媒体聚合器
- 创建社交媒体内容母版
    - 添加 Facebook 和 Twitter
    - 抓取 Instagram 内容
    - 添加 Pinterestboard

4.1 创建一个社交媒体聚合器

我们将为我们的社交媒体聚合器创建一个母版。这样我们将可以在不同页面复用它，母版上的更新也将应用于所有使用了它的页面。

我们有两种方式来创建它。一种是使用“Inline Frame”（内联框架）元件，以及外部的内容聚合器（Tint 和 SnapWidget）。另一种是为 AxShare 创建一个 plugin，让我们可以使用外部的 JavaScript，将外部内容 feeds 导入我们的原型。

提示：

AxShare 是 Axure 的免费原型托管服务。详情可见 http://axshare.com。

创建社交媒体内容母版

在第 2 章中，我们使用了一个社交媒体聚合器“Tint”以及一个“Inline Frame”（内联框架）元件来为社交媒体元件导入 Facebook 和 Twitter 的 feeds。在这一章中，除了“Tint”外，我们还要使用“SnapWidget”来导入 Instagram 内容，以及使用 AxShare 的 plugin 来导入 Pinterest 的内容。

要创建“Social Content”（社交媒体内容）母版，我们先来创建一个新的 Axure RP 文件，执行以下操作：

1. 在“Masters”（母版）功能区中，单击“Add Master”（添加母版）按钮，输入“Aggregator”然后回车。
2. 在“Masters”（母版）功能区中，双击“NewPost”母版旁边的按钮将其在工作区打开。

现在我们来导入 Facebook 和 Twitter feeds。

1．导入 Facebook 和 Twitter feeds

我们将用到一个“Inline Frame”（内联框架）元件和社交媒体聚合器 Tint（http://www.tintup.com）来导入 Facebook 和 Twitter feeds。

> **提示：**
> 在注册 Tint 账号并往其中添加“Tint”（也就是社交媒体 feed）后，Tint 将生成一个专门的 URL。在接下来的步骤中你将需要用到这个 URL。你可以从第 2 章的原型文件中或登录你的 Tint 账号来获取这个 URL。

执行以下操作来导入 Facebook 和 Twitter feeds：

1．在“Widgets”（元件）功能区，将“Rectangle”（矩形）元件拖放到工作区坐标（10，0）处。在工具栏将元件的宽度（w）设为 940，高度（h）设为 850。在“Widget Interactions and Notes”（元件交互与说明）功能区，单击“Shape Name”（形状名称）编辑区，输入“SocialMediaFeedBackground”。

2．在“Widgets”（元件）功能区，将“Heading 1”（一级标题）元件**H1**拖放到工作区坐标（16，9）处。输入“Social Aggregator”。在“Widget Interactions and Notes”（元件交互与说明）功能区，单击“Shape Name”（形状名称）编辑区，输入“Headline”。

3．在“Widgets”（元件）功能区，将“Heading 2”（二级标题）元件**H2**拖放到工作区坐标（20，86）处，输入“Facebook and Twitter”。在“Widget Interactions and Notes”（元件交互与说明）功能区，单击“Shape Name”（形状名称）编辑区，输入“SocialMediaFeedHeading1”。

4．在“Widgets”（元件）功能区，将“Inline Frame”（内联框架）元件拖放到工作区坐标（20，120）处，执行以下操作：

   1）在“Widget Interactions and Notes”（元件交互与说明）功能区，单击“Inline Frame Name”（内联框架名称）编辑区，输入“SocialMediaFeedIF1”。

   2）在工具栏将元件的宽度（w）设为 920，高度（h）设为 200。

   3）右键单击“SocialMediaFeedIF1”元件，在弹出的菜单中选择“Scrollbars”（滚动条），然后选择“Never Show Scrollbars”（从不显示滚动条）。

   4）右键单击“SocialMediaFeedIF1”元件，在弹出的菜单中选择“Frame Target”（框

架目标页面)。在"Link Properties"(链接属性)对话框,勾选"Link to an external url or file"(链接到 url 或文件),在超链接输入区,粘贴你的 Tint 链接(例如 http://www.tintup. com/axuredemo)。

这样我们就完成了导入 Facebook 和 Twitter feeds。接下来我们来添加 Instagram feed。

2. 添加 Instagram feed

要在我们的聚合器中显示 Instagram 内容,需要用到一个"Inline Frame"(内联框架)元件和 Instagram 元件 SnapWidget(http://snapwidget.com)。通过在 SnapWidget 网站主页上单击"Get Your Free Widget"按钮并完成"Customize your widget"表单,可以使你自己的 SnapWidget 个性化。图 4-2 是一份填好的表单作为参考。

单击"Get Widget",复制弹出框中的 URL。URL 通常会显示在第三行"src="的后面。参考图 4-3 中高亮的位置。

Customize your widget More info

Username krahenbuhljohn

Hashtag

Widget Type Grid

Thumbnail Size 160 px

Layout 5 x 3

Photo Border Yes

Background Color

Photo Padding 20 px

Hover Effect Fade In

Sharing Buttons Yes

Responsive Yes

Preview Get Widget

图 4-2

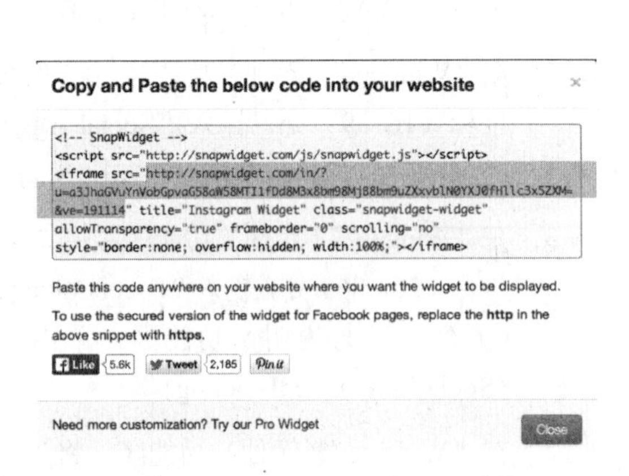

图 4-3

提示:

在填写"Customize your widget"表单时,确保"Hashtag"一栏中不要填入任何东西,这样才能导入该 Instagram 账户下的所有内容。

现在我们已经得到了需要的 SnapWidget URL，就可以往“Social Media”母版中添加 Instagram feed 了。执行以下操作：

1. 在“Widgets”（元件）功能区，将“Heading 2”（二级标题）元件拖放到工作区坐标（20，356）处，输入“Instagram”。在“Widget Interactions and Notes”（元件交互与说明）功能区，单击“Shape Name”（形状名称）编辑区，输入“SocialMediaFeedHeading2”。

2. 在“Widgets”（元件）功能区，将“Inline Frame”（内联框架）元件拖放到工作区坐标（20，390）处，执行以下操作：

   1）在“Widget Interactions and Notes”（元件交互与说明）功能区，单击“Inline Frame Name”（内联框架名称）编辑区，输入“SocialMediaFeedIF2”。

   2）在工具栏将元件的宽度（w）设为 920，高度（h）设为 200。

   3）右键单击“SocialMediaFeedIF2”元件，在弹出的菜单中选择“Scrollbars”（滚动条），然后选择“Never Show Scrollbars”（从不显示滚动条）。

   4）右键单击“SocialMediaFeedIF2”元件，在弹出的菜单中选择“Frame Target”（框架目标页面）。在“Link Properties”（链接属性）对话框，勾选“Link to an external url or file”（链接到 url 或文件），在超链接输入区，粘贴你的 SnapWidget 链接（例如 http://snapwidget.com/in/?u=a3JhaGVuYnVobGpvaG58aW58MTYwfDV8M3x8eWVzfDIwfGZhZGVJbnxvblN0YXJ0fHllc3x5ZXM=&ve=201114）。

这样我们就添加好了 Instagram feed。接下来添加 Pinterest 中的 board。

3. 添加 Pinterest board

要在聚合器中显示 Pinterest 中的 board（原文中为“显示 Instagram 内容”，应为笔误——译者注），我们将要用到一个动态面板元件以及 Pinterest 的 widget builder（元件创建器）。Pinterest 的元件创建器可以生成一个定制的 JavaScript，要将其置入我们的原型，我们将会创建一个 AxShare 的 plugin，该 plugin 将 Pinterest 链接和 JavaScript 添加到“PinterestDP”中。

我们首先在“Social Media”母版中添加“PinterestDP”动态面板，并发布至 AxShare。执行以下操作：

1. 将“Dynamic Panel”（动态面板）元件拖放到工作区坐标（20，596）处。在工具栏修改“w”值为 920，“h”值为 200。在“Widget Interactions and Notes”（元件交互与说明）功能区，单击“Dynamic Panel Name”（动态面板名称）编辑区，输

入“PinterestDP”。

2．在“Sitemap”（站点地图）中双击“Home”页面旁边的按钮，将其在工作区打开。

3．在“Masters”（母版）功能区，将“Aggregator”母版拖放至工作区坐标（0，0）处。

4．在主工具栏，找到“Publish | Publish to AxShare”（发布 | 发布到 AxShare）。如果你已有账号，输入 email 和密码。如果你还没有账号，单击“Create Account”（发布 | 发布到 AxShare），输入你的信息。选中“Create a new project”，在“Name”（名称）输入区，输入原型名称（Chapter04）。

要生成 Pinterest 链接和 JavaScript，我们需要访问 http://business.pinterest.com/widget-builder/，单击“Board Widget”，完成“Board Widget”表单并单击“Build It”按钮。复制“Copy the code”区域内的所有代码。图 4-4 展示的就是一个已完成并包含代码的表单。

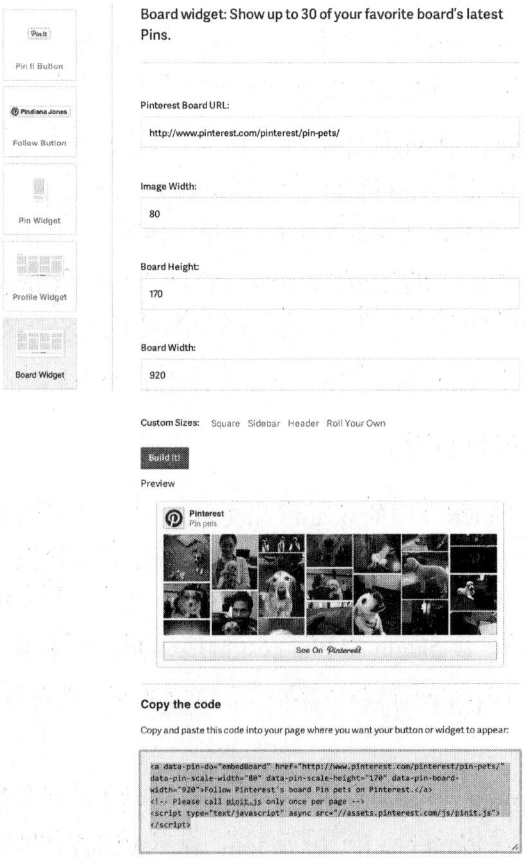

图 4-4

现在我们就可以在 AxShare 中创建 Pinterest plugin 了。AxShare plugin 让我们可以在特定的动态面板中置入代码片段。我们将在“PinterestDP”动态面板中置入 Pinterest 链接和 JavaScript。在 http://axshare.com 登录自己的账户，单击你的原型名称来编辑项目设置。项目设置参照图 4-5。

图 4-5

单击“Plugins”菜单项，执行以下操作：

1．单击“New Plugin”按钮。

2．在“Add New Plugin”对话框，执行以下操作：

1）在“Plugin Name”输入区，输入“PinterestPlugin”。

2）在“Location”下方，勾选“Inside Dynamic Panels with Name”，在输入区输入“PInterestDP”。

3）在“Content”输入区，粘贴 Pinterest 的链接和 JavaScript。例如：

```
<a data-pin-do="embedBoard"
href="http://www.pinterest.com/pinterest/pin-pets/"datapin-scale-width="80"
data-pin-scale-height="170" data-pinboard-width="920">Follow Pinterest's
board Pin pets on Pinterest.</a><!-- Please call pinit.js only once per page
--><script type="text/javascript"asyncsrc="//assets.pinterest.com/js/pinit.js"
></script>
```

4）单击“Save and continue”（保存并继续）。

3．在“Add the Plugin to Pages”对话框，执行以下操作：

1）在“Pages without the Plugin”输入区，单击“Home”。

2）单击“Add Page”（添加页面）按钮▶，你将看到“Home”页面的链接出现在“Add the plugin to”下方。完成后的“Add the Plugin to Pages”对话框如图 4-6 所示。

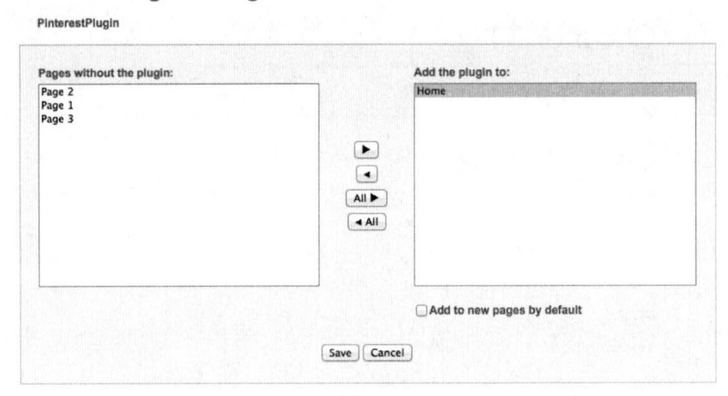

图 4-6

3）单击“Save”（保存）按钮。

4．在“Project Settings”（项目设置）页面，在“Project name”（项目名称）下方单击链接来查看你的原型。

这样我们就完成了 Pinterest board 的功能，社交媒体聚合器母版也就全部完成了。

4.2 小结

我们创建了一个社交媒体聚合器母版，其中包含来自 Facebook，Twitter，Instagram 和 Pinterest 的 feed。我们使用了“Inline Frame”（内联框架）元件，还通过 AxShare 创建了一个 Pinterest plugin。Facebook，Twitter 和 Instagram 的内容是通过 Tint 和 SnapWidget 这样的整合工具获取的，Pinterest 的内容则是通过 Pinterest 的 open API 直接拉取的。

下一章中，我们将创建一个作品集展示页面。

第 5 章
作品集展示页面

随着高效的内容发布网络的兴起，我们陆续看到更多沉浸式的在线体验。个人可以充分利用全宽图像，展示他们的个性和工作经验。其中一种流行的交互模式是在网页设计中利用视差滚动。在一个采用视差效果的网站中，背景图片和前景图片以不同的速度滚动。本章中，我们将创建一个视差作品集展示网站，最终效果如图 5-1 所示。

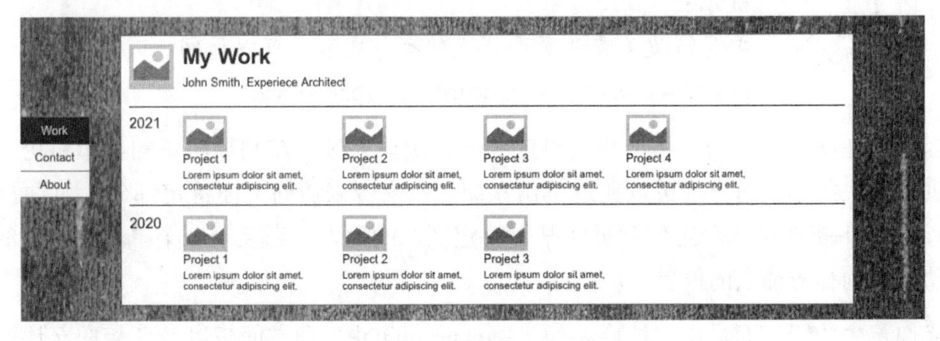

图 5-1

在这一章中，我们将学到：

- 设计视差网站
- 放置页面锚点
- 创建背景动态面板
- 为每一个区块添加内容
- 添加作品集交互
- 更新页面交互

5.1 设计我们的视差网站

我们将使用极简设计，保证用户的关注点在工作历史的简要介绍，并引导他们通过 email 与我们联系。网站将包含以下三个部分，这三个部分将显示在导航区左侧：

- Work（工作）
- Contact（联系）
- About（关于）

要实现视差效果，我们需要将前景内容按区块安排在一个背景动态面板“BackgroundDP”上。“BackgroundDP”中，针对每一个区块都有一个对应的动态面板，而每一个动态面板都包含一个背景图片并设置为“Stretch to Cover”（填充）。“Stretch to Cover”（填充）设置将确保背景图片覆盖动态面板的整个区域。

提示：

要了解更多更改页面样式的有关内容，可以访问 https://www.axure.com/learn/basic/page-style。

当用户在网页上滚动至超出我们设定的垂直滚动点时，左侧导航条的显示将更新至当前的页面区块内容。用户也可以通过单击左侧导航内容来访问页面特定部分。“页面锚点”（page anchor）指的是一个定位到页面某个特定区域的元件。当某一个菜单项被选择时，页面自动跳动到相应锚点的位置。

我们首先放置页面锚点，然后添加“BackgroundDP”动态面板以及各相应区块的动态面板，最后添加每个区块的内容。

5.1.1 放置页面锚点

我们将使用三个“Hot Spot”（热区）元件作为页面锚点。当用户单击菜单项时，页面将会自动移动至相应的页面锚点。我们首先打开一个新的 Axure RP 7 项目文件，保持 home 页面在工作区打开，执行以下操作向页面中放置各个区块的锚点：

1. 从“Widgets”（元件）功能区，将“Hot Spot”（热区）元件拖拽至工作区坐标（860，0）处。在“Widget Interactions and Notes”（元件交互与说明）功能区，单击“Hot Spot Name”（热区名称）编辑区，输入“MyWorkAnchor”。

2. 将“Hot Spot”(热区)元件拖拽至工作区坐标(860,500)处。在“Widget Interactions and Notes”(元件交互与说明)功能区，单击“Hot Spot Name”(热区名称)编辑区，输入“ContactAnchor”。

3. 将“Hot Spot”(热区)元件拖拽至工作区坐标(860,1690)处。在“Widget Interactions and Notes”(元件交互与说明)功能区，单击“Hot Spot Name”(热区名称)编辑区，输入“AboutMeAnchor”。

提示：

你可以根据你浏览器的高度来调整页面锚点的位置。

接下来我们将创建“BackgroundDP”。

5.1.2 创建背景动态面板

“BackgroundDP”中包含三个动态面板，与页面中的三个部分一一对应。每一个动态面板中都包含有一个背景图片，并设置为“Stretch to Cover”(填充)。执行以下操作来添加嵌套的动态面板：

1. 将“Dynamic Panel”(动态面板)元件拖放到工作区坐标(80，0)处。在工具栏修改“w”值为830，“h”值为2490。在“Widget Interactions and Notes”(元件交互与说明)功能区，单击“Dynamic Panel Name”(动态面板名称)编辑区，输入“BackgroundDP”。在“Widget Manager”(元件管理)功能区，在“BackgroundDP”下方，两次单击图标旁边的文字，将其重命名为“BackgroundImages”。

2. 在“Widget Manager”(元件管理)功能区，在“BackgroundDP”下方，双击图标，将该状态在工作区打开。

3. 执行以下操作：

   1) 将“Dynamic Panel”(动态面板)元件拖放到工作区坐标(0，0)处。在工具栏修改“w”值为830，“h”值为830。在“Widget Interactions and Notes”(元件交互与说明)功能区，单击“Dynamic Panel Name”(动态面板名称)编辑区，输入“WorkBackImageDP”。

   2) 在工作区下方，选中“Back Image”旁边“Panel State Style”(面板状态样式)标签页，单击“Import”(导入)按钮并选择你希望使用的图片。

3）在“Repeat”（填充）旁边下拉菜单，选中“Stretch to Cover”（填充）。

4. 重复步骤 1 至 3 并使用表 5-1 所列的参数。

表 5-1

坐标	名称
（0，830）	ContactBackImageDP
（0，1660）	AboutBackImageDP

接下来我们将为每一个部分分别添加内容。

5.1.3 为每一个部分添加内容

我们的网站包含以下三部分：

- Work（工作）
- Contact（联系）
- About（关于）

设计完成后，“Work”部分的效果将如图 5-2 所示。

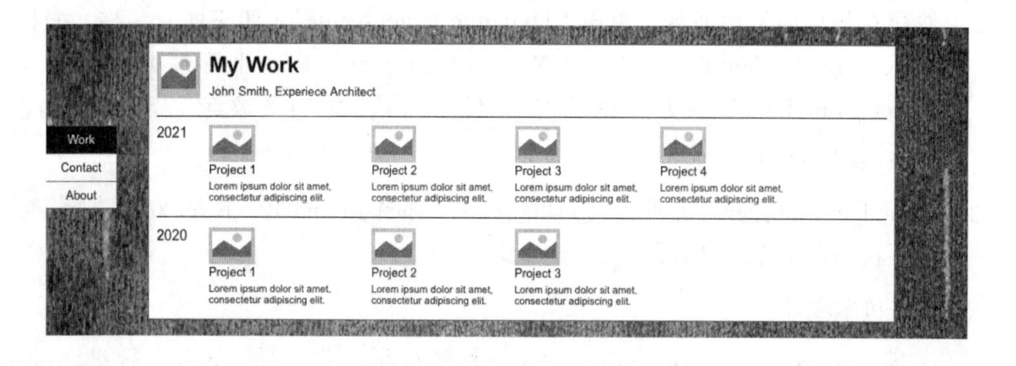

图 5-2

我们首先创建一个“Example Project”母版。执行以下操作：

1. 在“Masters”（母版）功能区，单击添加母版按钮，输入“ExampleProject”后回车。

2. 在“Masters”（母版）功能区，鼠标双击“ExampleProject”母版旁边的按钮，将其在工作区打开。

3. 在“Widgets”（元件）功能区，将“Image”（图片）元件拖放到工作区坐标（0，0）处。在工具栏将元件的高度（h）设为 40。在“Widget Interactions and Notes”（元件交互与说明）功能区，单击“Shape Name”（形状名称）编辑区，输入“ProjectImg”。

4. 将“Label”（文本标签）元件A_拖放到工作区坐标（0，41）处，输入“Project”。在“Widget Interactions and Notes”（元件交互与说明）功能区，单击“Shape Name”（形状名称）编辑区，输入“ProjectLabel”。

5. 将“Label”（文本标签）元件A_拖放到工作区坐标（0，60）处，输入“Lorem ipsum dolor sit amet, consectetur adipiscing elit.”。在工具栏将元件的宽度（w）设为 150，高度（h）设为 40。在“Widget Interactions and Notes”（元件交互与说明）功能区，单击“Shape Name”（形状名称）编辑区，输入“ProjectCopy”。在“Widget Properties and Style”（元件属性与样式）功能区，选中“Style”（样式）标签页，滚动到“Font”（字体）选项，将字号设置为 11。

这样我们就完成了“ExampleProject”母版，现在可以来设计制作网页的“Work”部分了。在“Sitemap”（站点地图）中双击“Home”页面旁边的按钮，将其在工作区打开，执行以下操作来创建网页的“Work”部分：

1. 在“Widgets”（元件）功能区，将“Rectangle”（矩形）元件拖放到工作区坐标（80，200）处。在工具栏将元件的宽度（w）设为 830，高度（h）设为 300。在“Widget Interactions and Notes”（元件交互与说明）功能区，单击“Shape Name”（形状名称）编辑区，输入“MyWorkRectangle”。

2. 将“Image”（图片）元件拖放到工作区坐标（90，210）处。在“Widget Interactions and Notes”（元件交互与说明）功能区，单击“Shape Name”（形状名称）编辑区，输入“MyWorkImg”。

3. 将“Heading 2”（二级标题）元件H2拖放到工作区坐标（150，210）处，输入“My Work”。在“Widget Interactions and Notes”（元件交互与说明）功能区，单击“Shape Name”（形状名称）编辑区，输入“MyWorkHeadline”。在“Widget Properties and Style”（元件属性与样式）功能区，选中“Style”（样式）标签页，滚动到“Font”（字体）选项，将字号设置为 24。

4. 将“Label”（文本标签）元件A_拖放到工作区坐标（150，245）处，输入“John Smith, Experience Architect”。在“Widget Interactions and Notes”（元件交互与说明）功能区，单击“Shape Name”（形状名称）编辑区，输入“NameTitle Label1”。

5. 将“Horizontal Line”（水平线）元件■—■拖放到工作区坐标（90，274）处。在工具栏将元件的宽度（w）设为810。

6. 将“Horizontal Line”（水平线）元件■—■拖放到工作区坐标（90，383）处。在工具栏将元件的宽度（w）设为810。

7. 将“Label”（文本标签）元件A_拖放到工作区坐标（90，289）处，输入“2021”。在“Widget Interactions and Notes”（元件交互与说明）功能区，单击“Shape Name”（形状名称）编辑区，输入“YearMostRecent”。

8. 将“Label”（文本标签）元件A_拖放到工作区坐标（90，400）处，输入“2020”。在“Widget Interactions and Notes”（元件交互与说明）功能区，单击“Shape Name”（形状名称）编辑区，输入“YearPrior”。

9. 从“Masters”（母版）功能区，将“ExampleProject”母版拖放至工作区坐标（150，289）处。

10. 重复步骤9六次，分别使用表5-2列出的坐标。

表5-2

坐标
（330，289）
（490，289）
（650，289）
（150，400）
（330，400）
（490，400）

这样我们就完成了网页的“Work”部分。接下来制作网页的“Contact”部分，该部分包含一个可交互的email链接。完成后的“Contact”效果如图5-3所示。

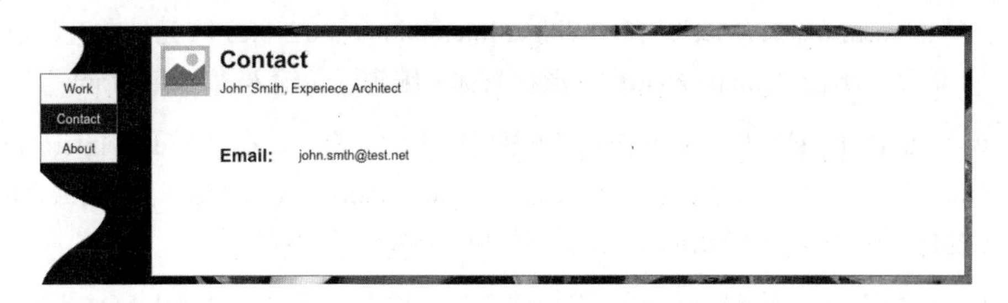

图 5-3

执行以下操作来完成网页的“Contact”部分：

1. 将“Rectangle”（矩形）元件拖放到工作区坐标（80，750）处。在工具栏将元件的宽度（w）设为 830，高度（h）设为 240。在“Widget Interactions and Notes”（元件交互与说明）功能区，单击“Shape Name”（形状名称）编辑区，输入“ContactRectangle”。

2. 将“Image”（图片）元件拖放到工作区坐标（90，760）处。在“Widget Interactions and Notes”（元件交互与说明）功能区，单击“Shape Name”（形状名称）编辑区，输入“ContactImg”。

3. 将“Heading 2”（二级标题）元件**H2**拖放到工作区坐标（150，760）处，输入“Contact”。在“Widget Interactions and Notes”（元件交互与说明）功能区，单击“Shape Name”（形状名称）编辑区，输入“ContactHeadline”。在“Widget Properties and Style”（元件属性与样式）功能区，选中“Style”（样式）标签页，滚动到“Font”（字体）选项，将字号设置为 24。

4. 将“Label”（文本标签）元件**A_**拖放到工作区坐标（150，795）处，输入“John Smith, Experience Architect”。在“Widget Interactions and Notes”（元件交互与说明）功能区，单击“Shape Name”（形状名称）编辑区，输入“NameTitle Label2”。

5. 将“Label”（文本标签）元件**A_**拖放到工作区坐标（150，860）处，输入“Email:”。在“Widget Interactions and Notes”（元件交互与说明）功能区，单击“Shape Name”（形状名称）编辑区，输入“eMailLabel”。在“Widget Properties and Style”（元件属性与样式）功能区，选中“Style”（样式）标签页，滚动到“Font”（字体）选项，将字号设置为 18。

6. 将“Label”（文本标签）元件**A_**拖放到工作区坐标（230，862）处，输入

“john.smith@test.net”。在“Widget Interactions and Notes”（元件交互与说明）功能区，单击“Shape Name”（形状名称）编辑区，输入“MailToLink”。

7. 为“MailToLink”定义“OnClick”（鼠标单击时）交互。在“Widget Interactions and Notes”（元件交互与说明）功能区，选中“Interactions”（交互）标签页，双击“OnClick”（鼠标单击时），在弹出的用例编辑对话框中执行以下操作：

   1）在“Click to add actions”（添加动作）一栏下，滚动至“Link | Open Link”（链接 | 打开链接），单击“Current Window”（当前窗口）。

   2）在“Configure actions”（配置动作）一栏下，勾选“Link to an external url or file”（连接到 url 或文件），在“Hyperlink”（超链接）输入区，单击**fx**按钮打开“Edit Value”（编辑值）对话框。

   3）在“Insert Variable or Function”（插入变量或函数）下方，输入“mailto: [[LVAR1]]”。

   4）在“Local Variables”（局部变量）下方单击“Add Local Variable”（添加局部变量），在其下方的输入区输入“LVAR1”。

   5）在第一个下拉菜单中，选择“text on widget”（元件文字）。

   6）在第二个下拉菜单中，选择“This”。

   7）单击“OK”（确定）。

   8）单击“OK”（确定）。

这样我们就完成了网页的“Contact”部分。接下来制作网页的“About”部分。完成后的“About”效果如图 5-4 所示。

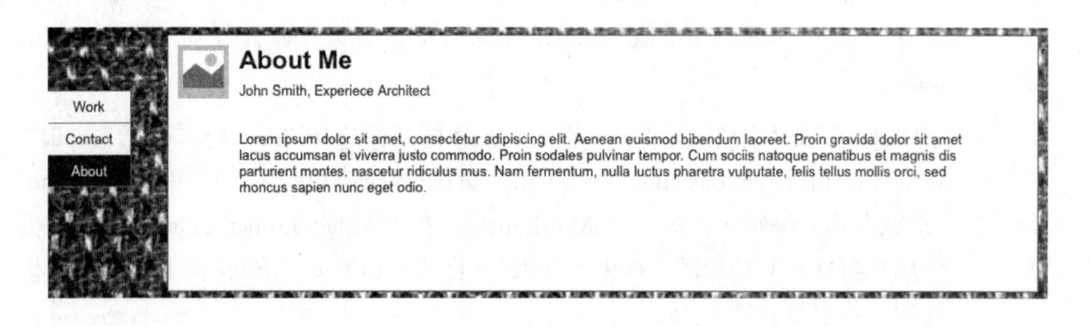

图 5-4

执行以下操作来完成网页的“About”部分：

1. 将“Rectangle”（矩形）元件拖放到工作区坐标（80，1310）处。在工具栏将元件的宽度（w）设为 830，高度（h）设为 240。在“Widget Interactions and Notes”（元件交互与说明）功能区，单击“Shape Name”（形状名称）编辑区，输入“AboutMeRectangle”。

2. 将“Image”（图片）元件拖放到工作区坐标（90，1320）处。在“Widget Interactions and Notes”（元件交互与说明）功能区，单击“Shape Name”（形状名称）编辑区，输入“AboutMeImg”。

3. 将“Heading 2”（二级标题）元件H2拖放到工作区坐标（150，1320）处，输入“About Me”。在“Widget Interactions and Notes”（元件交互与说明）功能区，单击“Shape Name”（形状名称）编辑区，输入“AboutMeHeadline”。在“Widget Properties and Style”（元件属性与样式）功能区，选中“Style”（样式）标签页，滚动到“Font”（字体）选项，将字号设置为 24。

4. 将“Label”（文本标签）元件A_拖放到工作区坐标（150，1355）处，输入“John Smith, Experience Architect”。在“Widget Interactions and Notes”（元件交互与说明）功能区，单击“Shape Name”（形状名称）编辑区，输入“NameTitleLabel3”。

5. 将“Paragraph”（文本段落）元件拖放到工作区坐标（150，1400）处。在工具栏将元件的宽度（w）设为 720，高度（h）设为 60。在“Widget Interactions and Notes”（元件交互与说明）功能区，单击“Shape Name”（形状名称）编辑区，输入“AboutMeCopy”。

这样我们就完成了页面全部三个部分的内容创建。现在我们来置入左侧导航和添加更多交互。

5.2 添加作品集交互

在默认状态下，第一个菜单项处于选中状态，当用户鼠标移动至其他菜单项时，该菜单项呈现“MouseOver”（鼠标停放时）状态。如果用户单击一个菜单项，该菜单项将变为选中状态，页面跳至相应的页面锚点位置，而其他菜单项则全部变为未选中状态。

我们首先置入左侧导航元素，并为其中每一个菜单项定义交互，再定义页面中的其他交互。执行以下操作：

1. 在“Widgets”(元件)功能区，“Menus and Table”(菜单和表格)分类下，将“Classic Menu—Vertical”(垂直菜单)元件拖拽至工作区坐标(0，0)处。在工具栏将元件的宽度(w)设为80，高度(h)设为90。在“Widget Interactions and Notes”(元件交互与说明)功能区，单击“Shape Name”(形状名称)编辑区，输入“LeftNav”。右键单击位于坐标(0，0)处的“LeftNav”元件灰色线框部分，选择“Interaction Styles...”(交互样式)。

> **提示：**
> 要调起“LeftNav”元件的菜单，可以将鼠标在灰色线框处悬停，直到光标变成四向箭头。当四向箭头出现时，右键单击鼠标。

2. 在“Set Interaction Styles”(设置交互样式)对话框中执行以下操作：

   1)选择“MouseOver”(鼠标悬停)选项卡。勾选“Fill Color”(填充颜色)。单击填充颜色图标旁边的向下箭头，在色值输入区输入F2F2F2。关闭下拉菜单。

   2)选择“Selected”(选中)选项卡。

   3)勾选“Font Color”(字体颜色)(原文中为“Fill Color”(填充颜色)，应为笔误——译者注)。单击字体颜色图标旁边的向下箭头，在色值输入区输入FFFFFF。关闭下拉菜单。

   4)勾选“Fill Color”(填充颜色)。单击填充颜色图标旁边的向下箭头，在色值输入区输入333333。关闭下拉菜单。

   5)单击“OK”(确定)。

3. 右键单击位于坐标(0，0)处的“LeftNav”元件灰色线框部分，选择“Convert to Dynamic Panel”(转换为动态面板)。

4. 在“Widget Properties and Style”(元件属性与样式)功能区，选中“Properties”(属性)标签页，单击“Pin to Browser”(固定到浏览器)，在弹出的“Pin to Browser”(固定到浏览器)对话框中，勾选“Pin to browser window”(固定到浏览器窗口)。在“Horizontal Pin”(水平固定)下方，勾选“Left”(左)。在“Vertical Pin”(垂直固定)下方，勾选“Middle”(居中)。勾选“Keep in front (browser only)”(始终保持顶层(仅限浏览器中))下方。

5. 在“Widget Manager”（元件管理）功能区，两次单击未命名的动态面板图标旁边的文字，将其重命名为“LeftNavDP”。

6. 在“Widget Manager”（元件管理）功能区，“LeftNavDP”动态面板的下方，双击“State1”状态旁边的图标，将其在工作区打开。

7. 单击第一个菜单项，输入“Work”。在“Widget Interactions and Notes”（元件交互与说明）功能区，选中“Interactions”（交互）标签页，双击“OnClick”（鼠标单击时），打开用例编辑对话框。

8. 现在我们来创建第一个动作，滚动到元件。执行以下操作：

   1）在“Click to add actions”（添加动作）一栏下，滚动至“Link”（链接），单击“Scroll to Widget (Anchor Link)”（滚动到元件（锚链接））。

   2）在“Configure actions”（配置动作）一栏下，勾选“MyWorkAnchor”。

9. 创建第二个动作，将“WorkMenuItem”的选中状态设置为“True”。执行以下操作：

   1）在“Click to add actions”（添加动作）一栏下，滚动至“Widgets”（元件），在“Set Selected/Checked”（设置选中）下拉菜单中单击“Selected”（选中）。

   2）在“Configure actions”（配置动作）一栏下，勾选“WorkMenuItem”。

   3）在“Set selected state to”（设置选中状态为），第一个下拉菜单勾选“value”（值），第二个下拉菜单勾选“true”。

10. 创建第三个动作，将“ContactMenuItem”和“AboutMeMenuItem”的选中状态设置为“False”。执行以下操作：

   1）在“Click to add actions”（添加动作）一栏下，滚动至“Widgets”（元件），在“Set Selected/Checked”（设置选中）下拉菜单中单击“Selected”（选中）。

   2）在“Configure actions”（配置动作）一栏下，勾选“ContactMenuItem”。

   3）在“Set selected state to”（设置选中状态为），第一个下拉菜单勾选“value”（值），第二个下拉菜单勾选“false”。

   4）在“Configure actions”（配置动作）一栏下，勾选“AboutMeMenuItem”。

   5）在“Set selected state to”（设置选中状态为），第一个下拉菜单勾选“value”（值），第二个下拉菜单勾选“false”。

6）单击“OK”（确定）。

11. 单击第二个菜单项，输入“Contact”。在“Widget Interactions and Notes”（元件交互与说明）功能区，在“Menu Item Name”（菜单项名称）输入区“ContactMenuItem”。输入在“Widget Interactions and Notes”（元件交互与说明）功能区，选中“Interactions”（交互）标签页，双击“OnClick”（鼠标单击时），打开用例编辑对话框。

12. 为这个菜单项创建第一个动作“Scroll to Widget”（滚动至元件）。执行以下操作：

    1）在“Click to add actions”（添加动作）一栏下，滚动至“Link”（链接），单击“Scroll to Widget (Anchor Link)”（滚动至元件（锚链接））。

    2）在“Configure actions”（配置动作）一栏下，勾选“ContactAnchor”。

13. 创建第二个动作，将“ContactMenuItem”的选中状态设置为“True”。执行以下操作：

    1）在“Click to add actions”（添加动作）一栏下，滚动至“Widgets”（元件），在“Set Selected/Checked”（设置选中）下拉菜单中单击“Selected”（选中）。

    2）在“Configure actions”（配置动作）一栏下，勾选“ContactMenuItem”。

    3）在“Set selected state to”（设置选中状态为），第一个下拉菜单勾选“value”（值），第二个下拉菜单勾选“true”。

14. 创建第三个动作，将“WorkMenuItem”和“AboutMenuItem”的选中状态设置为“False”。执行以下操作：

    1）在“Click to add actions”（添加动作）一栏下，滚动至“Widgets”（元件），在“Set Selected/Checked”（设置选中）下拉菜单中单击“Selected”（选中）。

    2）在“Configure actions”（配置动作）一栏下，勾选“WorkMenuItem”。

    3）在“Set selected state to”（设置选中状态为），第一个下拉菜单勾选“value”（值），第二个下拉菜单勾选“false”。

    4）在“Configure actions”（配置动作）一栏下，勾选“AboutMenuItem”。

    5）在“Set selected state to”（设置选中状态为），第一个下拉菜单勾选“value”（值），第二个下拉菜单勾选“false”。

    6）单击“OK”（确定）。

15. 单击第三个菜单项，输入“About”。在“Widget Interactions and Notes”（元件交互与说明）功能区，在“Menu Item Name”（菜单项名称）输入区“AboutMenuItem”。输入在“Widget Interactions and Notes”（元件交互与说明）功能区，选中“Interactions”（交互）标签页，双击“OnClick”（鼠标单击时），打开用例编辑对话框。

16. 创建第一个动作“Scroll to Widget”（滚动至元件）。执行以下操作：

 1）在“Click to add actions”（添加动作）一栏下，滚动至“Link”（链接），单击“Scroll to Widget (Anchor Link)”（滚动至元件（锚链接））。

 2）在“Configure actions”（配置动作）一栏下，勾选“AboutAnchor”。

17. 创建第二个动作，将“AboutMenuItem”的选中状态设置为“True”。执行以下操作：

 1）在“Click to add actions”（添加动作）一栏下，滚动至“Widgets”（元件），在“Set Selected/Checked”（设置选中）下拉菜单中单击“Selected”（选中）。

 2）在“Configure actions”（配置动作）一栏下，勾选“AboutMenuItem”。

 3）在“Set selected state to”（设置选中状态为），第一个下拉菜单勾选“value”（值），第二个下拉菜单勾选“true”。

18. 创建第三个动作，将“WorkMenuItem”和“ContactMenuItem”的选中状态设置为“False”。执行以下操作：

 1）在“Click to add actions”（添加动作）一栏下，滚动至“Widgets”（元件），在“Set Selected/Checked”（设置选中）下拉菜单中单击“Selected”（选中）。

 2）在“Configure actions”（配置动作）一栏下，勾选“WorkMenuItem”。

 3）在“Set selected state to”（设置选中状态为），第一个下拉菜单勾选“value”（值），第二个下拉菜单勾选“false”。

 4）在“Configure actions”（配置动作）一栏下，勾选“ContactMenuItem”。

 5）在“Set selected state to”（设置选中状态为），第一个下拉菜单勾选“value”（值），第二个下拉菜单勾选“false”。

 6）单击“OK”（确定）。

这样我们就完成了作品集交互，接下来我们将定义其他需要的页面交互。

提示：

在 Axure 中，有不同的方式来完成同一任务。比如上面这个例子，我们使用了“Classic Menu—Vertical”（垂直菜单）来制作左侧导航，而为了达到所需要的交互效果，针对每一个菜单项的“OnClick”（鼠标单击时）事件，我们都需要将被单击的菜单项的选中状态设置为“true”，再将其他菜单项的选中状态设置为“false”。当有很多个菜单项时，这种全手动的方法是很繁琐的。另一个完成这个设计的方法是使用“Rectangle”（矩形）元件来制作左侧导航，然后在“Widget Properties and Style”（元件属性与样式）功能区选中“Properties”（属性）标签页，创建一个“selection group”（选项组），这样之后我们可以把任意新的矩形元件放进这个“selection group”（选项组），Axure 将会帮你为这些组内的元件自动设置选中状态。

访问链接 http://www.axure.com/learn/dynamic-panels/basic/tab-control-tutorial 可以了解更多相关知识。

5.3 定义页面交互

我们的作品集页面将有“OnPageLoad”（页面载入时）和“OnWindow Scroll”（窗口滚动时）两个交互事件。“OnPageLoad”（页面载入时）事件会将默认的菜单项设为选中状态（也就是“WorkMenuItem”）。“OnWindowScroll”（窗口滚动时）事件将控制“BackgroundDP”上的视差滚动效果，并更新“LeftNavDP”上菜单项的选中状态。下面我们首先定义“OnPageLoad”（页面载入时）事件的用例，再定义“OnWindowScroll”（窗口滚动时）事件的用例。

5.3.1 定义“OnPageLoad”（页面载入时）事件

在“Sitemap”（站点地图）中双击“Home”页面旁边的按钮，将其在工作区打开。我们来创建“OnPageLoad”（页面载入时）事件。在工作区下方的“Page Properties”（页面属性）功能区，单击“Page Interactions”标签页，单击“Add Case”（添加用例），弹出用例编辑对话框。在“Case description”（用例描述）输入区，输入“Set Selected Default Left Nav Item”。

现在我们来创建动作，将“WorkMenuItem”的选中状态设置为“True”。执行以下操作：

1. 在“Click to add actions”（添加动作）一栏下，滚动至“Widgets”（元件），在“Set Selected/Checked”（设置选中）下拉菜单中单击“Selected”（选中）。
2. 在“Configure actions”（配置动作）一栏下，勾选“WorkMenuItem”。
3. 在“Set selected state to”（设置选中状态为），第一个下拉菜单勾选“value”（值），第二个下拉菜单勾选“true”。
4. 单击“OK”（确定）。

这样我们就完成了“OnPageLoad”（页面载入时）事件的定义。接下来将创建“OnWindowScroll”（窗口滚动时）事件。

5.3.2 定义“OnWindowScroll”（窗口滚动时）事件

我们现在来为“OnWindowScroll”（窗口滚动时）事件定义“WindowScrolled”用例。“WindowScrolled”用例将控制页面的视差滚动效果以及移动“BackgroundDP”。

1. 定义“WindowScrolled”用例

在“Page Properties”（页面属性）功能区，单击“Page Interactions”标签页，双击“OnWindowScroll”（窗口滚动时），弹出用例编辑对话框。在“Case description”（用例描述）输入区，输入“WindowScrolled”。

创建移动“BackgroundDP”的动作。执行以下操作：

1. 在“Click to add actions”（添加动作）一栏下，滚动至“Widgets”（元件），单击“Move”（移动）。
2. 在“Configure actions”（配置动作）一栏下，勾选“BackgroundDP”。
3. 点开“Move”（移动）旁边的下拉菜单，单击“to”（到绝对位置）。
4. 在“y”值输入区输入“-[[Window.scrollY / 1.5]]”。
5. 单击“OK”（确定）。

这样我们就完成了“WindowScrolled”用例的定义。接下来我们将完成“OnWindow Scroll”（窗口滚动时）事件的其他用例。

提示：

除数控制“BackgroundDP”滚动的速度。增加这个常数可以增加滚动效果。

2．继续完成“OnWindowScroll”（窗口滚动时）事件的其他用例

针对“OnWindowScroll”（窗口滚动时）事件，我们还有三个用例需要定义。这些用例的简要描述如表 5-3 所列。

表 5-3

“OnWindowScroll”（窗口滚动时）用例	描述
WindowScroll Y < 400	“WorkMenuItem”的选中状态设置为“true”，“ContactMenuItem”和“AboutMenuItem”的选中状态设置为“false”
WindowScroll Y > 400	“ContactMenuItem”的选中状态设置为“true”，“WorkMenuItem”和“AboutMenuItem”的选中状态设置为“false”
WindowScroll Y > 800	“AboutMenuItem”的选中状态设置为“true”，“WorkMenuItem”和“ContactMenuItem”的选中状态设置为“false”

现在我们来定义“WindowScroll Y < 400”用例。

3．定义“WindowScroll Y < 400”用例

在“Page Properties”（页面属性）功能区，单击“Page Interactions”标签页，双击“OnWindowScroll”（窗口滚动时），弹出用例编辑对话框。在“Case description”（用例描述）输入区，输入“WindowScroll Y < 400”。在用例编辑对话框中执行以下操作：

1．添加第一个条件。单击“Add Condition”（添加条件）按钮，在弹出的“Condition Builder”（条件设立）对话框中，执行以下操作：

1）在第一个下拉菜单中，选择“value”（值）。

2）在第二个下拉菜单中，选择“[[Windows.scrollY]]”。

3）在第三个下拉菜单中，选择“is greater than”（>=）。

4）在第四个下拉菜单中，选择“value”（值）。

5）在输入区输入“0”。

2．添加第二个条件。单击绿色+按钮，在“Condition Builder”（条件设立）对话框中，执行以下操作：

1）在第一个下拉菜单中，选择“value”（值）。

2）在第二个下拉菜单中，选择“[[Windows.scrollY]]”。

3）在第三个下拉菜单中，选择“is less than”（<=）。

4）在第四个下拉菜单中，选择“value”（值）。

5）在输入区输入“400”。

6）单击“OK”（确定）。

3．创建第一个动作，将“WorkMenuItem”的选中状态设置为“True”。执行以下操作：

1）在“Click to add actions”（添加动作）一栏下，滚动至“Widgets”（元件），在“Set Selected/Checked”（设置选中）下拉菜单中单击“Selected”（选中）。

2）在“Configure actions”（配置动作）一栏下，勾选“WorkMenuItem”。

3）在“Set selected state to”（设置选中状态为），第一个下拉菜单勾选“value”（值），第二个下拉菜单勾选“true”。

4．创建第二个动作，将“ContactMenuItem”和“AboutMenuItem”的选中状态设置为“False”。执行以下操作：

1）在“Click to add actions”（添加动作）一栏下，滚动至“Widgets”（元件），在“Set Selected/Checked”（设置选中）下拉菜单中单击“Selected”（选中）。

2）在“Configure actions”（配置动作）一栏下，勾选“ContactMenuItem”。

3）在“Set selected state to”（设置选中状态为），第一个下拉菜单勾选“value”（值），第二个下拉菜单勾选“false”。

4）在“Configure actions”（配置动作）一栏下，勾选“AboutMenuItem”。

5）在“Set selected state to”（设置选中状态为），第一个下拉菜单勾选“value”（值），第二个下拉菜单勾选“false”。

6）单击“OK”（确定）。

在“OnWindowScroll”（窗口滚动时）事件，右键单击“WindowScroll Y < 400”用例，

选择“Toggle IF/ELSE IF”（切换为<If>或<Else If>）。

这样我们就完成了“WindowScroll Y < 400”用例。接下来将定义“WindowScroll Y > 400”用例。

4．定义“WindowScroll Y > 400 & Y< 800”用例

在“Page Properties”（页面属性）功能区，单击“Page Interactions”选项卡，双击“OnWindowScroll”（窗口滚动时），弹出用例编辑对话框。在“Case description”（用例描述）输入区，输入“WindowScroll Y > 400 & Y < 800”。在用例编辑对话框中执行以下操作：

1．添加第一个条件。单击“Add Condition”（添加条件）按钮，在弹出的“Condition Builder”（条件设立）对话框中，执行以下操作：

1）在第一个下拉菜单中，选择“value”（值）。

2）在第二个下拉菜单中，选择“[[Windows.scrollY]]”。

3）在第三个下拉菜单中，选择“is greater than”（>=）。

4）在第四个下拉菜单中，选择“value”（值）。

5）在输入区输入“400”。

2．添加第二个条件。单击绿色+按钮，在“Condition Builder”（条件设立）对话框中，执行以下操作：

1）在第一个下拉菜单中，选择“value”（值）。

2）在第二个下拉菜单中，选择“[[Windows.scrollY]]”。

3）在第三个下拉菜单中，选择“is less than”（<=）。

4）在第四个下拉菜单中，选择“value”（值）。

5）在输入区输入“800”。

6）单击“OK”（确定）。

3．创建第一个动作，将“ContactMenuItem”的选中状态设置为“True”。执行以下操作：

1）在“Click to add actions”（添加动作）一栏下，滚动至“Widgets”（元件），在“Set Selected/Checked”（设置选中）下拉菜单中单击“Selected”（选中）。

2）在“Configure actions”（配置动作）一栏下，勾选“ContactMenuItem”。

3）在“Set selected state to”（设置选中状态为），第一个下拉菜单勾选“value”（值），第二个下拉菜单勾选“true”。

4. 创建第二个动作，将“WorkMenuItem”和“AboutMenuItem”的选中状态设置为“False”。执行以下操作：

1）在“Click to add actions”（添加动作）一栏下，滚动至“Widgets”（元件），在“Set Selected/Checked”（设置选中）下拉菜单中单击“Selected”（选中）。

2）在“Configure actions”（配置动作）一栏下，勾选“WorkMenuItem”。

3）在“Set selected state to”（设置选中状态为），第一个下拉菜单勾选“value”（值），第二个下拉菜单勾选“false”。

4）在“Configure actions”（配置动作）一栏下，勾选“AboutMenuItem”。

5）在“Set selected state to”（设置选中状态为），第一个下拉菜单勾选“value”（值），第二个下拉菜单勾选“false”。

6）单击“OK”（确定）。

这样我们就完成了“WindowScroll Y > 400”用例。接下来将定义“WindowScroll Y >800”用例。

5. 定义“WindowScroll Y >800”用例

在“Page Properties”（页面属性）功能区，单击“Page Interactions”标签页，双击“OnWindowScroll”（窗口滚动时），弹出用例编辑对话框。在“Case description”（用例描述）输入区，输入“WindowScroll Y > 800”。在用例编辑对话框中执行以下操作：

1. 添加条件。单击“Add Condition”（添加条件）按钮，在弹出的“Condition Builder”（条件设立）对话框中，执行以下操作：

1）在第一个下拉菜单中，选择“value”（值）。

2）在第二个下拉菜单中，选择“[[Windows.scrollY]]”。

3）在第三个下拉菜单中，选择“is greater than”（>=）。

4）在第四个下拉菜单中，选择“value”（值）。

5）在输入区，输入“800”。

2. 创建第一个动作，将“AboutMenuItem”的选中状态设置为“True”。执行以下操作：

1）在“Click to add actions”（添加动作）一栏下，滚动至“Widgets”（元件），在“Set Selected/Checked”（设置选中）下拉菜单中单击“Selected”（<=）。

2）在“Configure actions”（配置动作）一栏下，勾选“AboutMenuItem”。

3）在“Set selected state to”（设置选中状态为），第一个下拉菜单勾选“value”（值），第二个下拉菜单勾选“true”。

3. 创建第二个动作，将“WorkMenuItem”和“ContactMeMenuItem”的选中状态设置为“False”。执行以下操作：

1）在“Click to add actions”（添加动作）一栏下，滚动至“Widgets”（元件），在“Set Selected/Checked”（设置选中）下拉菜单中单击“Selected”（选中）。

2）在“Configure actions”（配置动作）一栏下，勾选“WorkMenuItem”。

3）在“Set selected state to”（设置选中状态为），第一个下拉菜单勾选“value”（值），第二个下拉菜单勾选“false”。

4）在“Configure actions”（配置动作）一栏下，勾选“ContactMenuItem”。

5）在“Set selected state to”（设置选中状态为），第一个下拉菜单勾选“value”（值），第二个下拉菜单勾选“false”。

6）单击“OK”（确定）。

到此，我们就完成了具有视差滚动效果的作品集网站。

5.4 小结

在这一章中，我们创建了一个具有视差滚动效果的作品集网站，该网站还有一个左侧导航。当用户垂直滚动到设定好的点时，左侧导航的状态将进行相应更新，体现用户目前所在的位置。单击左侧导航中的菜单项，则会让页面定位到相应的锚点。我们还有一个“OnWindowScroll”（窗口滚动时）事件来控制页面 y 方向滚动时的视差滚动效果。

下一章我们将探讨如何创建一个电子手册。

第 6 章
创建电子手册

随着数字媒体迅速地融入人们的生活，各种传统媒介的形式都在面临着改变。营销人员曾经离不开印刷小册子，但今天他们还会需要线上的版本。翻页效果为传统的印刷小册子和它们的电子替代品之间建立起内在的关联。

我们将利用 Axure，一个开源的翻页效果工具 jPageFlipper，和 AxShare plugin 来创建一个虚拟旅游网站。

提示：
jPageFlipper 的开发者是 Ivan Suhinin，它是一个 MIT 许可协议下的免费软件。访问链接 https://jpageflipper.codeplex.com/可以了解更多相关信息。
AxShare 是 Axure 的云托管服务。你可以使用它免费托管最多 1000 个原型。访问链接 http://share.axure.com 可以了解更多相关信息。

图 6-1 是用户使用我们的电子手册翻页时将看到的效果。

图 6-1

在本章中，我们将学到：

- 创建电子手册的页面
  - 使用 Axure 设计电子手册的页面内容
  - 将页面转换为图片
- 创建翻页效果的 AxShare plugin

6.1 创建电子手册的页面

为了让开源翻页效果软件能正常工作，我们需要在电子手册的页面创建一个“FlipperDP”动态面板。当原型设计完成后，我们将创建一个 AxShare plugin，该 plugin 引用“FlipperDP”动态面板，并使 jPageFlipper 的代码能在我们的原型中运行。

执行以下操作来完成电子手册的页面：

1. 在站点地图中，双击“ebrochure”页面，将其在工作区打开。
2. 在“Widgets”（元件）功能区，将“Dynamic Panel”（动态面板）元件拖放到工作区坐标（0，0）处。在工具栏修改“w”值为 1200，“h”值为 875。在“Widget Interactions and Notes”（元件交互与说明）功能区，单击“Dynamic Panel Name”（动态面板名称）编辑区，输入“FlipperDP”。

我们接下来设计电子手册的页面内容。

使用 Axure 设计电子手册页面内容

我们从使用 Axure 元件和导入的图片来组合不同的页面内容开始。电子手册中的每一页之后都需要被转换成 jPageFlipper 默认尺寸（500×375px）的图片。我们的电子手册将由表 6-1 所列六个页面组成。

表 6-1

页面	描述
Cover（封面）	使用标准 Axure 元件
Page 1	使用标准 Axure 元件
Page 2	使用标准 Axure 元件和导入的图片

续表

页面	描述
Page 3 – 左半张图片	使用标准 Axure 元件和和一张横跨两页的全景图片
Page 4 – 右半张图片	
Back（封底）	使用标准 Axure 元件

1. 设计封面

执行以下操作来为我们的电子手册设计封面：

1. 新建一个 Axure 文件，在站点地图中新建以下页面：
   - ebrochure
   - cover
   - page1
   - page2
   - page3
   - page4
   - back
   - snapshots
2. 在站点地图中，双击“cover”页面，将其在工作区打开。
3. 在“Widget”（元件）功能区，将“Rectangle”（矩形）元件拖放到工作区坐标（0，0）处。
4. 输入“Tropical Travel”，在工具栏将元件的宽度（w）设为 500，高度（h）设为 375。
5. 在“Widget Properties and Style”（元件属性与样式）功能区，选中“Style”（样式）标签页，滚动到“Font”（字体）选项，并执行以下操作：

   1）打开“typeface”下拉菜单，选择“Bold”。将字号设置为 32。

   2）单击字体颜色按钮旁边的向下箭头A▾。在下拉菜单中，在“#”旁边的输入区输入 333333。

6. 在“Widget Properties and Style”（元件属性与样式）功能区，选中“Style”（样式）标签页，滚动至“Borders，Lines+Fills”（边框+线型+填充），执行以下操作：

   1）单击线段颜色按钮旁边的向下箭头。在下拉菜单中，在“#”旁边的输入区输入 797979。

   2）单击填充颜色按钮旁边的向下箭头。在下拉菜单中，在“#”旁边的输入区输入 A6DDF2。

7. 在“Widget Properties and Style”（元件属性与样式）功能区，选中“Style”（样式）标签页，滚动至“Alignment + Padding”（对齐 | 边距），单击水平居中对齐和垂直居中对齐两个图标。

8. 参照表 6-2 列出的参数，重复步骤 3 来完成封面的设计（标有*号的项目表示不是每行都有此参数）。

表 6-2

元件	坐标	文本* （将在元件上显示）	宽（w）	高（h）
Image（图片）	（10，7）	Image 1	230	160
Image（图片）	（260，7）	Image 2	230	160
Image（图片）	（10，207）	Image 3	230	160
Image（图片）	（260，207）	Image 4	230	160

这样我们就完成了封面的设计。接下来设计 page1。

2. 设计 page1

执行以下操作来设计 page1：

1. 在站点地图中，双击“page1”页面，将其在工作区打开。

2. 在“Widget”（元件）功能区，将“Rectangle”（矩形）元件拖放到工作区坐标（0，0）处。

3. 在工具栏将元件的宽度（w）设为 500，高度（h）设为 375。

4. 在“Widget Properties and Style”（元件属性与样式）功能区，选中“Style”（样式）标签页，滚动到“Font”（字体）选项，并执行以下操作：

1）打开“typeface”下拉菜单，选择“Bold”。将字号设置为 32。

2）单击字体颜色按钮旁边的向下箭头。在下拉菜单中，在“#”旁边的输入区输入 333333。

5. 在“Widget Properties and Style”（元件属性与样式）功能区，选中“Style”（样式）标签页，滚动至“Borders，Lines+Fills”（边框+线型+填充），执行以下操作：

1）单击线段颜色按钮旁边的向下箭头。在下拉菜单中，在“#”旁边的输入区输入 797979。

2）单击填充颜色按钮旁边的向下箭头。在下拉菜单中，在“#”旁边的输入区输入 A6DDF2。

6. 在“Widget Properties and Style”（元件属性与样式）功能区，选中“Style”（样式）标签页，滚动至“Alignment + Padding”（对齐 | 边距），执行以下操作：

1）单击左对齐和顶对齐两个图片。

2）将“padding”（边距）的 T 值设置为 20。

7. 在“Widgets”（元件）功能区将“Paragraph”（文本段落）元件拖放到工作区坐标（20，65）处。在工具栏将元件的宽度（w）设为 154，高度（h）设为 255。调整段落中的文本使其符合“Page1Background”的尺寸。

8. 在“Widgets”（元件）功能区将“Placeholder”（占位符）元件拖放到工作区坐标（220，70）处。在工具栏将元件的宽度（w）设为 230，高度（h）设为 245。

这样我们就完成了 page1 的设计。接下来设计 page2。

3. 设计 page2

执行以下操作来设计 page2：

1. 在站点地图中，双击“page2”页面，将其在工作区打开。

2. 在“Widget”（元件）功能区，将“Image”（图片）元件拖放到工作区坐标（0，0）处。

3. 在工具栏将元件的宽度（w）设为 500，高度（h）设为 375。

4. 在“Widget”（元件）功能区，将“Rectangle”（矩形）元件拖放到工作区坐标（320，10）处。

提示：

如果你希望导入一张尺寸为 500 × 375 的外部图片，双击位于坐标（0，0）处的“Image”（图片）元件，选择你希望使用的图片。

5. 在工具栏将元件的宽度（w）设为 170，高度（h）设为 120。
6. 在“Widget Properties and Style”（元件属性与样式）功能区，选中“Style”（样式）标签页，滚动至“Borders，Lines+Fills”（边框+线型+填充），执行以下操作：
   1）单击线段颜色按钮旁边的向下箭头。在下拉菜单中，在“#”旁边的输入区输入 797979。
   2）单击填充颜色按钮旁边的向下箭头。在下拉菜单中，在“#”旁边的输入区输入 FFFFFF。
7. 在“Widgets”（元件）功能区将“Heading 1”（一级标题）元件拖放到工作区坐标（328，10）处。
8. 在“Widgets”（元件）功能区将“Paragraph”（文本段落）元件拖放到工作区坐标（328，50）处。在工具栏将元件的宽度（w）设为 154，高度（h）设为 75。调整段落中的文本使其符合“HeroBackground”的尺寸。

这样我们就完成了 page2 的设计。接下来设计 page3，page3 包含一张全景图片的左半部分。

4．设计 page3，使用全景图片的左半部分

选择一张全景图片，将其尺寸裁剪为 1000×375，然后将其切成分别为 500×375 的两张图片。在 page3 中我们将用到左半部分的图片。执行以下操作：

1. 在站点地图中，双击“page3”页面，将其在工作区打开。
2. 在“Widget”（元件）功能区，将“Image”（图片）元件拖放到工作区坐标（0，0）处。右键单击元件，选择“Import Image…”（导入图片），选择裁剪好的全景图片的左半部分。
3. 在“Widget”（元件）功能区，将“Rectangle”（矩形）元件拖放到工作区坐标（10，10）处。

4．在工具栏将元件的宽度（w）设为 390，高度（h）设为 80。

5．在“Widget Properties and Style”（元件属性与样式）功能区，选中“Style”（样式）标签页，滚动至“Borders，Lines+Fills”（边框+线型+填充），执行以下操作：

1）单击线段颜色按钮旁边的向下箭头。在下拉菜单中，在“#”旁边的输入区输入 797979。

2）单击填充颜色按钮旁边的向下箭头。在下拉菜单中，在“#”旁边的输入区输入 FFFFFF。

3）将“Opacity”（不透明度）设置为 70。

6．在“Widgets”（元件）功能区将“Heading 1”（一级标题）元件H1拖放到工作区坐标（20，15）处，输入“J Your Private Getaway!”。

7．在“Widgets”（元件）功能区将“Paragraph”（文本段落）元件拖放到工作区坐标（57，55）处。在工具栏将元件的宽度（w）设为 340，高度（h）设为 30。调整段落中的文本使其符合“HeroBackground”的尺寸（两行文字）。

这样我们就完成了 page3 的设计。接下来设计 page4，page4 包含这张全景图片的右半部分。

5．设计 page4，使用全景图片的右半部分

在 page4 中我们将用到全景图片的右半部分。执行以下操作：

1．在站点地图中，双击“page4”页面，将其在工作区打开。

2．在“Widget”（元件）功能区，将“Image”（图片）元件拖放到工作区坐标（0，0）处。右键单击元件，选择“Import Image...”（导入图片），选择裁剪好的全景图片的右半部分。

这样我们就完成了 page4。现在我们设计封底。

6．设计封底

执行以下操作来为我们的电子手册设计封底：

1．在站点地图中，双击“back”页面，将其在工作区打开。

2．在“Widget”（元件）功能区，将“Rectangle”（矩形）元件拖放到工作区坐标（0，0）处。

3. 输入“Tropical Travel”，在工具栏将元件的宽度（w）设为500，高度（h）设为375。

4. 在“Widget Properties and Style”（元件属性与样式）功能区，选中“Style”（样式）标签页，滚动到“Font”（字体）选项，并执行以下操作：

   1）打开“typeface”下拉菜单，选择“Bold”。将字号设置为32。

   2）单击字体颜色按钮旁边的向下箭头 A ▾。在下拉菜单中，在“#”旁边的输入区输入333333。

5. 在“Widget Properties and Style”（元件属性与样式）功能区，选中“Style”（样式）标签页，滚动至“Borders，Lines+Fills”（边框+线型+填充），执行以下操作：

   1）单击线段颜色按钮旁边的向下箭头 ▾。在下拉菜单中，在“#”旁边的输入区输入797979。

   2）单击填充颜色按钮旁边的向下箭头 ▾。在下拉菜单中，在“#”旁边的输入区输入A6DDF2。

6. 在“Widget Properties and Style”（元件属性与样式）功能区，选中“Style”（样式）标签页，滚动至“Alignment + Padding”（对齐 | 边距），单击水平居中对齐和垂直居中对齐两个图标。

7. 参照表6-3列出的参数，重复步骤2来完成封面的设计（标有*号的项目表示不是每行都有此参数）。

表6-3

元件	坐标	文本*（将在元件上显示）	宽（w）	高（h）
H2 Heading 2（二级标题）	（128，183）	100 Relaxation Way Hometown，NE 68001	236	56
A_ Label（文本标签）	（128，249）	(888) 555-1212 email@test.net	195	15

这样我们就完成了电子手册中所有主要页面的设计。接下来我们为AxShare创建jPageFlipper plugin。

6.2 将页面转换为图片

jPageFlipper 作为一个开源的服务，支持外部图像文件。也就是说，我们需要把设计好的六个页面分别转换为图片。页面转换为图片之后，我们还需要让 Axure 原型能访问这些图片。

要达到这一目的，我们需要将图片上传至无限制的云端文件共享服务 Dropbox。你可以到网址 https://www.dropbox.com 注册一个免费账户。

提示：

将图片文件上传后，你会看到一个共享链接。单击文件旁边的“share link”（共享链接）可以得到这个链接。你可以通过将这个 url 的前面部分修改为“dl.dropbox.com”并删除链接的后面部分来得到一个到达该文件的直接链接。例如，将 https://www.dropbox.com/s/1tsov5ag1nscvo2/back. png?dl=0 修改为 https://dl.dropboxusercontent.com/s/1tsov5ag1nscvo2/back.png。

现在我们来把原型中的每一个页面转换为图片。保持 Axure 文件打开，在主工具栏找到“File | Export All Pages to Image”（文件 | 导出所有页面为图片），将图片保存至一个临时文件夹。登录你的 Dropbox 账号，将以下图片存进去：

- cover.png
- page1.png
- page2.png
- page3.png
- page4.png
- page5.png
- back.png

从 https://jpageflipper.codeplex.com/releases/view/45532 下载 jPageFlipper0.9，将其也保存到你的 Dropbox。复制所有图片文件和以下 jPageFlipper 文件的共享链接：

- jpageflipper/style.css

- jpageflipper/lib/jquery-1.4.2.min.js
- jpageflipper/lib/jquery-1.4.1-vsdoc.js
- jpageflipper/javascripts/jquery.pageFlipper.js

有了以上信息，你就可以将原型发布至 AxShare 并添加 jPageFlipper plugin 了。

6.3 创建翻页效果 AxShare plugin

我们首先将原型发布至 AxShare，再创建 jPageFlipper 的 AxShare plugin。AxShare 的 plugin 功能让我们可以将代码片段置入特定的动态面板。

发布至 AxShare

保持我们的原型文件打开，在主工具栏，找到“Publish | Publish to AxShare”（发布 | 发布到 AxShare）。

提示：

如果你只希望发布电子手册的页面，可以在主菜单中执行以下操作：找到 “Publish | Generate HTML Files” (发布 | 生成 HTML 文件)。单击 “Page”（页面）菜单项，取消勾选 “Generate All Pages”（生成所有页面）。勾选 “ebochure”，然后关闭对话框。这样你就可以只发布 “ebochure” 的页面了。

1. 如果你没有账号，单击“Create Account”（创建账号）按钮并完成注册流程。
2. 如果你已有账号，单击“Existing Account”（已有账号）按钮，输入你的 email 和密码。
3. 当你的原型已经发布至 AxShare 时，记下关联的 AxShare ID。
4. 现在我们打开浏览器，访问 https://share.axure.com 并登录。
5. 选择相应的 workspace，找到对应的 AxShare ID，单击项目名称。
6. 项目页面将在浏览器中打开。单击“Plugins”，然后单击“New Plugin”，在“PluginName”输入区，输入“jPageFlipper”。
7. 在“Location”下方，勾选“Inside Dynamic Panels with Name”，然后输入“FlipperDP”。

8．在内容区，输入以下代码（注意用你自己的 Dropbox 链接替换粗体部分）：

```
<div>
      <link rel="stylesheet"
        href="https://dl.dropboxusercontent.com/u/
        7235888/jpageflipper/ style.css"/>
      <ul id="lstImages" class="imagesSource">
        <li>
          <img src="https://dl.dropboxusercontent.com/s/
          syic72bwmu26u0z/cover.png" /></li>
        <li>
          <img src="https://dl.dropboxusercontent.com/s/
          icz2bdpzlxlod49/page1.png" /></li>
        <li>
          <img src="https://dl.dropboxusercontent.com/s/
          qb6q14r90bmrl6w/page2.png" /></li>
        <li>
          <img src="https://dl.dropboxusercontent.com/s/
          4bqr6r7hp9b6q4h/page3.png" /></li>
        <li>
          <img src="https://dl.dropboxusercontent.com/s/
          0wxcm5gzteppq90/page4.png" /></li>
        <li>
          <img src="https://dl.dropboxusercontent.com/s/
          1tsov5ag1nscvo2/back.png" /></li>
        </ul>

        <script type="text/javascript"
          src="https://dl.dropboxusercontent.com/u/
          7235888/jpageflipper/lib/jquery-1.4.2.min.js">
        </script>
          <script type="text/javascript"
          src="https://dl.dropboxusercontent.com/u/
          7235888/jpageflipper/lib/jquery-1.4.1-vsdoc.js">
        </script>
        <script type="text/javascript"
          src="https://dl.dropboxusercontent.com/u/
          7235888/jpageflipper/javascripts/
          jquery.pageFlipper.js">
        </script>
        <script type="text/javascript">
          $(document).ready(function () {
            var isIPad = navigator.userAgent.indexOf
```

```
                ('iPad') >= 0;

            $('#lstImages').pageFlipper({
              fps: isIPad ? 10 : 20,
              easing: isIPad ? 0.3 : 0.2,
              backgroundColor: '#aaaaaa'
            });

            $('.canvasHolder').css
              ('left', (isIPad ? 0 : 130) + 'px');
            $('#mouse').css({
               width: (isIPad ? 40 : 20) + 'px',
            height: (isIPad ? 40 : 20) + 'px',
            '-moz-border-radius':
             (isIPad ? 20 : 10) + 'px',
            '-webkit-border-radius':
             (isIPad ? 20 : 10) + 'px'
            });
          });
        </script>
</div>
```

9. 单击“Save and Close”，在项目页面单击项目链接来查看原型。

6.4 小结

我们使用一个外部 JavaScript 翻页效果工具创建了一个关于旅游的电子手册。我们首先在 Axure 中设计了所有需要的页面并将其生成为图片文件，然后上传这些图片文件以及所需要的 JavaScript 翻页效果相关文件至 Dropbox。我们在 Dropbox 中为这些文件生成了直连链接，然后将原型发布至 AxShare。我们登录 AxShare 并创建了一个 plugin，该 plugin 引用我们准备好的 CSS，JavaScript 以及图片文件。

下一章中，我们将学习制作一个适用于平板电脑和手机的电子杂志。

第 7 章 创建电子杂志

Axure RP 7 的自适应视图功能让我们可以创建特定的节点，以优化不同尺寸的移动设备上的视图。为了深入了解自适应视图的功能，我们来创建一个适用于 iPad 和 iPhone 的电子杂志。我们将用到两种视图：

- Portrait tablet（平板电脑竖屏）（768×任意高度或以下）
- Portrait phone（手机竖屏）（320×任意高度或以下）

我们将基于这样的配置来设计我们的基本视图，目标设备是宽 1024 像素的平板电脑（兼容老版本 iPad）。电子杂志的主页效果如图 7-1 所示。

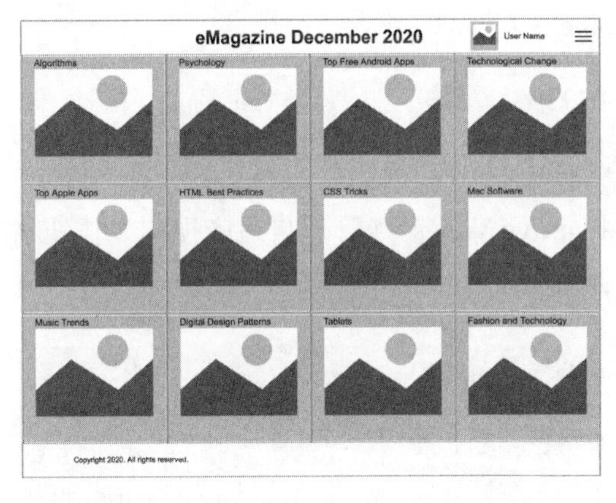

图 7-1

在这一章中，我们将学习到：

- 设计电子杂志
- 创建电子杂志交互

7.1 设计电子杂志

我们的电子杂志将由以下三个页面组成：

- eMagazine Home
- Topic Overview
- Article Detail

我们首先在站点地图中重命名页面，然后配置自适应视图，接下来制作应用于所有页面的页头和页脚。在“Home”页面中，我们将创建一个可以适应我们的每一个目标视口的中继器元件。“Topic Overview”页面将有三个区域来展示主题文章，每一个显示区域分别包含“Image”（图片）、“Heading 2”（二级标题）、“Label”（文本标签）、“Shape”（形状）、“Paragraph”（文本段落）元件。

7.1.1 更新站点地图，配置自适应视图

首先执行以下操作来更新站点地图和配置自适应视图：

1. 新建一个 Axure 文件，将站点地图更新如下：
   - eMagazine Home
   - Topic Overview
   - Article Detail
2. 单击“Manage Adaptive Views”（管理自适应视图）按钮。该按钮位于工作区左上方，如图 7-2 所示。

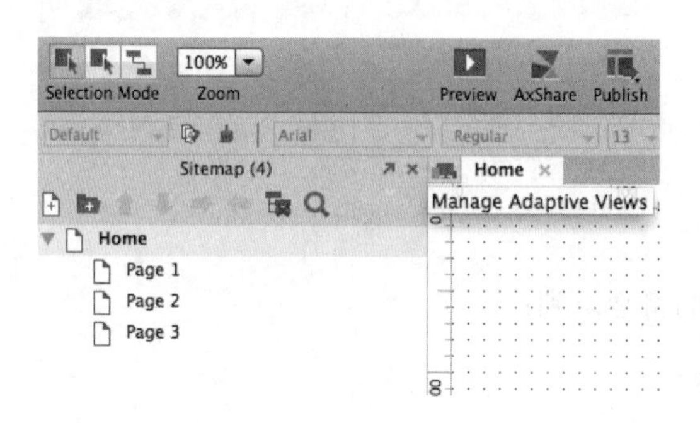

图 7-2

3. 在弹出的“Adaptive Views”（自适应视图）对话框中，单击绿色+按钮，从“Presets”（预设）下拉菜单中，选择“Portrait Tablet”（平板电脑竖屏）。

4. 再次单击绿色+按钮，从“Presets”（预设）下拉菜单中，选择“Portrait Phone”（手机竖屏）。单击“OK”（确定）。完成后，你的“Adaptive Views”（自适应视图）对话框应如图 7-3 所示。

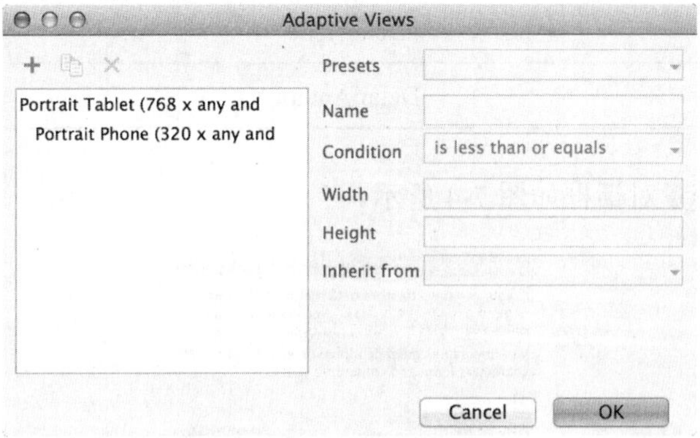

图 7-3

这样更新站点地图和配置自适应视图的部分就完成了。我们接下来将创建全局变量，并设计页头和页脚母版。

7.1.2　创建全局变量

现在我们来创建全局变量。在设计过程中，全局变量的应用能让我们在不同页面间共享数据。在菜单栏选择“Project”（项目）—“Global Variables”（全局变量）。在“Global Variables”（全局变量）对话框中执行以下操作：

1. 单击绿色+按扭，输入“TopicCategory”。“Default Value”（默认值）输入区留空。

2. 重复以上步骤八次，创建其他我们所要用到的全局变量。全局变量名称如表 7-1 所列。

表 7-1

Variable name（变量名称）
HeroTitle
HeroAuthor
Title1

续表

Variable name（变量名称）
Author1
Title2
Author2
DetailTitle
DetailAuthor

完成后的全局变量对话框如图 7-4 所示。

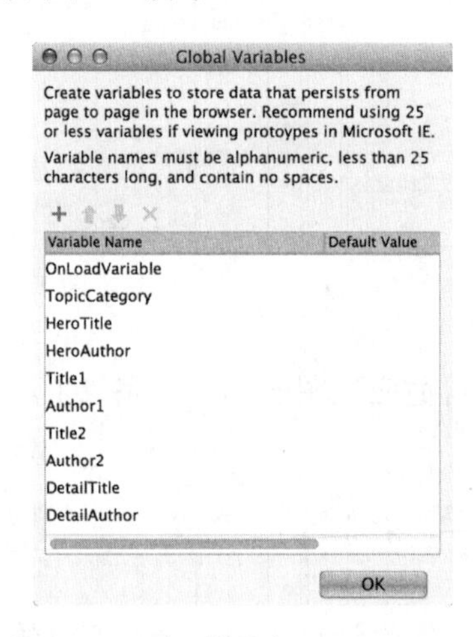

图 7-4

3．单击“OK”（确定）。

创建好所需要的全局变量后，我们接下来就可以设计页头和页脚母版了。让我们从往“Masters”（母版）功能区添加母版开始吧。

7.1.3 往“Masters”（母版）功能区添加母版

执行以下操作来添加母版：

1．在“Masters”（母版）功能区，单击“Add Masters”（添加母版）按钮，输入“Header”然后回车。

2．在“Masters”（母版）功能区，右键单击“Header”（页头）母版旁边的按钮，将鼠标移动到"Drop Behavior"（拖放行为），然后选择"Lock to Master Location"（固定位置）。

3．在"Masters"（母版）功能区，再次单击"Add Masters"（添加母版）按钮，输入"Footer"然后回车。

添加好所有需要的母版之后，我们就可以设计这些母版了。从"Header"（页头）母版开始。

7.1.4　设计页头母版

页头母版将被应用于电子杂志的所有页面。完成后的页头母版如图 7-5 所示。

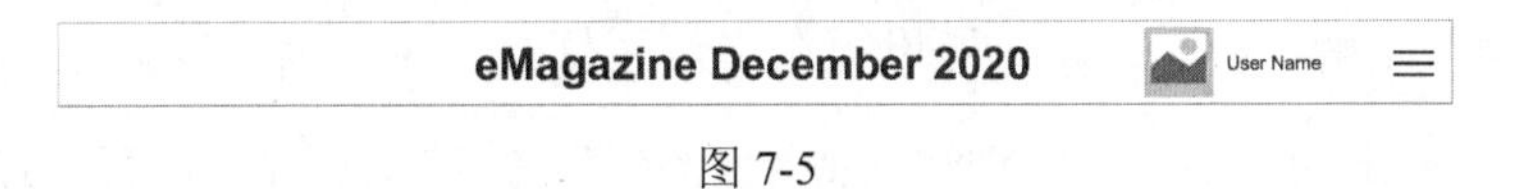

图 7-5

我们首先往母版中添加元件。选中自适应视图的"Base"（基本）视图，执行以下操作：

1．在"Masters"（母版）功能区中，双击"Header"母版旁边的按钮，将其在工作区打开。

2．在"Widgets"（元件）功能区，将"Rectangle"（矩形）元件拖放到工作区坐标（0，0）处。在工具栏将元件的宽度（w）设为 1024，高度（h）设为 60。在"Widget Interactions and Notes"（元件交互与说明）功能区，单击"Shape Name"（形状名称）输入区，输入"HeaderBackground"。

3．重复步骤 2，使用表 7-2 列出的参数（标有*号的项目表示不是每行都有此参数）。

表 7-2

元件	坐标	文本*（将在元件上显示）	宽（w）	高（h）	名称（"Widget Interactions and Notes"（元件交互与说明）功能区）
H1 Heading 1（一级标题）	（308，12）	eMagazine December 2020	394	37	eMagazineIssue
Image（图片）	（797，5）		50	50	UserImage
A_ Label（文本标签）	（857，22）	Username	73	16	UserNameLabel
Horizontal Line（水平线）	（980，18）		30		MenuPartA

续表

元件	坐标	文本*（将在元件上显示）	宽（w）	高（h）	名称（“Widget Interactions and Notes”（元件交互与说明）功能区）
Horizon tal Line（水平线）	（980，26）		30		MenuPartB
Horizon tal Line（水平线）	（980，34）		30		MenuPartC

要把元件放入“Header”母版的“Portrait Tablet”视图，我们需要单击位于工作区左上角的“768”按钮 768 ，将“Header”母版在工作区打开，执行以下步骤。

参照表 7-3 列出的参数，将元件移动到新的位置，并调整尺寸（标有*号的项目表示不是每行都有此参数）。

表 7-3

元件名称（“Widget Interactions and Notes”（元件交互与说明）功能区）	基本视图中的坐标	新坐标*	新宽度*（w）	新高度*（h）	新字体大小*
HeaderBackground	（0，0）		768		
EMagazineIssue	（308，12）	（180，14）	345	32	28
UserImage	（797，5）	（557，5）			
UserNameLabel	（857，22）	（617，22）			
MenuPartA	（980，18）	（720，18）			
MenuPartB	（980，26）	（720，26）			
MenuPartC	（980，34）	（720，34）			

接下来把元件放入“Header”母版的“Portrait Phone”视图（原文中为“Portrait Tablet”视图，应为笔误——译者注），我们需要单击位于工作区左上角的“320”按钮 320 ，将“Header”母版在工作区打开，执行以下步骤。

参照表 7-4 列出的参数，将元件移动到新的位置，并调整尺寸（标有*号的项目表示不是每行都有此参数）。

表 7-4

元件名称（“Widget Interactions and Notes”（元件交互与说明）功能区）	768 视图中的坐标	新坐标*	新宽度*（w）	新高度*（h）	新字体大小*
HeaderBackground	（0，0）		320	60	
EMagazineIssue	（180，14）	（70，9）	129	42	18
UserImage	（557，5）	（222，6）	33	33	
UserNameLabel	（617，22）	（215，43）	52	11	10
MenuPartA	（720，18）	（280，17）			
MenuPartB	（720，26）	（280，25）			
MenuPartC	（720，34）	（280，33）			

接下来我们将设计“Footer”（页脚）母版。

7.1.5 设计页脚母版

页脚母版将被应用于电子杂志的所有页面。完成后的页头母版如图 7-6 所示。

Copyright 2020. All rights reserved.

图 7-6

我们首先往母版中添加元件。选中自适应视图的“Base”（基本）视图，执行以下操作：

1. 在“Masters”（母版）功能区中，双击“Header”母版旁边的按钮，将其在工作区打开。
2. 在“Widgets”（元件）功能区，将“Rectangle”（矩形）元件拖放到工作区坐标（0，0）处。在工具栏将元件的宽度（w）设为 1024，高度（h）设为 60。在“Widget Interactions and Notes”（元件交互与说明）功能区，单击“Shape Name”（形状名称）输入区，输入“FooterBackground”。
3. 在“Widgets”（元件）功能区，将“Label”（文本标签）元件拖放到工作区坐标（90，22）处。输入“Copyright 2020. All rights reserved”。在“Widget Interactions and Notes”（元件交互与说明）功能区，单击“Shape Name”（形状名称）输入区，

输入“FooterCopyright”。

要把元件放入“Footer”母版的“Portrait Tablet”视图，我们需要单击位于工作区左上角的“768”按钮 768 ，将“Footer”母版在工作区打开，执行以下步骤。

参照表7-5列出的参数，将元件移动到新的位置，并调整尺寸（标有*号的项目表示不是每行都有此参数）。

表7-5

元件名称（“Widget Interactions and Notes”（元件交互与说明）功能区）	基本视图中的坐标	新坐标*	新宽度*（w）	新高度*（h）
FooterBackground	（0，0）		768	

提示：

“FooterCopyright”元件的尺寸和位置在768视图下不需要调整。

要把元件放入“Footer”母版的“Portrait Phone”视图（原文中为“Portrait Tablet”视图，应为笔误——译者注），我们需要单击位于工作区左上角的“320”按钮 320 ，将“Footer”母版在工作区打开，执行以下步骤。

参照表7-6列出的参数，将元件移动到新的位置，并调整尺寸（标有*号的项目表示不是每行都有此参数）。

表7-6

元件名称（“Widget Interactions and Notes”（元件交互与说明）功能区）	768视图中的坐标	新坐标*	新宽度*（w）	新高度*（h）
FooterBackground	（0，0）		320	
FooterCopyright	（90，22）	（56，22）		

这样我们就完成了页头和页脚母版的设计，可以开始设计“Home”页面了。

7.1.6 设计电子杂志的“Home”页面

“Home”页面的内容是通过一个自适应的中继器元件，为不同的视图优化而展示的。完成后的“Home”页面如图7-7所示。

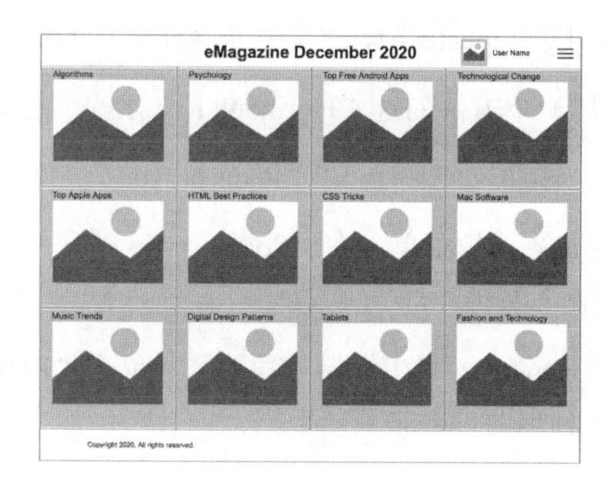

图 7-7

我们来设计制作这个页面。选中自适应视图的“Base”（基本）视图，执行以下操作：

1．在站点地图中，双击“Home”页面，将其在工作区打开。

2．从“Masters”（母版）功能区，将页头母版拖放至工作区任意位置。

3．从“Masters”（母版）功能区，将页脚母版拖放至工作区坐标（0，732）处。

4．从“Widgets”（元件）功能区，将“Repeater”（中继器）元件拖放到工作区坐标（1，59）处。在“Widget Interactions and Notes”（元件交互与说明）功能区，单击“Repeater Name”（中继器名称）编辑区，输入“eMagazineHomeRepeater”。

5．双击“eMagazineHomeRepeater”元件，将其在工作区打开。

6．在工作区下方的“Repeater”（中继器）功能区，单击“Repeater Style”（中继器样式）标签页。在完成操作后，该窗口如图 7-8 所示。

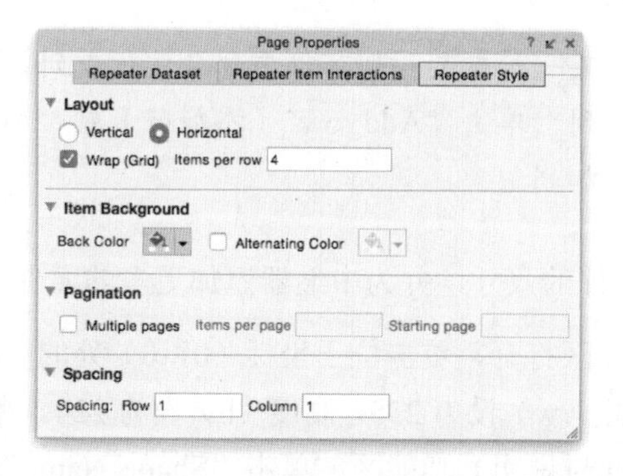

图 7-8

执行以下操作来完成对“Repeater Style”（中继器样式）的更改：

1. 在“Layout”（布局）下方，勾选“Horizontal”（水平）。
2. 勾选“Wrap(Grid)”（排布<网格>），在“Items per row”（每行项目数）输入区输入 4。
3. 在“Spacing”（填充）下拉菜单，在“Spacing: Row”（行）和“Spacing: Column”（列）输入区分别输入数值 1。
4. 在工作区下方的“Repeater”（中继器）功能区，单击“Repeater Dataset”（数据集）页签。参考图 7-9 列出的参数来更新数据。

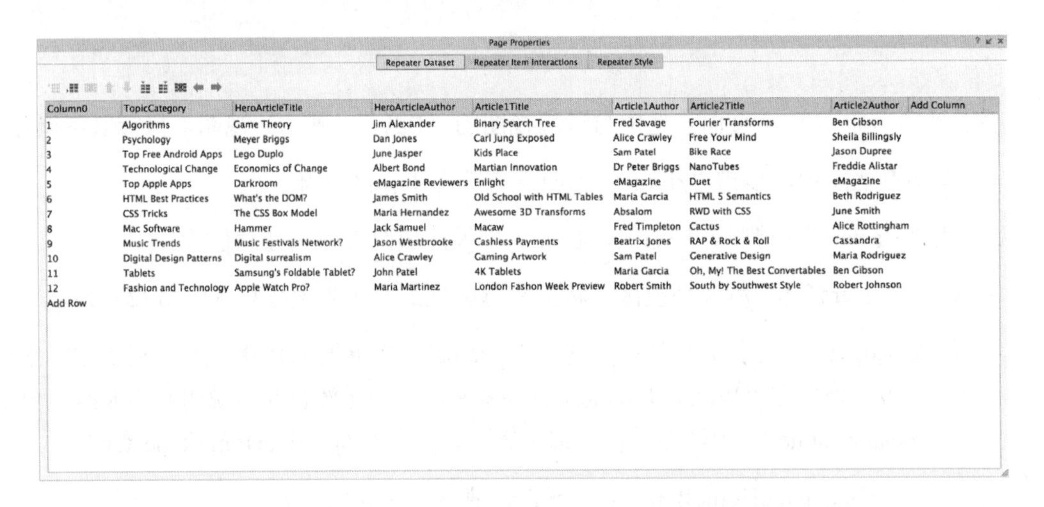

Column0	TopicCategory	HeroArticleTitle	HeroArticleAuthor	Article1Title	Article1Author	Article2Title	Article2Author	Add Column
1	Algorithms	Game Theory	Jim Alexander	Binary Search Tree	Fred Savage	Fourier Transforms	Ben Gibson	
2	Psychology	Meyer Briggs	Dan Jones	Carl Jung Exposed	Alice Crawley	Free Your Mind	Sheila Billingsly	
3	Top Free Android Apps	Lego Duplo	June Jasper	Kids Place	Sam Patel	Bike Race	Jason Dupree	
4	Technological Change	Economics of Change	Albert Bond	Martian Innovation	Dr Peter Briggs	NanoTubes	Freddie Alistar	
5	Top Apple Apps	Darkroom	eMagazine Reviewers	Enlight	eMagazine	Duet	eMagazine	
6	HTML Best Practices	What's the DOM?	James Smith	Old School with HTML Tables	Maria Garcia	HTML 5 Semantics	Beth Rodriguez	
7	CSS Tricks	The CSS Box Model	Maria Hernandez	Awesome 3D Transforms	Absalom	RWD with CSS	June Smith	
8	Mac Software	Hammer	Jack Samuel	Macaw	Fred Timpleton	Cactus	Alice Rottingham	
9	Music Trends	Music Festivals Network?	Jason Westbrooke	Cashless Payments	Beatrix Jones	RAP & Rock & Roll	Cassandra	
10	Digital Design Patterns	Digital surrealism	Alice Crawley	Gaming Artwork	Sam Patel	Generative Design	Maria Rodriguez	
11	Tablets	Samsung's Foldable Tablet?	John Patel	4K Tablets	Maria Garcia	Oh, My! The Best Convertables	Ben Gibson	
12	Fashion and Technology	Apple Watch Pro?	Maria Martinez	London Fashon Week Preview	Robert Smith	South by Southwest Style	Robert Johnson	
Add Row								

图 7-9

提示：

双击某一行或某一列可以重命名该行或列。要添加新的行或列，单击“Add row”（添加行）或“Add column”（添加列）。

现在我们调整矩形元件的尺寸，并为中继器添加更多的元件。执行以下操作：

1. 保持中继器在工作区打开，单击位于坐标（0，0）处的“Rectangle”（矩形），在工具栏将元件的宽度（w）设为 255，高度（h）设为 224。在“Widget Interactions and Notes”（元件交互与说明）功能区，单击“Shape Name”（形状名称）输入区，输入“Background”。

提示：

将背景宽度设置为 255 意味着我们在设置自适应视图时，只需要调整“Spacing: Row”（行），而不需要为 768 和 320 视图改变中继器条目。

2．从“Widget”（元件）功能区，将“Image”（图片）元件拖放到工作区坐标（1，3)处。在工具栏将元件的宽度(w)设为 252，高度(h)设为 218。在“Widget Interactions and Notes”（元件交互与说明）功能区，单击“Shape Name”（形状名称）输入区，输入“eMagazineGridImage”。

3．在“Widgets”（元件）功能区，将“Label”（文本标签）元件A_拖放到工作区坐标（22，5）处。输入“Topic Category”。在“Widget Interactions and Notes”（元件交互与说明）功能区，单击“Shape Name”（形状名称）输入区，输入“TopicCategoryLabel”。

我们已经完成了全局变量的定义，现在可以来完成中继器的交互了。所有需要的交互行为都包含在“eMagazineGridImage”元件的“OnClick”（鼠标单击时）事件中。所有动作定义完成后，“eMagazineGridImage”元件的“Widget Interactions and Notes”（元件交互与说明）功能区如图 7-10 所示。

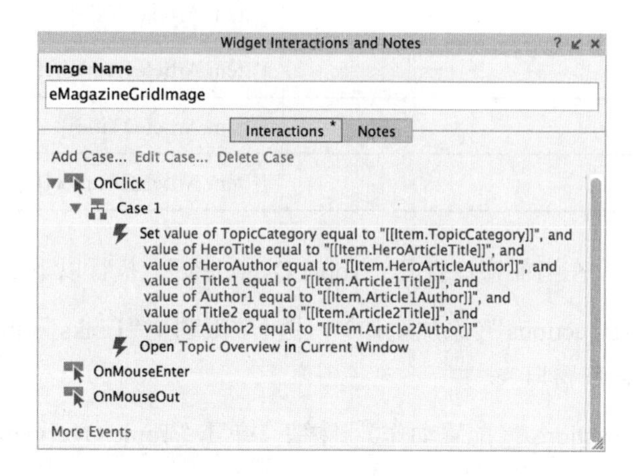

图 7-10

我们需要执行以下操作：

保持中继器依然在工作区打开并且选中“Base”（基本）视图，在“Widget Interactions and Notes”（元件交互与说明）功能区，选择“Interactions”（交互）标签页，双击“OnClick”

（鼠标单击时），打开用例编辑对话框。

创建第一个动作，设置全局变量的变量值。执行以下步骤：

1. 在“Click to add actions”（添加动作）一栏下，滚动至“Variables”（变量）（原文中为“滚动至‘Widgets’”，应为笔误——译者注），单击“Set Variable Value”（设置变量值）。
2. 在“Configure actions”（配置动作）一栏下，勾选“TopicCategory”。
3. 在“Set variable to”（设置全局变量值为）的位置，第一个下拉菜单处选择“value”（值），然后在输入区输入“[[Item.TopicCategory]]”。
4. 重复步骤1至3，在“Set variable to”（设置全局变量值为）的位置，参照表7-7所列进行输入。

表7-7

需要设置的变量（“Widget Interactions and Notes”（元件交互与说明）功能区中的名称）	值
HeroTitle	[[Item.HeroArticleTitle]]
HeroAuthor	[[Item.HeroArticleAuthor]]
Title1	[[Item.Article1Title]]
Author1	[[Item.Article1Author]]
Title2	[[Item.Article2Title]]
Author2	[[Item.Article2Author]]

创建第二个动作，在当前窗口打开“Topic Overview”。执行以下步骤：

1. 在“Click to add actions”（添加动作）一栏下，滚动至“Links”（链接），单击“Current Window”（当前窗口）。
2. 在“Configure actions”（配置动作）一栏下，单击“Topic Overview”，然后单击“OK”（确定）。

要完成中继器的动作设置，我们还需要更新“OnItemLoad”（每项加载时）事件。定义完成后，“eMagazineGridImage”元件的“OnItemLoad”（每项加载时）事件如图7-11所示。

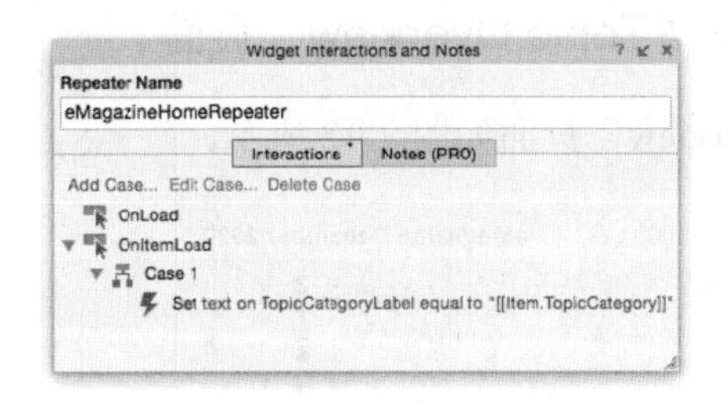

图 7-11

执行以下操作：

在工作区下方的“Repeater”（中继器）功能区，选择“Repeater Item Interactions”（项目交互）标签页。双击“OnItemLoad”（每项加载时），弹出用例编辑对话框。在用例编辑对话框中执行以下步骤：

创建第一个动作，设置“TopicCategoryLabel”上的文本：

1．在“Click to add actions”（添加动作）一栏下，滚动至“Widgets”（元件），单击“Set Text”（设置文本）。

2．在“Configure actions”（配置动作）一栏下，勾选“TopicCategoryLabel”。

3．在“Set text to”（设置文本为）下方，第一个下拉菜单处选择“value”（值），然后在输入区输入“[[Item.TopicCategory]]”。

这样我们就完成了“Base”（基本）视图的设计、中继器数据集的更新和交互的定义。下面我们来为 768 和 320 视图更新“Spacing: Row”（行）的值。执行以下操作：

- 更新 768 视图的“Spacing: Row”（行）值。单击位于工作区左上角的“768”按钮 768 。在工作区下方的“Repeater”（中继器）功能区，选择“Repeater Style”（中继器样式）标签页。在“Layout”（布局）部分，勾选“Horizontal”（水平），在“Items per row”（每行项目数）输入区输入 3。
- 更新 320 视图的“Spacing: Row”（行）值。单击位于工作区左上角的“320”按钮 320 。在工作区下方的“Repeater”（中继器）功能区，选择“Repeater Style”（中继器样式）标签页。在“Layout”（布局）部分，勾选“Horizontal”（水平），在“Items per row”（每行项目数）输入区输入 3。

这样我们就完成了电子杂志的“Home”页的设计和交互。下面我们来设计“Topic Overview”页面。

1. 设计电子杂志的“Topic Overview”页面

完成后的“Topic Overview”页面如图 7-12 所示。

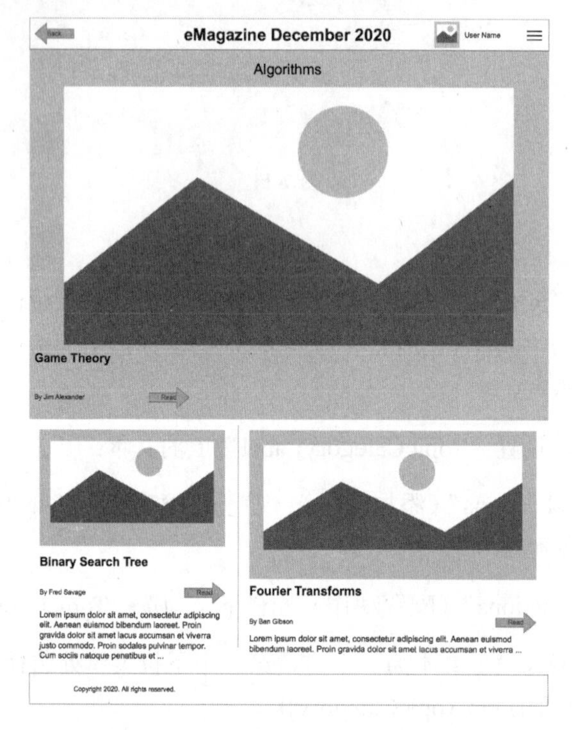

图 7-12

“Topic Overview”页面除了使用到页头、页脚母版之外，还需要表 7-8 所列元件。

表 7-8

元件名称	元件类型
BackArrow	Shape（形状）
HeroImage	Image（图片）
ArticleDetailTitle	Heading 2（二级标题）
ArticleDetailName1	Label（文本标签）
TopicHeroReadArrow	Shape（形状）
Article1Image	Image（图片）
Article1Title	Heading 2（二级标题）

续表

元件名称	元件类型
Author1Name	Label（文本标签）
Article1ReadArrow	Shape（形状）
Article1Abstract	Paragraph（文本段落）
VerticalSeparator	Vertical Line（垂直线）
Article2Image	Image（图片）
Article2Title	Heading 2（二级标题）
Author2Name	Label（文本标签）
Article2ReadArrow	Shape（形状）
Article2Abstract	Paragraph（文本段落）

执行以下操作来设计电子杂志的“Topic Overview”页面：

1. 在站点地图中，双击“Topic Overview”页面，将其在工作区打开。选择“Base”（基本）视图。
2. 从“Masters”（母版）功能区，将“Header”母版拖放至工作区任意位置。
3. 从“Masters”（母版）功能区，将“Footer”母版拖放至工作区坐标（0，1250）处。
4. 从“Widgets”（元件）功能区，将“Rectangle”（矩形）元件拖放至工作区坐标（10，10）处，在工具栏将元件的宽度（w）设为 80，高度（h）设为 40。在“Widget Interactions and Notes”（元件交互与说明）功能区，单击“Shape Name”（形状名称）输入区，输入“BackArrow”。右键单击这个矩形元件，鼠标移动到“Select Shape”（选择形状）菜单项，然后单击“Arrow Left”（向左箭头）。

提示：
你可以选择现在就调整该矩形元件的填充颜色、线条颜色、字体颜色等来使它更搭配页头母版中的其他元素。

5. 重复步骤 4，使用表 7-9 列出的参数（标有*号的项目表示不是每行都有此参数）。

表 7-9

元件	坐标	文本*（将在元件上显示）	宽（w）	高（h）	名称（“Widget Interactions and Notes”（元件交互与说明）功能区）
Image（图片）	（0，60）	Topic（注：字号28，边距 T：20	1024	700	TopicHeroImage
H2 Heading 2（二级标题）	（10，630）	Article Title	310	28	HeroArticleTitle
A_ Label（文本标签）	（10，710）	By Author Name	97	15	HeroAuthorName
Rectangle（矩形）（向右箭头）	（240，698）	Read	80	40	TopicHeroReadArrow
Image（图片）	（20，780）		370	220	Article1Image
H2 Heading 2（二级标题）	（20，1016）	Article Title	280	28	Article1Title
A_ Label（文本标签）	（20，1080）	By Author Name	97	15	Author1Name
Rectangle（矩形）（向右箭头）	（310，1068）	Read	80	40	Article1ReadArrow
Paragraph（文本段落）	（20，1120）	（注：调整段落文本内容使其符合尺寸）	370	90	Article1Abstract
VerticalLine（垂直线）	（410，770）			450	VerticalSeparator
Image（图片）	（438，780）		562	281	Article2Image
H2 Heading 2（二级标题）	（438，1080）	Article Title	472	28	Article2Title
A_ Label（文本标签）	（438，1144）	By Author Name	97	15	Author2Name

续表

元件	坐标	文本*（将在元件上显示）	宽（w）	高（h）	名称（“Widget Interactions and Notes”（元件交互与说明）功能区）
Rectangle（矩形）（向右箭头）	（920，1132）	Read	80	40	Article2ReadArrow
Paragraph（文本段落）	（438，1184）	（注：调整段落文本内容使其符合尺寸）	562	36	Article2Abstract

完成基本视图设计后，我们来更新 768 视图和 320 视图。

要更新 768 视图，单击位于工作区左上角的“768”按钮 768 。保持“Topic Overview”页面依然在工作区打开，执行以下操作：

1. 在工作区，单击“Footer”母版，在工具栏中将坐标 x 设为 0，坐标 y 设为 1080。
2. 参照表 7-10 列出的数据，将元件移动到新的位置，并调整尺寸（标有*号的项目表示不是每行都有此参数）。

表 7-10

元件名称（“Widget Interactions and Notes”（元件交互与说明）功能区）	768 视图中的坐标	新坐标*	新宽度*（w）	新高度*（h）	新字体大小*
TopicHeroImage	（0，60）		768	523	
HeroArticleTitle	（10，630）	（10，470）			
HeroAuthorName	（10，710）	（10，543）			
TopicHeroReadArrow	（240，698）	（240，530）			
Article1Image	（20，780）	（20，618）	282	168	
Article1Title	（20，1016）	（20，801）			
Author1Name	（20，1080）	（20，875）			
Article1ReadArrow	（310，1068）	（220，862）			
Article1Abstract	（20，1120）	（20，914）	290	126	
VerticalSeparator	（410，770）	（316，610）		410	
Article2Image	（438，780）	（339，618）	429	234	

续表

元件名称（"Widget Interactions and Notes"（元件交互与说明）功能区）	768视图中的坐标	新坐标*	新宽度*（w）	新高度*（h）	新字体大小*
Article2Title	（438，1080）	（340，870）	280		
Author2Name	（438，1144）	（340，946）			
Article2ReadArrow	（920，1132）	（690，934）			
Article2Abstract	（438，1184）	（340，986）	428	54	

要更新320视图，单击位于工作区左上角的"320"按钮 320 。保持"Topic Overview"页面依然在工作区打开，执行以下操作：

1. 在工作区，单击"Footer"母版，在工具栏中将坐标x设为0，坐标y设为1180。
2. 参照表7-11列出的数据，将元件移动到新的位置，并调整尺寸（标有*号的项目表示不是每行都有此参数）。

表7-11

元件名称（"Widget Interactions and Notes"（元件交互与说明）功能区）	768视图中的坐标	新坐标*	新宽度*（w）	新高度*（h）	新字体大小*
BackArrow	（10，10）	（5，16）	50	30	
TopicHeroImage	（0，60）		320	220	
HeroArticleTitle	（10，470）	（10，190）			
HeroAuthorName	（10，543）	（10，251）			
TopicHeroReadArrow	（240，530）	（240，244）	50	30	
Article1Image	（20，618）	（20，330）			
Article1Title	（20，801）	（20，513）			
Author1Name	（20，875）	（20，579）			
Article1ReadArrow	（220，862）	（252，572）	50	30	
Article1Abstract	（20，914）	（20，608）			
VerticalSeparator	（316，610）	右键单击元件，将其从该视图删除			
Article2Image	（339，618）	（10，808）	300	150	

续表

元件名称（“Widget Interactions and Notes”（元件交互与说明）功能区）	768 视图中的坐标	新坐标*	新宽度*（w）	新高度*（h）	新字体大小*
Article2Title	（340，870）	（11，970）			
Author2Name	（340，946）	（11，1048）			
Article2ReadArrow	（690，934）	（260，1040）	50	30	
Article2Abstract	（340，986）	（11，1078）	299	72	

2．定义“OnPageLoad”（页面载入时）交互

“Topic Overview”页面的“OnPageLoad”（页面载入时）事件，我们需要设置图片、标题、作者姓名元件上的文字。设置完成后，“Page Properties”（页面属性）功能区的“Page Interactions”（页面交互）标签页如图 7-13 所示。

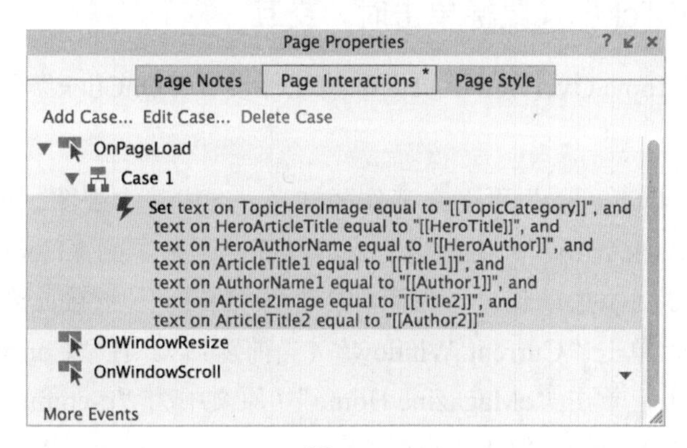

图 7-13

在工作区下方的“Page Properties”（页面属性）功能区，选择“Page Interactions”（页面交互）标签页，双击“OnPageLoad”（页面载入时），打开用例编辑对话框。在用例编辑对话框中创建设置元件文本的动作。执行以下操作：

1．在“Click to add actions”（添加动作）一栏下，滚动至“Widgets”（元件），单击“Set Text”（设置文本）。

2．在“Configure actions”（配置动作）一栏下，勾选“TopicHeroImage”。

3．在“Set text to”（设置文本为）下方，第一个下拉菜单处选择“value”（值），然后在输入区输入“[[TopicCategory]]”。

4．使用表 7-12 列出的参数，重复步骤 2 至步骤 3。

表 7-12

要设置的元件	值
HeroArticleTitle	[[HeroTitle]]
HeroAuthorName	[[HeroAuthor]]
Article1Title	[[Title1]]
Author1Name	[[Author1]]
Article2Title	[[Title2]]
Author2Name	[[Author2]]

5．单击“OK”（确定）。

3．定义“OnClick”（鼠标单击时）交互

接下来我们为“Topic Overview”页面中的元件设置“OnClick”（鼠标单击时）交互。执行以下操作：

1．保持“Topic Overview”页面在工作区打开，选中基本视图。单击位于坐标（10，10）处的“BackArrow”。要在当前窗口打开电子杂志的“Home”页面，在“Click to add actions”（添加动作）一栏下，滚动至“Links”（链接）菜单中的“OpenLink”（打开链接），单击“Current Window”（当前窗口）。在“Configure actions”（配置动作）一栏下，单击“eMagazine Home”（原文中为“e-commerce Home”，应为笔误——译者注）。单击“OK”（确定）。

2．单击位于坐标（0，60）处的“TopicHeroImage”元件，在“Widget Interactions and Notes”（元件交互与说明）功能区，选择“Interactions”（交互）标签页，双击“OnClick”（鼠标单击时），打开用例编辑对话框。

3．创建第一个动作，设置“DetailTitle”和“DetailAuthor”变量的值。执行以下操作：

1）在“Click to add actions”（添加动作）一栏下，滚动至“Variables”（变量）（原文中为“Widgets”,应为笔误——译者注），单击“Set value”（设置变量值）。在“Configure actions”（配置动作）一栏下，勾选“DetailTitle”。在“Set variable to”（设置全局变量值为）的位置，第一个下拉菜单处选择“value”（值），然后在输入区输入“[[HeroTitle]]”。

2）在“Configure actions”（配置动作）一栏下，勾选“DetailAuthor”。在“Set variable to”（设置全局变量值为）的位置，第一个下拉菜单处选择“value”（值），然后在输入区输入“[[HeroAuthor]]”。

4. 创建第二个动作，在当前窗口打开“Article Detail”页面。在“Click to add actions”（添加动作）一栏下，滚动至“Links”（链接）菜单中的“OpenLink”（打开链接），单击“Current Window”（当前窗口）。在“Configure actions”（配置动作）一栏下，单击“Article Detail”。单击“OK”（确定）。

5. 保持选中位于坐标（0，60）处的“TopicHeroImage”元件，右键单击“OnClick”（鼠标单击时）下的“Case 1”，在弹出的菜单中单击“Copy”（复制）。

6. 单击位于坐标（10，630）处的“HeroArticleTitle”元件，在“Widget Interactions and Notes”（元件交互与说明）功能区，选择“Interactions”（交互）标签页，右键单击“OnClick”（鼠标单击时），在弹出的菜单中单击“Paste”（粘贴）。

7. 单击位于坐标（240，698）处的“TopicHeroReadArrow”元件，在“Widget Interactions and Notes”（元件交互与说明）功能区，选择“Interactions”（交互）标签页，右键单击“OnClick”（鼠标单击时），在弹出的菜单中单击“Paste”（粘贴）。

8. 单击位于坐标（20，780）处的“Article1Image”元件，在“Widget Interactions and Notes”（元件交互与说明）功能区，选择“Interactions”（交互）标签页，双击“OnClick”（鼠标单击时），打开用例编辑对话框，创建以下动作：

9. 创建第一个动作，设置“DetailTitle”和“DetailAuthor”变量的值。执行以下操作：

   1）在“Click to add actions”（添加动作）一栏下，滚动至“Variables”（变量）（原文中为“Widgets”,应为笔误——译者注），单击“Set value”（设置变量值）。在“Configure actions”（配置动作）一栏下，勾选“DetailTitle”。在“Set variable to”（设置全局变量值为）的位置，第一个下拉菜单处选择“value”（值），然后在输入区输入“[[Title1]]”。

   2）在“Configure actions”（配置动作）一栏下，勾选“DetailAuthor”。在“Set variable to”（设置全局变量值为）的位置，第一个下拉菜单处选择“value”（值），然后在输入区输入“[[Author1]]”。

10. 创建第二个动作，在当前窗口打开“Article Detail”页面。在“Click to add actions”（添加动作）一栏下，滚动至“Links”（链接）菜单中的“OpenLink”（打开链接），单击“Current Window”（当前窗口）。在“Configure actions”（配置动作）一栏下，

单击“Article Detail”。单击“OK”（确定）。

11. 保持选中位于坐标（20，780）处的“Article1Image”元件，右键单击“OnClick”（鼠标单击时）下的“Case 1”，在弹出的菜单中单击“Copy”（复制）。

12. 单击位于坐标（20，1016）处的“Article1Title”元件，在“Widget Interactions and Notes”（元件交互与说明）功能区，选择“Interactions”（交互）标签页，右键单击“OnClick”（鼠标单击时），在弹出的菜单中单击“Paste”（粘贴）。

13. 单击位于坐标（310，1068）处的“Article1ReadArrow”元件，在“Widget Interactions and Notes”（元件交互与说明）功能区，选择“Interactions”（交互）标签页，右键单击“OnClick”（鼠标单击时），在弹出的菜单中单击“Paste”（粘贴）。

14. 单击位于坐标（438，780）处的“Article2Image”元件，在“Widget Interactions and Notes”（元件交互与说明）功能区，选择“Interactions”（交互）标签页，双击“OnClick”（鼠标单击时），打开用例编辑对话框，创建以下动作：

15. 创建第一个动作，设置“DetailTitle”和“DetailAuthor”变量的值。执行以下操作：

1）在“Click to add actions”（添加动作）一栏下，滚动至“Variables”（变量）（原文中为“Widgets”，应为笔误——译者注），单击“Set value”（设置变量值）。在“Configure actions”（配置动作）一栏下，勾选“DetailTitle”。在“Set variable to”（设置全局变量值为）的位置，第一个下拉菜单处选择“value”（值），然后在输入区输入“[[Title2]]”。

2）在“Configure actions”（配置动作）一栏下，勾选“DetailAuthor”。在“Set variable to”（设置全局变量值为）的位置，第一个下拉菜单处选择“value”（值），然后在输入区输入“[[Author2]]”。

16. 创建第二个动作，在当前窗口打开“Article Detail”页面。在“Click to add actions”（添加动作）一栏下，滚动至“Links”（链接）菜单中的“OpenLink”（打开链接），单击“Current Window”（当前窗口）。在“Configure actions”（配置动作）一栏下，单击“Article Detail”。单击“OK”（确定）。

17. 保持选中位于坐标（438，780）处的“Article2Image”元件，右键单击“OnClick”（鼠标单击时）下的“Case 1”，在弹出的菜单中单击“Copy”（复制）。

18. 单击位于坐标（438，1080）处的“Article2Title”元件，在“Widget Interactions and Notes”（元件交互与说明）功能区，选择“Interactions”（交互）标签页，右键单击“OnClick”（鼠标单击时），在弹出的菜单中单击“Paste”（粘贴）。

19. 单击位于坐标（920，1132）处的“Article2ReadArrow”元件，在“Widget Interactions and Notes”（元件交互与说明）功能区，选择“Interactions”（交互）标签页，右键单击“OnClick”（鼠标单击时），在弹出的菜单中单击“Paste”（粘贴）。

7.1.7 设计电子杂志的“Article Detail”页面

完成后的“Article Detail”页面如图 7-14 所示。

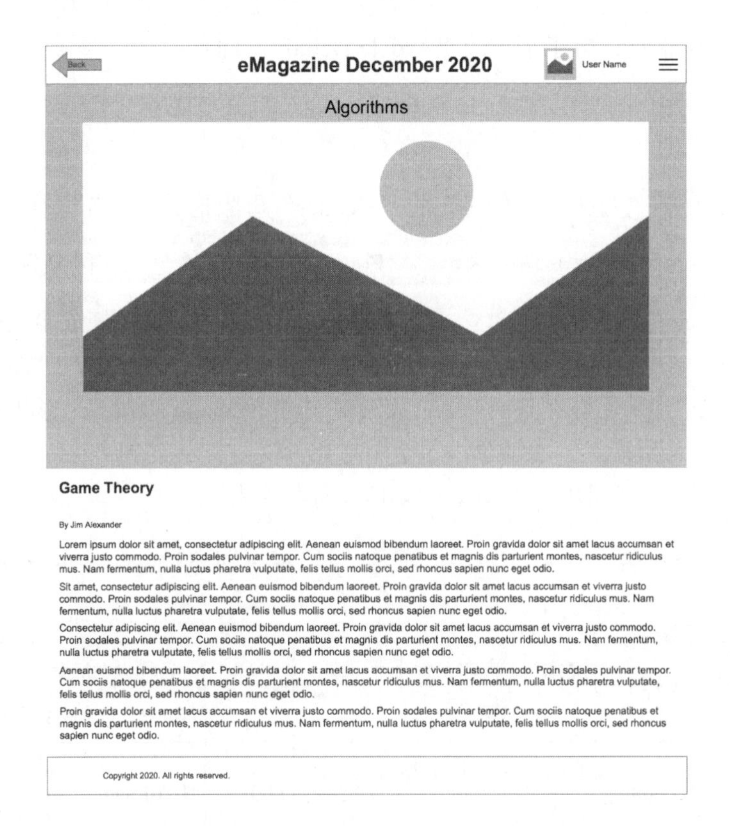

图 7-14

“Article Detail”页面除了使用到页头、页脚母版之外，还需要表 7-13 所列的元件。

表 7-13

元件名称	元件类型
BackArrow	Shape（形状）
HeroImage	Image（图片）

续表

元件名称	元件类型
ArticleDetailTitle	Heading 2（二级标题）
ArticleDetailName1	Label（文本标签）
ArticleParagraph1 至 ArticleParagraph5	Paragraph（文本段落）

执行以下操作来设计电子杂志的“Article Detail”页面：

1. 在站点地图中，双击“Article Detail”页面，将其在工作区打开。选择“Base”（基本）视图。
2. 从“Masters”（母版）功能区，将“Header”母版拖放至工作区任意位置。
3. 从“Masters”（母版）功能区，将“Footer”母版拖放至工作区坐标（0，1110）处。
4. 从“Widgets”（元件）功能区，将“Rectangle”（矩形）元件拖放至工作区坐标（10，10）处，在工具栏将元件的宽度（w）设为 80，高度（h）设为 40。在“Widget Interactions and Notes”（元件交互与说明）功能区，单击“Shape Name”（形状名称）输入区，输入“BackArrow”。右键单击这个矩形元件，鼠标移动到“Select Shape”（选择形状）菜单项，然后单击“Arrow Left”（向左箭头）。
5. 重复步骤 4，使用表 7-14 列出的参数（标有*号的项目表示不是每行都有此参数）。

表 7-14

元件	坐标	文本*（将在元件上显示）	宽（w）	高（h）	名称（“Widget Interactions and Notes”（元件交互与说明）功能区）
Image（图片）	（0，60）	Topic（注：字号 28，边距 T：20	1024	600	HeroImage
H2 Heading 2（二级标题	（20，676）	Article Title	300	28	ArticleDetailTitle
A_ Label（文本标签）	（20，740）	By Author Name	97	15	ArticleDetailName1
Paragraph（文本段落）	（20，770）	（注：调整段落文本内容使其符合尺寸）	990	54	ArticleParagraph1

续表

元件	坐标	文本*（将在元件上显示）	宽（w）	高（h）	名称（"Widget Interactions and Notes"（元件交互与说明）功能区）
Paragraph（文本段落）	（20，836）	（注：调整段落文本内容使其符合尺寸）	990	54	ArticleParagraph2
Paragraph（文本段落）	（20，900）	（注：调整段落文本内容使其符合尺寸）	990	54	ArticleParagraph3
Paragraph（文本段落）	（20，966）	（注：调整段落文本内容使其符合尺寸）	990	54	ArticleParagraph4
Paragraph（文本段落）	（20，1030）	（注：调整段落文本内容使其符合尺寸）	990	54	ArticleParagraph5

完成基本视图设计后，我们来更新 768 视图和 320 视图。

要更新 768 视图，单击位于工作区左上角的"768"按钮 768 。保持"Article Detail"页面依然在工作区打开，执行以下操作：

1. 在工作区，单击"Footer"母版，在工具栏中将坐标 x 设为 0，坐标 y 设为 1030。

2. 参照表 7-15 列出的数据，将元件移动到新的位置，并调整尺寸（标有*号的项目表示不是每行都有此参数）。

表 7-15

元件名称（"Widget Interactions and Notes"（元件交互与说明）功能区）	基本视图中的坐标	新坐标*	新宽度*（w）	新高度*（h）
HeroImage	（0，60）		768	450
ArticleDetailTitle	（20，676）	（20，530）		
ArticleDetailName1	（20，740）	（20，594）		
ArticleParagraph1	（20，770）	（20，628）	740	72
ArticleParagraph2	（20，836）	（20，710）	740	72
ArticleParagraph3	（20，900）	（20，790）	740	72
ArticleParagraph4	（20，966）	（20，870）	740	72
ArticleParagraph5	（20，1030）	（20，956）	740	54

要更新320视图，单击位于工作区左上角的“320”按钮 320 。保持“Article Detail”页面依然在工作区打开，执行以下操作：

1. 在工作区，单击“Footer”母版，在工具栏中将坐标x设为0，坐标y设为1280。
2. 参照表7-16列出的数据，将元件移动到新的位置，并调整尺寸（标有*号的项目表示不是每行都有此参数）。

表7-16

元件名称（“Widget Interactions and Notes”（元件交互与说明）功能区）	768视图中的坐标	新坐标*	新宽度*（w）	新高度*（h）
BackArrow	（5，16）		50	30
HeroImage	（0，60）		320	188
ArticleDetailTitle	（20，530）	（10，270）	300	
ArticleDetailName1	（20，594）	（10，334）		
ArticleParagraph1	（20，628）	（10，360）	300	180
ArticleParagraph2	（20，710）	（10，558）	300	180
ArticleParagraph3	（20，790）	（10，750）	300	180
ArticleParagraph4	（20，870）	（10，928）	300	162
ArticleParagraph5	（20，956）	（10，1106）	300	144

1. 定义“OnPageLoad”（页面载入时）交互

“Article Detail”页面的“OnPageLoad”（页面载入时）事件，我们需要设置“HeroImage”，“ArticleDetailTitle”，“ArticleDetailName”元件上的文字。设置完成后，“Page Properties”（页面属性）功能区的“Page Interactions”（页面交互）标签页如图7-15所示。

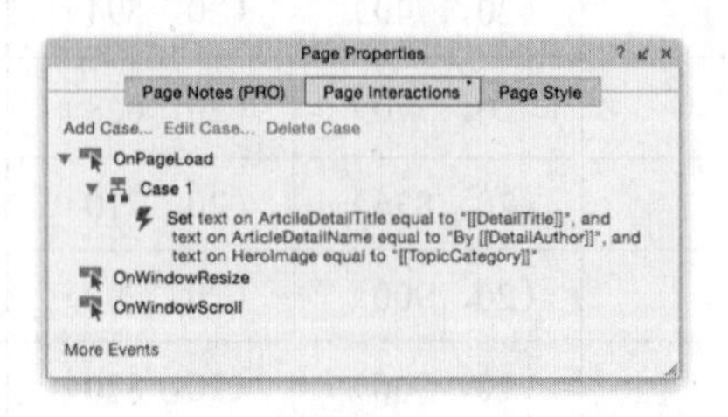

图7-15

在工作区下方的“Page Properties”（页面属性）功能区，选择“Page Interactions”（页面交互）标签页，双击“OnPageLoad”（页面载入时），打开用例编辑对话框。在用例编辑对话框中创建设置元件文本的动作。执行以下操作：

1. 在“Click to add actions”（添加动作）一栏下，滚动至“Widgets”（元件），单击“Set Text”（设置文本）。
2. 在“Configure actions”（配置动作）一栏下，勾选“HeroImage”。
3. 在“Set text to”（设置文本为）下方，第一个下拉菜单处选择“value”（值），然后在输入区输入“[[TopicCategory]]”。
4. 使用表 7-17 列出的参数，重复步骤 2 至 3：

表 7-17

要设置的元件	值
ArticleDetailTitle	[[DetailTitle]]
ArticleDetailName	[[DetailAuthor]]

5. 单击“OK”（确定）。

2. 定义“OnClick”（鼠标单击时）交互

接下来我们为“Article Detail”页面设置“OnClick”（鼠标单击时）交互。保持“Article Detail”页面在工作区打开，选中基本视图。单击位于坐标（10，10）处的“BackArrow”。要在当前窗口打开“Topic Overview”页面，在“Click to add actions”（添加动作）一栏下，滚动至“Links”（链接）菜单中“OpenLink”（打开链接），单击“Current Window”（当前窗口）。在“Configure actions”（配置动作）一栏下，单击“Topic Overview”。单击“OK”（确定）。

恭喜！我们完成了我们的电子杂志原型。现在我们可以将其发布至 AxShare，在移动设备上访问它了。

7.2 小结

我们利用自适应视图功能，创建了一个优化 iPad 和 iPhone 显示的电子杂志原型。我们设置了宽度为 1024 的基本视图用以适应 iPad 横屏的显示，还为 iPad 竖屏设计了宽度为 768

的视图，为 iPhone 竖屏设计了宽度为 320 的视图。电子杂志由“eMagazine Home”，“Topic Overview”和“Article Detail”页面组成。在“eMagazine Home”页面，我们使用了一个中继器元件来创建需要的内容，还使用了一些全局变量来完成用户的分类和文章选择，这样在“Topic Overview”和“Article Detail”页面就可以实现内容的动态更新。

在下一章中，我们将探讨如何创建一个图片竞赛网站的原型。这个网站同样需要适用于平板电脑和手机等移动设备。

第 8 章 创建图片比赛网站

随着 Facebook，Instagram，Pinterest 等社交图片分享网站的疯狂流行，很多营销人员开始使用图片比赛的方式来推广产品或服务。我们将通过创建一个适用于 iPad 和 iPhone 的图片比赛网站来继续探讨自适应视图。要达到这一目的，我们同样需要两个视图：

- Portrait tablet（平板电脑竖屏）（768×任意高度或以下）
- Portrait phone（手机竖屏）（320×任意高度或以下）

和之前的步骤一样，我们首先基于宽度为 1024 像素的平板电脑横屏来设计我们的基本视图（兼容老版本的 iPad）。我们的图片比赛网站首页效果如图 8-1 所示。

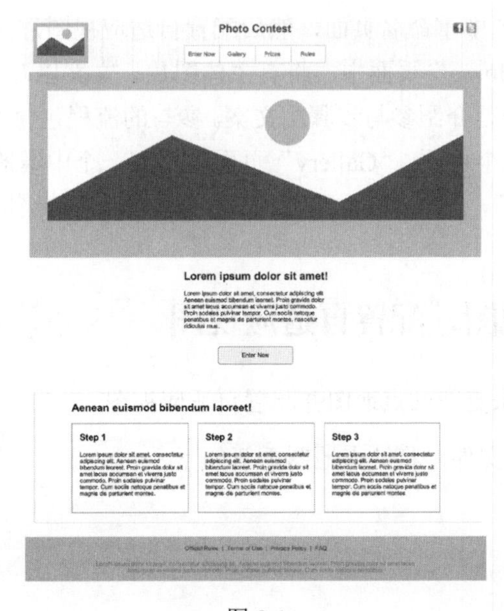

图 8-1

在本章中，我们将学习以下内容：

- 设计一个图片比赛网站
- 设计图片比赛网站交互

8.1 设计图片比赛网站

在图片比赛网站中，我们将有以下八个页面：

- Home
- Enter
- Upload Photo
- Entry Confirmation
- Gallery
- View Entry
- Prizes
- Rules

我们首先在站点地图中重命名页面，然后配置自适应视图，接下来制作应用于所有页面的页头和页脚。在“Home”页面中，将有主体图片、文案以及一个“Enter Now”召唤行动按钮，接下来的部分是介绍参与步骤的文案。参与的流程包含“Enter”，“UploadPhoto”，“Entry Confirmation”三个页面。“Gallery”页面将用到一个中继器元件，我们需要为每一个视图优化其显示。最后，“View Entry”页面将用到图片、二级标题、文本标签、形状以及社交媒体图标等元件。

8.1.1 更新站点地图，配置自适应视图

首先执行以下操作来更新站点地图并配置自适应视图。

1. 新建一个 Axure 文件，将站点地图更新如下。
    - Home
    - Enter
    - Upload Photo

- Entry Confirmation
- Gallery
- View Entry
- Prizes
- Rules

2. 单击“Manage Adaptive Views”（管理自适应视图）按钮。该按钮位于工作区左上方，如图 8-2 所示。

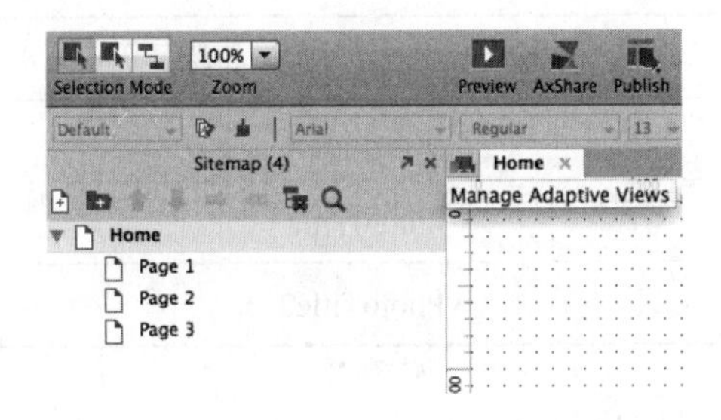

图 8-2

3. 在弹出的“Adaptive Views”（自适应视图）对话框中，单击绿色+按钮，从“Presets”（预设）下拉菜单中，选择“Portrait Tablet”（平板电脑竖屏）。再次单击绿色+按钮，从“Presets”（预设）下拉菜单中，选择“Portrait Phone”（手机竖屏）。单击“OK”（确定）。完成后，你的“Adaptive Views”（自适应视图）对话框应如图 8-3 所示。

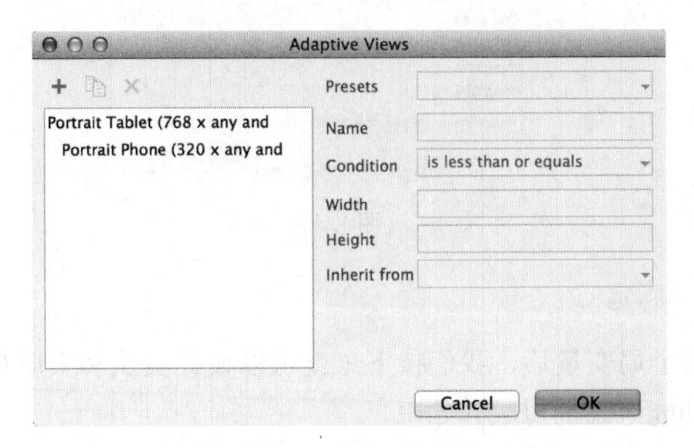

图 8-3

这样，更新站点地图和配置自适应视图的部分就完成了。我们接下来创建全局变量，并设计页头和页脚母版。

8.1.2 创建全局变量

现在我们要来创建全局变量。在设计过程中，全局变量的应用能让我们在不同页面间共享数据。在菜单栏选择“Project”（项目）—“Global Variables”（全局变量）。在“Global Variables”（全局变量）对话框中执行以下操作：

1．单击绿色+按扭，输入“FirstName”。“Default Value”（默认值）输入区留空。

2．重复以上步骤，创建其他我们所要用到的全局变量。全局变量名称如表 8-1 所列。

表 8-1

Variable name（变量名称）
LastInitial
PhotoTitle
PhotoTitle2

完成后的全局变量对话框如图 8-4 所示。

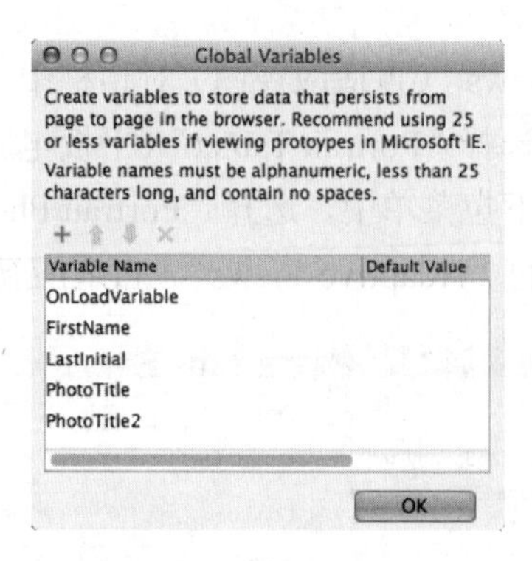

图 8-4

3．单击“OK”（确定）。

创建好所需要的全局变量后，我们接下来就可以设计页头和页脚母版了。让我们从往“Masters”（母版）功能区添加母版开始吧。

8.1.3 往“Masters”（母版）功能区添加母版

执行以下操作来添加母版：

1. 在"Masters"（母版）功能区，单击"Add Masters"（添加母版）按钮，输入"Header"然后回车。
2. 在"Masters"（母版）功能区，右键单击"Header"（页头）母版旁边的按钮，将鼠标移动到"Drop Behavior"（拖放行为），然后选择"Lock to Master Location"（固定位置）。
3. 在"Masters"（母版）功能区，再次单击"Add Masters"（添加母版）按钮，输入"Footer"然后回车。

添加好所有需要的母版之后，我们就可以来设计这些母版了。我们从"Header"（页头）母版开始。

8.1.4 设计页头母版

页头母版将被应用于电子杂志的所有页面。完成后的页头母版如图 8-5 所示。

图 8-5

我们首先给母版添加覆盖整个浏览器窗口宽度的背景颜色。我们将使用一个动态面板，为其设置背景颜色，并设置为填充。执行以下操作来设计"Header"母版：

1. 在"Masters"（母版）功能区中，双击"Header"母版旁边的按钮，将其在工作区打开。
2. 在"Widgets"（元件）功能区，将"Dynamic Panel"（动态面板）元件拖放到工作区坐标（0，0）处。在工具栏将元件的宽度（w）设为 1024，高度（h）设为 110。在"Widget Interactions and Notes"（元件交互与说明）功能区，单击"Dynamic Panel Name"（动态面板名称）输入区，输入"HeaderBackground"。
3. 保持选中"HeaderBackground"动态面板，单击位于工作区左上角的"768"按钮 768，在工具栏将 w 值修改为 768。
4. 保持选中"HeaderBackground"动态面板，单击位于工作区左上角的"320"按钮 320，在工具栏将 w 值修改为 320，h 值修改为 127。
5. 单击位于工作区左上角的"Base"按钮，在"Widget Manager"（元件管理）功能区，双击“State1”将其在工作区打开。在工作区下方的“Panel State Style”功能区，选择一个背景颜色，并在“Repeater”（重复）一栏选择“Stretch to Cover”（填充）。

保持“State1”在工作区打开，我们来往“Header”母版中添加元件。选中“Base”（基本）视图，执行以下操作：

1. 在“Widgets”（元件）功能区，将“Heading1”（一级标题）元件H1拖放到工作区坐标（430，10）处，输入“Photo Contest”。在工具栏将元件的宽度（w）设为153，高度（h）设为28。在“Widget Interactions and Notes”（元件交互与说明）功能区，单击“Shape Name”（形状名称）输入区，输入“Contest Heading”。
2. 重复步骤1，使用表8-2列出的参数（标有*号的项目表示不是每行都有此参数）。

表8-2

元件	坐标	文本*（将在元件上显示）	宽（w）	高（h）	名称（“Widget Interactions and Notes”（元件交互与说明）功能区）
Image（图片）	（10，10）		125	90	Logo
Image（图片）	（960，10）		24	24	FacebookIcon
Image（图片）	（990，10）		24	24	TwitterIcon
Classic Menu—Horizontal（水平菜单）	（352，60）		320	40	Menu

提示：

可以通过网址 https://www.facebookbrand.com/ 和 https://about.twitter.com/press/brand-assets 下载 Facebook 和 Twitter 的素材。

我们还需要调整位于坐标（352，60）处的水平菜单元件中每一个菜单项的尺寸和名称。

执行以下操作：

1. 单击第一个菜单项，输入“Entry Now”。在工具栏将宽度（w）设为 80，高度（h）设为 40。在“Widget Interactions and Notes”（元件交互与说明）功能区，单击“Menu Item Name”（菜单项名称）输入区，输入“EnterMenuItem”。在“Click to add actions”（添加动作）下，滚动至“Link | Open Link”（链接 | 打开链接），单击“Current Window”（当前窗口）。在“Configure actions”（配置动作）下，单击“Enter”，然后单击“OK”（确定）。
2. 单击第二个菜单项，输入“Gallery”。在工具栏将宽度（w）设为 80，高度（h）设为 40。在“Widget Interactions and Notes”（元件交互与说明）功能区，单击“Menu Item Name”（菜单项名称）输入区，输入“GalleryMenuItem”。在“Click to add actions”（添加动作）下，滚动至“Link | Open Link”（链接 | 打开链接），单击“Current Window”（当前窗口）。在“Configure actions”（配置动作）下，单击“Gallery”，然后单击“OK”（确定）。
3. 单击第三个菜单项，输入“Prizes”。在工具栏将宽度（w）设为 80，高度（h）设为 40。在“Widget Interactions and Notes”（元件交互与说明）功能区，单击“Menu Item Name”（菜单项名称）输入区，输入“PrizesMenuItem”。在“Click to add actions”（添加动作）下，滚动至“Link | Open Link”（链接 | 打开链接），单击“Current Window”（当前窗口）。在“Configure actions”（配置动作）下，单击“Prizes”，然后单击“OK”（确定）。
4. 右键单击第三个菜单项，在弹出的菜单中选择“Add Menu Item After”（后方添加菜单项）。单击第四个菜单项，输入“Rules”。在工具栏将宽度（w）设为 80，高度（h）设为 40。在“Widget Interactions and Notes”（元件交互与说明）功能区，单击“Menu Item Name”（菜单项名称）输入区，输入“RulesMenuItem”。在“Click to add actions”（添加动作）下，滚动至“Link | Open Link”（链接 | 打开链接），单击“Current Window”（当前窗口）。在“Configure actions”（配置动作）下，单击“Rules”，然后单击“OK”（确定）。

要在平板电脑竖屏视图下更新“Header”母版中的元件，保持“State1”在工作区打开并单击位于工作区左上角的“768”按钮 768 。

保持“Header”母版在工作区打开，参照表 8-3 列出的参数，将元件移动到新的位置，并调整尺寸（标有*号的项目表示不是每行都有此参数）。

表 8-3

元件名称（“Widget Interactions and Notes”（元件交互与说明）功能区）	基本视图中的坐标	新坐标*	新宽度*（w）	新高度*（h）	新字体大小*
ContestHeading	（430，10）	（320，10）			
FacebookIcon	（960，10）	（710，10）			
TwitterIcon	（990，10）	（740，10）			
Menu	（352，60）	（224，60）			

接下来把元件放入“Header”母版的“Portrait Phone”视图，保持“State1”在工作区打开并单击位于工作区左上角的“320”按钮 320。将“Header”母版在工作区打开，参照表 8-4 列出的参数，将元件移动到新的位置，并调整尺寸（标有*号的项目表示不是每行都有此参数）。

表 8-4

元件名称（“Widget Interactions and Notes”（元件交互与说明）功能区）	768 视图中的坐标	新坐标*	新宽度*（w）	新高度*（h）	新字体大小*
Logo	（10，10）	（5，10）	65	60	
ContestHeading	（320，10）	（78，26）			
FacebookIcon	（710，10）	（260，10）			
TwitterIcon	（740，10）	（290，10）			
Menu	（224，60）	（0，85）			

接下来我们将设计“Footer”（页脚）母版。

8.1.5 设计页脚母版

页脚母版将被应用于图片比赛网站的所有页面。完成后的页脚母版如图 8-6 所示。

图 8-6

我们首先给母版添加覆盖整个浏览器窗口宽度的背景颜色。我们将使用一个动态面板，为其设置背景颜色，并设置为填充。执行以下操作：

1. 在“Masters”（母版）功能区中，双击“Footer”母版旁边的按钮，将其在工作区打开。
2. 在“Widgets”（元件）功能区，将“Dynamic Panel”（动态面板）元件拖放到工作区坐标（0，0）处。在工具栏将元件的宽度（w）设为1024，高度（h）设为100。在“Widget Interactions and Notes”（元件交互与说明）功能区，单击“Dynamic Panel Name”（动态面板名称）输入区，输入“FooterDP”。
3. 保持选中“FooterDP”动态面板，单击位于工作区左上角的“768”按钮 768，在工具栏将y值修改为918，w值修改为768，h值修改为106。
4. 保持选中“FooterDP”动态面板，单击位于工作区左上角的“320”按钮 320，在工具栏将w值修改为320，h值修改为152。
5. 单击位于工作区左上角的“Base”按钮，在“Widget Manager”（元件管理）功能区，双击“State1”将其在工作区打开。在工作区下方的“Panel State Style”功能区，选择一个背景颜色，并在“Repeater”（重复）一栏选择“Stretch to Cover”（填充）。

保持“State1”在工作区打开，我们来往“Footer”母版中添加元件。选中“Base”（基本）视图，执行以下操作：

1. 在“Widgets”（元件）功能区，将“Label”（文本标签）元件A_拖放到工作区坐标(349，20)处。输入“Official Rules | Terms of Use | Privacy Policy | FAQ”。在“Widget Interactions and Notes”（元件交互与说明）功能区，单击“Shape Name”（形状名称）输入区，输入“FooterLinks”。
2. 在“Widgets”（元件）功能区，将“Label”（文本标签）元件A_拖放到工作区坐标（142，55）处。输入“Lorem ipsum”占位符文本。在工具栏将元件的宽度（w）设为740，高度（h）设为30。在“Widget Interactions and Notes”（元件交互与说明）功能区，单击“Shape Name”（形状名称）输入区，输入“FooterLegal”。

在“Widget Properties and Style”（元件属性与样式）功能区，选中“Style”（样式）标签页，滚动至“Font”（字体），执行以下操作：

1. 单击字体颜色按钮旁边的向下箭头A ▾。在下拉菜单中，在“#”旁边的输入区输入999999。

2．滚动至“Alignment + Padding”（对齐|边距），选中居中对齐[≡]。

要把元件放入“Footer”母版的“Portrait Tablet”视图，我们需要保持“State1”在工作区打开，单击位于工作区左上角的“768”按钮 768，参照表 8-5 列出的参数，将元件移动到新的位置，并调整尺寸（标有*号的项目表示不是每行都有此参数）。

表 8-5

元件名称（“Widget Interactions and Notes”（元件交互与说明）功能区）	768 视图中的坐标	新坐标*	新宽度*（w）	新高度*（h）
FooterLinks	（349，20）	（221，20）		
FooterLegal	（142，55）	（102，50）	564	42

要把元件放入“Footer”母版的“Portrait Phone”视图，我们需要保持“State1”在工作区打开，单击位于工作区左上角的“320”按钮 320，参照表 8-6 列出的参数，将元件移动到新的位置，并调整尺寸（标有*号的项目表示不是每行都有此参数）。

表 8-6

元件名称（“Widget Interactions and Notes”（元件交互与说明）功能区）	768 视图中的坐标	新坐标*	新宽度*（w）	新高度*（h）	新字体大小*
FooterLinks	（221，20）	（15，20）	290	14	12
FooterLegal	（102，50）	（42，50）	237	84	

这样我们就完成了页头和页脚母版的设计，可以开始设计“Home”页面了。

8.1.6　设计图片比赛网站的“Home”页面

完成后的“Home”页面如图 8-7 所示。

我们来设计制作这个页面。执行以下操作：

1．在站点地图中，双击“Home”页面，将其在工作区打开，选择基本视图。

2．从“Masters”（母版）功能区，将页头母版拖放至工作区任意位置。

3．从“Masters”（母版）功能区，将页脚母版拖放至工作区坐标（0，1150）处。

4．从“Widgets”（元件）功能区，将“Rectangle”（矩形）元件拖放到工作区坐标（10，830）处。在工具栏将元件的宽度（w）设为 1014，高度（h）设为 290。在“Widget

Interactions and Notes”（元件交互与说明）功能区，单击“Repeater Name”（中继器名称）编辑区，输入“BackRectangle”。

图 8-7

提示：

你可以选择现在就调整该矩形元件的填充颜色、线条颜色、字体颜色等来使它与页头母版中的其他元素更加搭配。

5．重复步骤 4，使用表 8-7 列出的参数（标有*号的项目表示不是每行都有此参数）。

表 8-7

元件	坐标	文本*（将在元件上显示）	宽（w）	高（h）	名称（“Widget Interactions and Notes”（元件交互与说明）功能区）
Image（图片）	（0，118）		1024	412	HeroImage
H2 Heading2（二级标题）	（350，558）	Lorem ipsum dolor sit amet!	297	28	HeroHeadline

续表

元件	坐标	文本*（将在元件上显示）	宽（w）	高（h）	名称（“Widget Interactions and Notes”（元件交互与说明）功能区）
Paragraph（文本段落）	（350，603）	（注：调整文本内容使其符合尺寸）	324	90	HeroCopy
HTMLButton（提交按钮）	（427，728）	Enter Now（注：要添加“OnClick”（鼠标单击时）事件，在“Click to add actions”（添加动作）下，滚动至“Links”（链接）菜单中的“Open Link”下，单击“Current window”（当前窗口），在“Configure actions”（配置动作）下，选择“Enter”，然后单击“OK”（确定））	170	40	EnterCTAButton
Heading2（二级标题）	（95，850）	Aenean euismod bibendum laorett!	380	28	Heading2
Rectangle（矩形）	（95，898）		264	200	Step1Rectangle
Heading2（二级标题）	（113，919）	Step 1（注：将字号设为 20）	59	23	Step1Title
Paragraph（文本段落）	（113，961）	（注：调整文本内容使其符合尺寸）	239	117	Step1Copy
Rectangle（矩形）	（380，898）		264	200	Step2Rectangle
Heading2（二级标题）	（398，919）	Step 2（注：将字号设为 20）	59	23	Step2Title
Paragraph（文本段落）	（398，961）	（注：调整文本内容使其符合尺寸）	239	117	Step2Copy

续表

元件	坐标	文本*（将在元件上显示）	宽（w）	高（h）	名称（“Widget Interactions and Notes”（元件交互与说明）功能区）
Rectangle（矩形）	（665，898）		264	200	Step3Rectangle
H2 Heading2（二级标题）	（683，919）	Step 3（注：将字号设为 20）	59	23	Step3Title
Paragraph（文本段落）	（683，961）	（注：调整文本内容使其符合尺寸）	239	117	Step3Copy

设计完成基本视图后，我们来为 768 视图和 320 视图更新设计：

单击位于工作区左上角的“768”按钮 768，保持“Home”页面依然在工作区打开，执行以下操作：

1．在工作区单击页脚母版，在工具栏将其 x 坐标设为 0，y 坐标设为 1080。
2．根据表 8-8 列出的参数，移动元件并调整元件大小（标有*号的项目表示不是每行都有此参数）。

表 8-8

元件名称（“Widget Interactions and Notes”（元件交互与说明）功能区）	基本视图中的坐标	新坐标*	新宽度*（w）	新高度*（h）	新字体大小*
HeroImage	（0，118）	（0，115）	768	523	
HeroHeadline	（350，558）	（222，360）			
HeroCopy	（350，603）	（226，394）	315	83	12
EnterCTAButton	（427，728）	（324，480）	119	30	
BackRectangle	（10，830）	（0，540）	768	271	
Heading2	（95，850）	（7，552）			
Step1Rectangle	（95，898）	（7，596）	239		
Step1Title	（113，919）	（22，616）			

续表

元件名称（“Widget Interactions and Notes”（元件交互与说明）功能区）	基本视图中的坐标	新坐标*	新宽度*（w）	新高度*（h）	新字体大小*
Step1Copy	（113，961）	（22，658）	218		
Step2Rectangle	（380，898）	（264，596）	239		
Step2Title	（398，919）	（281，616）			
Step2Copy	（398，961）	（281，658）	218		
Step3Rectangle	（665，898）	（522，596）	239		
Step3Title	（683，919）	（537，616）			
Step3Copy	（683，961）	（537，658）	218		

单击位于工作区左上角的“320”按钮 320，保持“Home”页面依然在工作区打开，执行以下操作：

1．在工作区单击页脚母版，在工具栏将其 x 坐标设为 0，y 坐标设为 985。

2．根据表 8-9 列出的参数，移动元件并调整元件大小（标有*号的项目表示不是每行都有此参数）。

表 8-9

元件名称（“Widget Interactions and Notes”（元件交互与说明）功能区）	768 视图中的坐标	新坐标*	新宽度*（w）	新高度*（h）	新字体大小*
HeroImage	（0，115）	（0，113）	320	175	
HeroHeadline	（222，360）	（25，311）	270	23	20
HeroCopy	（226，394）	（2，338）	315	71	11
EnterCTAButton	（324，480）	（100，414）			
BackRectangle	（0，540）	（0，462）	320	493	
Heading2	（7，552）	（7，477）	285	21	18
Step1Rectangle	（7，596）	（5，507）	310	140	
Step1Title	（22，616）	（26，517）			

续表

元件名称（“Widget Interactions and Notes”（元件交互与说明）功能区）	768 视图中的坐标	新坐标*	新宽度*（w）	新高度*（h）	新字体大小*
Step1Copy	（22，658）	（26，546）	270	90	
Step2Rectangle	（264，596）	（5，657）	310	140	
Step2Title	（281，616）	（26，667）			
Step2Copy	（281，658）	（26，697）	270	90	
Step3Rectangle	（522，596）	（5，807）	310	140	
Step3Title	（537，616）	（26，817）			
Step3Copy	（537，658）	（26，847）	270	90	

这样我们就完成了图片比赛网站“Home”页的设计和交互。下面我们来设计“Enter”页面。

8.1.7 设计“Enter Now”流程

“Enter Now”流程包含“Enter”和“Upload Photo”两个页面。“Enter”页面中包含“My Information”表单。“Upload Photo”页面允许用户上传并命名自己的照片。我们现在就来设计“Enter”页面。

1．设计“Enter”页面

“Enter Now”流程中的“Enter”页面包含有“My Information”表单。完成后的“Enter”页面如图 8-8 所示。

提示：

我们将在所有视图中使用一个最优宽度，以确保设计的一致性，同时减少在不同视图下对元件进行调整的工作。

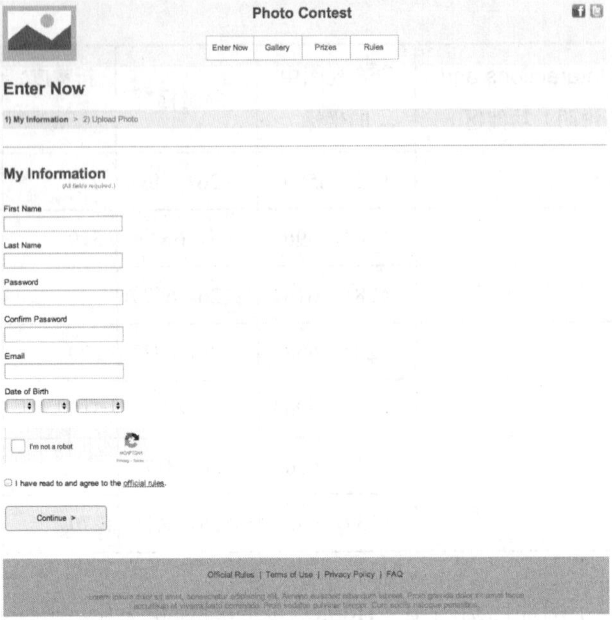

图 8-8

执行以下操作来设计图片比赛网站的“Enter”页面：

1. 在站点地图中，双击“Enter”页面，将其在工作区打开。选择“Base”（基本）视图。
2. 从“Masters”（母版）功能区，将“Header”母版拖放至工作区任意位置。
3. 从“Masters”（母版）功能区，将“Footer”母版拖放至工作区坐标（0，910）处。单击位于工作区左上角的“768”按钮 768 ，在工具栏将 y 值修改为 890。单击位于工作区左上角的“320”按钮 320 ，在工具栏将 y 值修改为 890。
4. 单击位于工作区左上角的“Base”按钮。从“Widgets”（元件）功能区，将“Rectangle”（矩形）元件拖放至工作区坐标（10，18）处，在工具栏将元件的宽度（w）设为 1010，高度（h）设为 31。在元件上输入“1) My Information > 2) Upload Photo”。高亮“2) Upload Photo”，将字体颜色修改为#999999。在“Widget Interactions and Notes”（元件交互与说明）功能区，单击“Shape Name”（形状名称）输入区，输入“ProgressRectangle”。右键单击这个矩形元件，鼠标移动到“Select Shape”（选择形状）菜单项，然后单击“Arrow Left”（向左箭头）。在“Alignment + Padding”（对齐丨边距），选中左对齐。
5. 重复步骤 4，使用下表列出的参数（标有*号的项目表示不是每行都有此参数）。

表 8-10

元件	坐标	文本*（将在元件上显示）	宽（w）	高（h）	名称（"Widget Interactions and Notes"（元件交互与说明）功能区）
H2 Heading 2（二级标题	（10，130）	Enter Now			EnterNowHeading
Horizontal Line（水平线）	（10，235）		1010		Line
H2 Heading 2（二级标题）	（10，270）	My Information（注：将字号设为 24）			MyInfoTitle
A_ Label（文本标签）	（110，298）	(All fields required.)（注：将字号设为 10）			RequiredFieldLabel
A_ Label（文本标签）	（10，333）	First Name			FirstNameLabel
abc Text Field（文本框）	（10，353）		（注：所有文本框使用默认尺寸，w：200，h：25）		FirstNameField
A_ Label（文本标签）	（10，393）	Last Name			LastNameLabel
abc Text Field（文本框）	（10，413）				LastNameField
A_ Label（文本标签）	（10，453）	Password			PasswordLabel
abc Text Field（文本框）	（10，473）				PasswordField
A_ Label（文本标签）	（10，513）	Confirm Password			ConfPasswordLabel
abc Text Field（文本框）	（10，533）				ConfPasswordField

续表

元件	坐标	文本*（将在元件上显示）	宽（w）	高（h）	名称（“Widget Interactions and Notes”（元件交互与说明）功能区）
A_Label（文本标签）	（10，573）	Email			EmailLabel
abc Text Field（文本框）	（10，593）				EmailField
A_Label（文本标签）	（10，631）	Date of Birth			DOBLabel
Droplist（下拉列表框）	（10，651）	（注：右键单击元件然后选择“Edit List Items”（编辑列表项），添加列表项 1 至 12）	50	22	MonthList
Droplist（下拉列表框）	（70，651）	（注：右键单击元件然后选择“Edit List Items”（编辑列表项），添加列表项 1 至 31）	50	22	DayList
Droplist（下拉列表框）	（130，651）	（注：右键单击元件然后选择“Edit List Items”（编辑列表项），添加列表项 1960 至 2000）	80	22	YearList
Image（图片）	（10，698）	（注：通过网站 https://www.google.com/recaptcha/intro/index.html ）可以下载 reCAPTCHA 图片	240	58	ReCAPTCHAImage
Checkbox（复选框）	（10，780）	I have read and agree to the official rules.（注：将“official rules”设置成不同颜色，提示用户这是个可以单击的链接）	280		OptInCheckBox
SUBMIT HTML Button（提交按钮）	（10，825）	Enter Now（注：要添加“OnClick”（鼠标单击时）事件，在“Click to add actions”（添加动作）下，滚动至“Links”（链接）菜单中的“Open Link”下，单击“Current window”（当前窗口），在“Configure actions”（配置动作）下，选择“Upload Photo”，然后单击“OK”（确定））	170	40	ContinueButton

完成基本视图设计后，我们来更新 768 视图和 320 视图。

提示：

由于我们优化了布局，现在每个视图只需要更新 2 个元件就可以了。

要更新 768 视图，单击位于工作区左上角的“768”按钮 768 。保持“Enter”页面依然在工作区打开，参照表 8-11 列出的数据，将元件移动到新的位置，并调整尺寸（标有*号的项目表示不是每行都有此参数）。

表 8-11

元件名称（“Widget Interactions and Notes”（元件交互与说明）功能区）	基本视图中的坐标	新宽度*（w）
ProgressRecangle	（10，180）	750
Line	（10，235）	750

要更新 320 视图，单击位于工作区左上角的“320”按钮 320 。保持“Enter”页面依然在工作区打开，参照表 8-12 列出的数据，将元件移动到新的位置，并调整尺寸（标有*号的项目表示不是每行都有此参数）。

表 8-12

元件名称（“Widget Interactions and Notes”（元件交互和说明）功能区）	768 视图中的坐标	新宽度*（w）
ProgressRecangle	（10，180）	300
Line	（10，235）	300

这样我们就完成了“Enter”页面，接下来设计“Upload Photo”页面。

2. 设计“Upload Photo”页面

“Upload Photo”是“Enter Now”流程中的第二步。完成后的“Upload Photo”页面如图 8-9 所示。

图 8-9

提示：

我们将在所有视图中使用一个最优宽度，以确保设计的一致性，同时减少在不同视图下对元件进行调整的工作。

执行以下操作来完成“Upload Photo”页面：

1. 在站点地图中，双击“Upload Photo”页面，将其在工作区打开。选择“Base”（基本）视图。
2. 从“Masters”（母版）功能区，将“Header”母版拖放至工作区任意位置。
3. 从“Masters”（母版）功能区，将“Footer”母版拖放至工作区坐标（0，760）处。单击位于工作区左上角的“768”按钮 768，在工具栏将 y 值修改为 821。单击位于工作区左上角的“320”按钮 320，在工具栏将 y 值修改为 720。
4. 单击位于工作区左上角的“Base”按钮。从“Widgets”（元件）功能区，将“Rectangle”（矩形）元件拖放至工作区坐标（10，180）处，在工具栏将元件的宽度（w）设为1010，高度（h）设为 31。在元件上输入“1) My Information > 2) Upload Photo”。高亮“1) My Information”，将字体颜色修改为#999999。在“Widget Interactions and Notes”（元件交互与说明）功能区，单击“Shape Name”（形状名称）输入区，输入“ProgressRectangle”。右键单击这个矩形元件，鼠标移动到“Select Shape”（选择形状）菜单项，然后单击“Arrow Left”（向左箭头）。在“Alignment + Padding”

（对齐 | 边距），选中左对齐。

5. 重复步骤 4，使用表 8-13 列出的参数（标有*号的项目表示不是每行都有此参数）。

表 8-13

元件	坐标	文本*（将在元件上显示）	宽（w）	高（h）	名称（“Widget Interactions and Notes”（元件交互与说明）功能区）
Heading 2（二级标题）	（10，130）	Enter Now			EnterNowHeading
HorizontalLine（水平线）	（10，235）		1010		Line
Heading 2（二级标题）	（10，270）	Upload Photo（注：将字号设置为 24）			UploadPhotoTitle
Label（文本标签）	（10，300）	Lorem ipsum dolor sit amet, consectetur adipiscing elit. Aenean euismod bibendum laoreet.			InstructionalLabel
Label（文本标签）	（10，340）	Photo Title（注：可以在旁边加上“Required”或“Optional”。在这个原型中加上了“Optional”，字号为 10）			PhotoTitleLabel
Text Field（文本框）	（10，365）	（注：你可以在文本框中放上提示文字。在“Widget Properties and Style”（元件属性与样式）功能区），设置“Hint Text”（提示文字）为“My Photo”，字体颜色设置为#999999）	（注：此文本框使用默认尺寸，w：200，h：25）		PhotoTitleField
Label（文本标签）	（10，405）	Photo			PhotoLabel

续表

元件	坐标	文本*（将在元件上显示）	宽（w）	高（h）	名称（“Widget Interactions and Notes”（元件交互与说明）功能区）
Image（图片）	（10，425）		200	155	PhotoPreviewImage
HTMLButton（提交按钮）	（10，595）	Choose File	100	25	ChooseFileButton
A_Label（文本标签）	（10，628）	(Max file size 20MB in. gif,.jpg or.jepg format)（注：将字号设置为 11，字体颜色设置为#999999）			MaxSizeLabel
HTMLButton（提交按钮）	（10，670）	Enter Now（注：要添加“OnClick”（鼠标单击时）事件，在“Click to add actions”（添加动作）下，滚动至“Links”（链接）菜单中的“Open Link”下，单击“Current window”（当前窗口），在“Configure actions”（配置动作）下，选择“Entry Confirmation”，然后单击“OK”（确定））	170	40	SubmitButton

完成基本视图设计后，我们来更新 768 视图和 320 视图。

要更新 768 视图，单击位于工作区左上角的“768”按钮 768 。保持“Upload Photo”页面依然在工作区打开，参照表 8-14 列出的数据，将元件移动到新的位置，并调整尺寸（标有*号的项目表示不是每行都有此参数）。

表 8-14

元件名称（“Widget Interactions and Notes”（元件交互与说明）功能区）	基本视图中的坐标	新坐标*	新宽度*（w）
ProgressRecangle	（10，180）		750
Line	（10，235）		750

续表

元件名称（“Widget Interactions and Notes”（元件交互与说明）功能区）	基本视图中的坐标	新坐标*	新宽度*（w）
UploadPhotoTitle	（10，270）	（10，260）	
InstructionalLabel	（10，300）	（10，290）	
PhotoTitleLabel	（10，340）	（10，330）	
PhotoTitleField	（10，365）	（10，355）	
SubmitButton	（10，670）	（10，700）	

要更新 320 视图，单击位于工作区左上角的“320”按钮 320 。保持“Upload Photo”页面依然在工作区打开，参照表 8-15 列出的数据，将元件移动到新的位置，并调整尺寸（标有*号的项目表示不是每行都有此参数）。

表 8-15

元件名称（“Widget Interactions and Notes”（元件交互与说明）功能区）	768 视图中的坐标	新坐标*	新宽度*（w）	新高度*（h）
EnterNowHeading	（10，130）	（10，140）		
ProgressRecangle	（10，180）	（10，189）	300	
Line	（10，235）	（10，245）	300	
UploadPhotoTitle	（10，260）	（10，275）		
InstructionalLabel	（10，290）	（5，313）	294	
PhotoTitleLabel	（10，330）	（10，355）		
PhotoTitleField	（10，355）	（10，375）		
PhotoLabel	（10，405）	（10，425）		
PhotoPreviewImage	（10，425）	（10，445）	124	96
ChooseFileButton	（10，595）	（10，550）		
MaxSizeLabel	（10，628）	（10，585）		
SubmitButton	（10，700）	（10，630）		

这样我们就完成了“Upload Photo”页面的设计和交互，接下来设计“Entry Confirmation”页面。

8.1.8　设计“Entry Confirmation”页面

完成后的“Entry Confirmation”页面如图 8-10 所示。

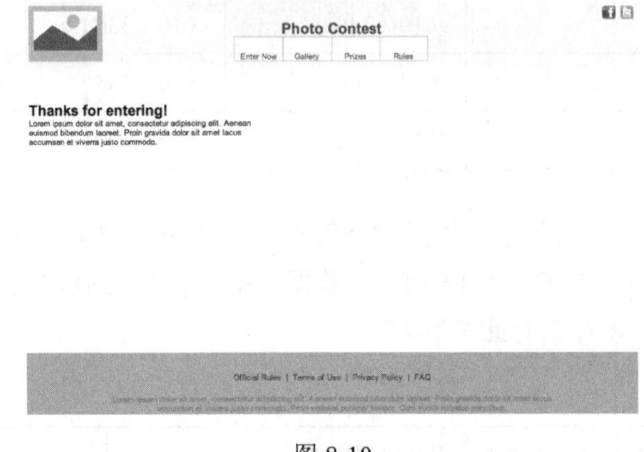

图 8-10

执行以下操作来完成“Entry Confirmation”页面：

1. 在站点地图中，双击“Entry Confirmation”页面，将其在工作区打开。选择“Base”（基本）视图。
2. 从“Masters”（母版）功能区，将“Header”母版拖放至工作区任意位置。
3. 从“Masters”（母版）功能区，将“Footer”母版拖放至工作区坐标（0，571）处。单击位于工作区左上角的“768”按钮 768，在工具栏将 y 值修改为 821。单击位于工作区左上角的“320”按钮 320，在工具栏将 y 值修改为 328。
4. 单击位于工作区左上角的“Base”按钮。从“Widgets”（元件）功能区，将“Heading 2”（二级标题）元件拖放至工作区坐标（10，142）处，在“Widget Interactions and Notes”（元件交互与说明）功能区，单击“Shape Name”（形状名称）输入区，输入“EntryConfHeading”。
5. 从“Widgets”（元件）功能区，将“Paragraph”（文本段落）元件拖放至工作区坐标（10，180）处，在工具栏将元件的宽度（w）设为 380，高度（h）设为 45。在“Widget Interactions and Notes”（元件交互与说明）功能区，单击“Shape Name”（形状名称）输入区，输入“EntryConfCopy”。调整元件上显示的文字为 3 行。

完成基本视图设计后，我们来更新 768 视图和 320 视图。我们查看后发现，768 视图中元件的位置和大小不需要更新，我们只需要更新 320 视图就可以了。

要更新 320 视图，单击位于工作区左上角的“320”按钮 320 。保持“Entry Confirmation”页面依然在工作区打开，参照表 8-16 列出的数据，将元件移动到新的位置，并调整尺寸（标有*号的项目表示不是每行都有此参数）。

表 8-16

元件名称（“Widget Interactions and Notes”（元件交互与说明）功能区）	基本视图中的坐标	新坐标*	新宽度*（w）	新高度*（h）	新字体大小*
EntryConfHeading	（10，142）	（5，142）			
EntryConfCopy	（10，180）	（5，180）	294	60	

这样我们就完成了“Entry Confirmation”页面的设计和交互，接下来设计“Gallery”页面。

8.1.9　设计“Gallery”页面

我们通过一个自适应的中继器元件来展示“Gallery”页面上的内容。完成后的“Gallery”页面如图 8-11 所示。

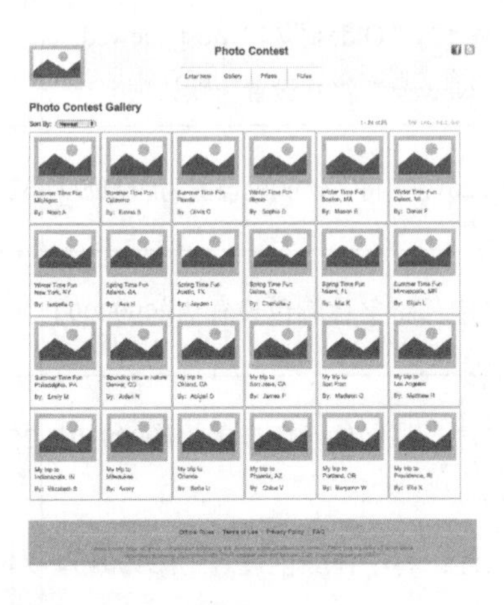

图 8-11

执行以下操作来完成“Gallery”页面：

1．在站点地图中，双击“Gallery”页面，将其在工作区打开。选择“Base”（基本）视图。

2．从“Masters”（母版）功能区，将“Header”母版拖放至工作区任意位置。

3．从“Masters”（母版）功能区，将“Footer”母版拖放至工作区坐标（0，1050）处。单击位于工作区左上角的“768”按钮 768，在工具栏将 y 值修改为 1864。单击位于工作区左上角的“320”按钮 320，在工具栏将 y 值修改为 2640。

4．单击位于工作区左上角的“Base”按钮。从“Widgets”（元件）功能区，将“Heading 2”（二级标题）元件拖放至工作区坐标（10，132）处，输入“Photo Contest Gallery”。在“Widget Interactions and Notes”（元件交互和说明）功能区，单击“Shape Name”（形状名称）输入区，输入“GalleryPageTitle”。

5．重复步骤 4，使用表 8-17 列出的参数（标有*号的项目表示不是每行都有此参数）。

表 8-17

元件	坐标	文本*（将在元件上显示）	宽（w）	高（h）	名称（“Widget Interactions and Notes”（元件交互与说明）功能区）
A_Label（文本标签）	（10，174）	Sort By:（注：将字号设置为 14）	51	16	SortByLabel
Droplist（下拉列表框）	（69，174）	（注：右键单击元件然后选择“Edit List Items”（编辑列表项），添加列表项“Newest”，“Oldest”和“Most Viewed”，勾选“Newest”将其设置为默认项）	92	16	SortDropList
A_Label（文本标签）	（755，175）	1-24 of 26（注：将字体颜色设置为#999999）	62	14	Count
A_Label（文本标签）	（864，175）	First（注：将字体颜色设置为#999999）	20	14	FirstLink
A_Label（文本标签）	（893，175）	prev（注：将字体颜色设置为#999999）	25	14	PreviousLink
A_Label（文本标签）	（927，175）	next（注：将字体颜色设置为#999999）	24	14	NextLink
A_Label（文本标签）	（960，175）	last（注：将字体颜色设置为#999999）	20	14	LastLink

完成基本视图设计后，我们就可以来更新768视图和320视图了。

提示：

如果你希望添加更多的交互效果，比如根据每页显示的条目数来更新"Count"标签，要注意文本不是自适应的，你在任何视图上做的改动都将应用到所有视图。解决方案是在每一个子视图中删除现在的"Count"元件，然后为每一个子视图添加独立的"Count"标签并分别命名（如"Count_Desktop"，"Count_Tablet"，"Count_Mobile"）。这样你就可以单独更新每一个视图的页面载入交互，确保"Count"标签上显示正确的数字。

要更新768视图，单击位于工作区左上角的"768"按钮 768 。保持"Gallery"页面依然在工作区打开，参照表8-18列出的数据，将元件移动到新的位置，并调整尺寸（标有*号的项目表示不是每行都有此参数）。

表8-18

元件名称（"Widget Interactions and Notes"（元件交互与说明）功能区）	基本视图中的坐标	新坐标*
SortByLavel	（10，174）	（9，172）
SortDropList	（69，174）	（68，172）
Count	（755，175）	（508，173）
FirstLink	（864，175）	（638，173）
PreviousLink	（893，175）	（667，173）
NextLink	（927，175）	（701，173）
LastLink	（960，175）	（734，173）

要更新320视图，单击位于工作区左上角的"320"按钮 320 。保持"Gallery"页面依然在工作区打开，参照表8-19列出的数据，将元件移动到新的位置，并调整尺寸（标有*号的项目表示不是每行都有此参数）。

表 8-19

元件名称（"Widget Interactions and Notes"（元件交互与说明）功能区）	768 视图中的坐标	新坐标*
GalleryPageTitle	（10，135）	（5，135）
SortByLavel	（9，172）	（5，182）
SortDropList	（68，172）	（64，182）
Count	（508，173）	（5，220）
FirstLink	（638，173）	（205，220）
PreviousLink	（667，173）	（234，220）
NextLink	（701，173）	（268，220）
LastLink	（734，173）	（301，220）

接下来我们来设计"PhotoGallery"中继器。

1．设计"PhotoGallery"中继器

完成后的"PhotoGallery"中继器如图 8-12 所示。

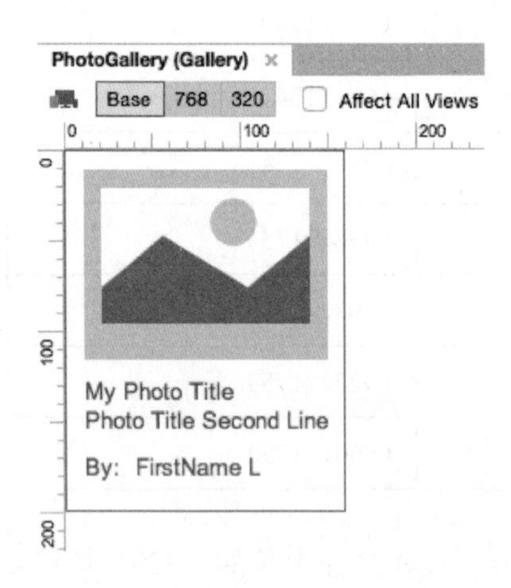

图 8-12

执行以下操作来设计"PhotoGallery"中继器（如图 8-13 所示）。

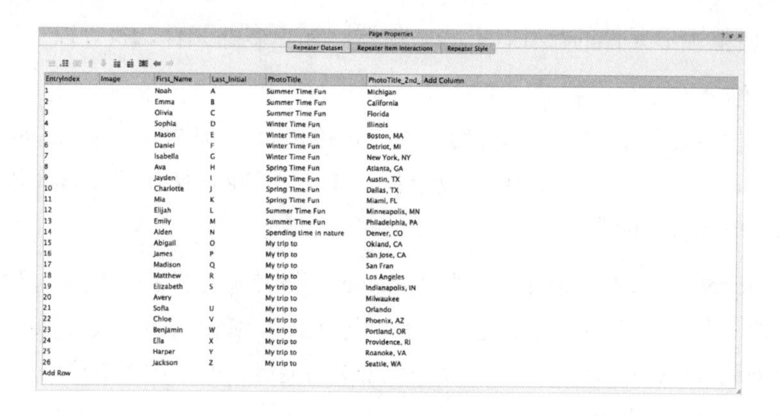

EntryIndex	Image	First_Name	Last_Initial	PhotoTitle	PhotoTitle_2nd_	Add Column
1		Noah	A	Summer Time Fun	Michigan	
2		Emma	B	Summer Time Fun	California	
3		Olivia	C	Summer Time Fun	Florida	
4		Sophia	D	Winter Time Fun	Illinois	
5		Mason	E	Winter Time Fun	Boston, MA	
6		Daniel	F	Winter Time Fun	Detriot, MI	
7		Isabella	G	Winter Time Fun	New York, NY	
8		Ava	H	Spring Time Fun	Atlanta, GA	
9		Jayden	I	Spring Time Fun	Austin, TX	
10		Charlotte	J	Spring Time Fun	Dallas, TX	
11		Mia	K	Spring Time Fun	Miami, FL	
12		Elijah	L	Summer Time Fun	Minneapolis, MN	
13		Emily	M	Summer Time Fun	Philadelphia, PA	
14		Aiden	N	Spending time in nature	Denver, CO	
15		Abigail	O	My trip to	Okland, CA	
16		James	P	My trip to	San Jose, CA	
17		Madison	Q	My trip to	San Fran	
18		Matthew	R	My trip to	Los Angeles	
19		Elizabeth	S	My trip to	Indianapolis, IN	
20		Avery		My trip to	Milwaukee	
21		Sofia	U	My trip to	Orlando	
22		Chloe	V	My trip to	Phoenix, AZ	
23		Benjamin	W	My trip to	Portland, OR	
24		Ella	X	My trip to	Providence, RI	
25		Harper	Y	My trip to	Roanoke, VA	
26		Jackson	Z	My trip to	Seattle, WA	
Add Row						

图 8-13

1. 从“Widgets”（元件）功能区，将“Repeater”（中继器）元件拖放到工作区坐标（10，200）处。在“Widget Interactions and Notes”（元件交互与说明）功能区，单击“Repeater Name”（中继器名称）编辑区，输入“PhotoGallery”。

2. 双击“PhotoGallery”中继器，将其在工作区打开。

3. 在工作区下方的“Repeater”（中继器）功能区，单击“Repeater Style”（中继器样式）标签页。执行以下操作：

   1）在“Layout”（布局）下方，勾选“Horizontal”（水平）。

   2）勾选“Wrap(Grid)”（排布<网格>），在“Items per row”（每行项目数）输入区输入 6。

   3）在“Pagination”（分页）下方，勾选“Multiple pages”（多页显示）。在“Items per page”（每页项目数）输入区输入 24，在“Starting page”（起始页）输入区输入 1。

   4）在“Spacing”（填充）下拉菜单，在“Spacing: Row”（行）和“Spacing: Column”（列）输入区分别输入数值 2。

4. 在工作区下方的“Repeater”（中继器）功能区，单击“Repeater Dataset”（数据集）标签页。参考下表中的参数来更新数据。

> **提示：**
>
> 双击某一行或某一列可以重命名该行或列。要添加新的行或列，单击“Add row”（添加行）或“Add column”（添加列）即可。

现在我们调整矩形元件的尺寸，并为中继器添加更多的元件。执行以下操作：

1. 保持中继器在工作区打开，单击位于坐标（0，0）处的“Rectangle”（矩形）元件，在工具栏将元件的宽度（w）设为 160，高度（h）设为 200。在“Widget Interactions and Notes”（元件交互与说明）功能区，单击“Shape Name”（形状名称）输入区，输入“Background”。
2. 从“Widgets”（元件）功能区，将“Image”（图片）元件拖放到工作区坐标（11，11）处。在工具栏将元件的宽度（w）设为 139，高度（h）设为 105。在“Widget Interactions and Notes”（元件交互与说明）功能区，单击“Shape Name”（形状名称）编辑区，输入“Image”。
3. 从“Widgets”（元件）功能区，将“Label”（文本标签）元件A_拖放到工作区坐标（11，126）处。输入“My Photo Title”。在“Widget Interactions and Notes”（元件交互与说明）功能区，单击“Shape Name”（形状名称）编辑区，输入“PhotoTitleLabel”。
4. 从“Widgets”（元件）功能区，将“Label”（文本标签）元件A_拖放到工作区坐标（11，142）处。输入“Photo Title Second Line”。在“Widget Interactions and Notes”（元件交互与说明）功能区，单击“Shape Name”（形状名称）编辑区，输入“PhotoTitleLabel2”。
5. 从“Widgets”（元件）功能区，将“Label”（文本标签）元件A_拖放到工作区坐标（11，168）处。在工具栏将元件的宽度（w）设为 25，高度（h）设为 15。输入“By:”。在“Widget Interactions and Notes”（元件交互与说明）功能区，单击“Shape Name”（形状名称）编辑区，输入“ByLabel”。
6. 从“Widgets”（元件）功能区，将“Label”（文本标签）元件A_拖放到工作区坐标（40，168）处。输入“FirstName L”。在“Widget Interactions and Notes”（元件交互与说明）功能区，单击“Shape Name”（形状名称）编辑区，输入“Name”。

这样我们就完成了“PhotoGallery”中继器基本视图的设计。现在我们来为 768 视图和 320 视图进行调整。

2. 更新“PhotoGallery”中继器的 768 视图和 320 视图

要更新 768 视图，单击位于工作区左上角的“768”按钮 768 。保持“PhotoGallery”中继器依然在工作区打开，参照表 8-20 列出的数据，将元件移动到新的位置，并调整尺寸（标有*号的项目表示不是每行都有此参数）。

表 8-20

元件名称（"Widget Interactions and Notes"（元件交互与说明）功能区）	基本视图中的坐标	新坐标*	新宽度*（w）	新高度*（h）
Background	（0，0）		184	230
Image	（11，11）	（13，13）	160	121
PhotoTitleLabel	（11，126）	（13，145）		
PhotoTitleLabel2	（11，142）	（13，163）		
ByLabel	（11，168）	（13，193）		
Name	（40，168）	（46，193）		

在工作区下方的"Repeater"（中继器）功能区，单击"Repeater Style"（中继器样式）标签页。执行以下操作：

1. 在"Layout"（布局）下方，勾选"Horizontal"（水平）。
2. 勾选"Wrap(Grid)"（排布<网格>），在"Items per row"（每行项目数）输入区输入 4。
3. 在"Pagination"（分页）下方，勾选"Multiple pages"（多页显示）。在"Items per page"（每页项目数）输入区输入 24，在"Starting page"（起始页）输入区输入 1。
4. 在"Spacing"（填充）下拉菜单，在"Spacing: Row"（行）输入区输入 2，"Spacing: Column"（列）输入区输入数值 4。

要更新 320 视图，单击位于工作区左上角的"320"按钮 320 。保持"PhotoGallery"中继器依然在工作区打开，参照表 8-21 列出的数据，将元件移动到新的位置，并调整尺寸（标有*号的项目表示不是每行都有此参数）。

表 8-21

元件名称（"Widget Interactions and Notes"（元件交互与说明）功能区）	768 视图中的坐标	新坐标*	新宽度*（w）	新高度*（h）
Background	（0，0）		155	195
Image	（13，13）	（5，6）	146	111

续表

元件名称（“Widget Interactions and Notes”（元件交互与说明）功能区）	768视图中的坐标	新坐标*	新宽度*（w）	新高度*（h）
PhotoTitleLabel	（13，145）	（5，128）		
PhotoTitleLabel2	（13，163）	（5，144）		
ByLabel	（13，193）	（5，172）		
Name	（46，193）	（36，172）		

在工作区下方的“Repeater”（中继器）功能区，单击“Repeater Style”（中继器样式）页签。执行以下操作：

1．在“Layout”（布局）下方，勾选“Horizontal”（水平）。
2．勾选“Wrap(Grid)”（排布<网格>），在“Items per row”（每行项目数）输入区，输入2。
3．在“Pagination”（分页）下方，勾选“Multiple pages”（多页显示）。在“Items per page”（每页项目数）输入区输入24，在“Starting page”（起始页）输入区输入1。
4．在“Spacing”（填充）下拉菜单，在“Spacing: Row”（行）输入区输入2，“Spacing: Column”（列）输入区输入数值4。

这样“PhotoGallery”中继器布局调整就完成了。我们接下来来为其定义交互。

3．定义“PhotoGallery”中继器交互

我们前面已经定义好了所有的全局变量，现在可以来完成中继器项目的交互定义了。我们需要为“Image”和“PhotoTitleLabel”元件定义“OnClick”（鼠标单击时）事件，当用户单击这些元件时产生以下交互行为：

- 设置“FirstName”，“LastInitial”，“PhotoTitle”和“PhotoTitle2”的值
- 在当前窗口打开“View Entry”页面

完成所有的设置后，“Image”元件的“Widget Interactions and Notes”（元件交互与说明）功能区将如图8-14所示。

保持中继器在工作区打开，选中基本视图，单击位于坐标（11，11）处的“Image”元件。在“Widget Interactions and Notes”（元件交互与说明）功能区，选中“Interactions”（交互）标

签页，双击“OnClick”（鼠标单击时），打开用例编辑对话框。在对话框中执行以下操作：

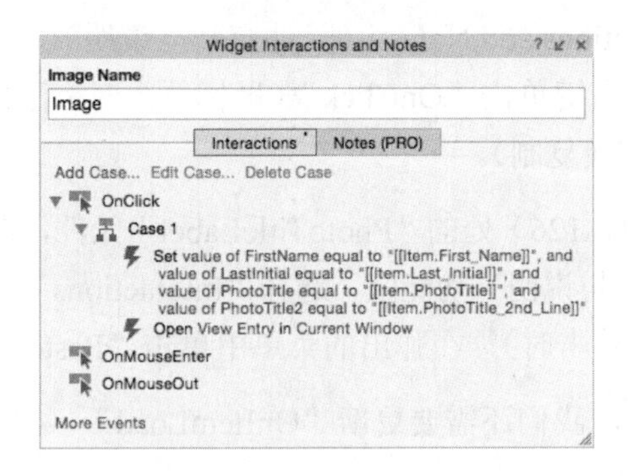

图 8-14

1．创建第一个动作，设置全局变量的变量值。执行以下步骤：

1）在“Click to add actions”（添加动作）一栏下，滚动至“Variables”（变量）（原文中为“滚动至‘Widgets’”，应为笔误——译者注），单击“Set Variable Value”（设置变量值）。

2）在“Configure actions”（配置动作）一栏下，勾选“FirstName”。

3）在“Set variable to”（设置全局变量值为）的位置，第一个下拉菜单处选择“value”（值），然后在输入区输入“[[Item.First_Name]]”。

4）重复步骤 1 至 3，在“Set variable to”（设置全局变量值为）的位置，参照表 8-22 进行输入。

表 8-22

需要设置的变量（“Widget Interactions and Notes”（元件交互与说明）功能区中的名称）	值
LastInitial	[[Item.Last_Initial]]
PhotoTitle	[[Item.PhotoTitle]]
PhotoTitle2	[[Item.PhotoTitle_2nd_Line]]

2．创建第二个动作，在当前窗口打开“View Entry”页面。在“Click to add actions”（添加动作）一栏下，滚动至“Links”（链接）菜单下的“OpenLink”（打开链接），单击“Current Window”（当前窗口）。在“Configure actions”（配置动作）一栏下，

单击“View Entry”。单击“OK”（确定）。

3. 在“Widget Interactions and Notes”（元件交互与说明）功能区，选中“Interactions”（交互）标签页，右键单击“OnClick”（鼠标单击时）下的“Case 1”，在弹出的菜单中单击“Copy”（复制）。

4. 单击位于坐标（11，126）处的“PhotoTitleLabel”元件，在“Widget Interactions and Notes”（元件交互与说明）功能区，选择“Interactions”（交互）标签页，右键单击“OnClick”（鼠标单击时），在弹出的菜单中单击“Paste”（粘贴）。

要完成中继器的交互，我们还需要更新“OnItemLoad”（每项载入时）事件。

完成所有的设置后，“PhotoGallery”元件的“OnItemLoad”（每项载入时）事件将如图 8-15 所示。

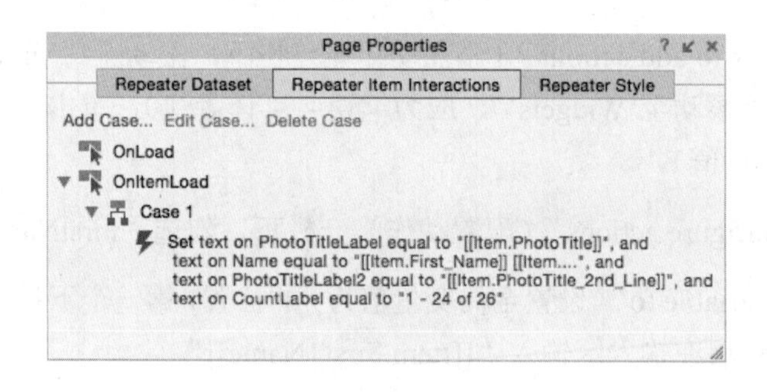

图 8-15

在工作区下方的“Repeater”（中继器）功能区，选择“Repeater Item Interactions”（项目交互）标签页。双击“OnItemLoad”（每项加载时），弹出用例编辑对话框。在用例编辑对话框中执行以下步骤：

1. 创建第一个动作，设置中继器中元件上的文本。

2. 在“Click to add actions”（添加动作）一栏下，滚动至“Widgets”（元件），单击“Set Text”（设置文本）。

3. 在“Configure actions”（配置动作）一栏下，勾选“PhotoTitleLabel”。

4. 在“Set text to”（设置文本为）下方，第一个下拉菜单处选择“value”（值），然后在输入区输入“[[Item.PhotoTitle]]”。

5. 重复步骤 2 至 4，使用表 8-23 列出的参数来设置其他元件。

表 8-23

需要设置的变量（用例编辑对话框中“Configure Actions”（配置动作）部分）	文本
Name	[[Item.First_Name]] [[Item.Last_Initial]]
PhotoTitleLabel2	[[Item.PhotoTitle_2nd_Line]]
CountLabel	1 – 24 of 26

6．单击“OK”（确定）。

这样我们就完成中继器的交互定义。下面我们来为“Gallery”页面设置排序和分页的交互。

4．定义排序和分页交互

排序是通过“SortDroplist”元件的“OnSelectionChange”（选项改变时）事件来控制的。分页交互则是通过“FirstLink”，“PrevLink”，“NextLink”和“LastLink”的“OnClick”（鼠标单击时）事件来完成的。我们首先来定义“SortDroplist”元件的交互。

5．完成“SortDroplist”元件排序功能

定义好“SortDroplist”的所有用例后，“Widget Interactions and Notes”（元件交互与说明）功能区的显示如图 8-16 所示。

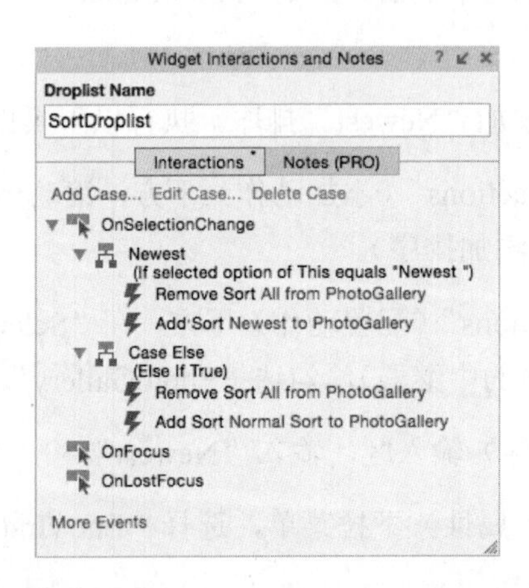

图 8-16

执行以下操作来完成“SortDroplist”元件的交互定义：

1. 在站点地图中，双击“Gallery”页面，将其在工作区打开，选中基本视图。
2. 选中位于坐标（69，174）处的“SortDroplist”元件，双击“OnSelectionChange”（选项改变时）事件，打开用例编辑对话框。
3. 在用例编辑对话框中的“Case Description”（用例描述）输入区，输入“Newest”。
4. 单击“Add Condition”（添加条件）按钮来添加条件。
5. 在弹出的“Condition Builder”（条件设立）对话框中，执行以下操作：

   1）在第一个下拉菜单中，选择“selected option of”（被选项）。

   2）在第二个下拉菜单中，选择“this”。

   3）在第三个下拉菜单中，选择“equals”（==）。

   4）在第四个下拉菜单中，选择“option”（选项）。

   5）在第五个下拉菜单中，选择“Newest”。

6. 创建动作，移除排序。执行以下操作：

   1）在“Click to add actions”（添加动作）下方，滚动至“Repeaters”（中继器），单击“Remove Sort”（移除排序）。

   2）在“Configure actions”（配置动作）下方，在“Select the repeaters to remove sorting”（选择要移除排序的中继器），勾选“PhotoGallery”，然后勾选“Remove all sorting”（移除全部排序）。

7. 创建第二个动作，添加“Newest”排序。执行以下操作：

   1）在“Click to add actions”（添加动作）下方，滚动至“Repeaters”（中继器），单击“Add Sort”（添加排序）。

   2）在“Configure actions”（配置动作）下方，在“Select the repeaters to add sorting”（选择要添加排序的中继器），勾选“PhotoGallery”。

   3）在“Name”（名称）输入区，输入“Newest”。

   4）在“Properties”（属性）下拉菜单，选择“EntryIndex”。

   5）在“Sort as”（排序类型）下拉菜单，选择“Number”。

   6）在“Order”（顺序）下拉菜单，选择“Ascending”（升序）。

7）单击“OK”（确定）。

8．为“OnSelectionChange”（选项改变时）事件创建“Case Else”用例。双击“OnSelectionChange”（选项改变时）事件，打开用例编辑对话框。在用例编辑对话框中的“Case Description”（用例描述）输入区，输入“Case Else”。

9．创建动作，移除排序。执行以下操作：

1）在“Click to add actions”（添加动作）下方，滚动至“Repeaters”（中继器），单击“Remove Sort”（移除排序）。

2）在“Configure actions”（配置动作）下方，在“Select the repeaters to remove sorting”（选择要移除排序的中继器），勾选“PhotoGallery”，然后勾选“Remove all sorting”（移除全部排序）。

10．创建下一个动作，添加“Normal Sort”排序。执行以下操作：

1）在“Click to add actions”（添加动作）下方，滚动至“Repeaters”（中继器），单击“Add Sort”（添加排序）。

2）在“Configure actions”（配置动作）下方，在“Select the repeaters to add sorting”（选择要添加排序的中继器），勾选“PhotoGallery”。

3）在“Name”（名称）输入区，输入“Normal Sort”。

4）在“Properties”（属性）下拉菜单，选择“EntryIndex”。

5）在“Sort as”（排序类型）下拉菜单，选择“Number”。

6）在“Order”（顺序）下拉菜单，选择“Descending”（降序）。

7）单击“OK”（确定）。

这样我们就完成了“SortDroplist”元件的交互定义。下面我们来实现分页控制。

6．实现分页控制

我们来定义“FirstLink”和“PreviousLink”的“OnClick”（鼠标单击时）事件。单击位于坐标（864，175）处的“FirstLink”元件。在“Widget Interactions and Notes”（元件交互与说明）功能区，双击“OnClick”（鼠标单击时）事件，打开用例编辑对话框。在用例编辑对话框中执行以下操作：

1．创建第一个动作，设置中继器的当前显示页面。执行以下操作：

1）在“Click to add actions”（添加动作）下方，滚动至“Repeaters”（中继器），单击“Set Current Page”（设置当前显示页面）。

2）在“Configure actions”（配置动作）下方，在“Select the repeaters to set current page”（选择要设置当前页的中继器），勾选“PhotoGallery”。

3）在“Select the page”（选择页面为）下拉菜单，选择“Value”。

4）在“Page #”（输入页码）输入区输入 1。

2．创建第二个动作，设置“Count”元件上的文本。执行以下操作：

1）在“Click to add actions”（添加动作）一栏下，滚动至“Widgets”（元件），单击“Set Text”（设置文本）。

2）在“Configure actions”（配置动作）一栏下，勾选“Count”。

3）在“Set text to”（设置文本为）下方，第一个下拉菜单处选择“value”（值），然后在输入区输入“1-24 of 26”。

4）单击“OK”（确定）。

3．在“Widget Interactions and Notes”（元件交互与说明）功能区，选中“Interactions”（交互）标签页，右键单击“OnClick”（鼠标单击时）下的“Case 1”，在弹出的菜单中单击“Copy”（复制）。

4．单击位于坐标（893，175）处的“PreviousLink”元件，在“Widget Interactions and Notes”（元件交互与说明）功能区，选择“Interactions”（交互）标签页，右键单击“OnClick”（鼠标单击时），在弹出的菜单中单击“Paste”（粘贴）。

现在我们来定义“NextLink”和“LastLink”的“OnClick”（鼠标单击时）事件。单击位于坐标（927，175）处的“NextLink”元件。在“Widget Interactions and Notes”（元件交互与说明）功能区，双击“OnClick”（鼠标单击时）事件，打开用例编辑对话框。在用例编辑对话框中执行以下操作：

1．创建第一个动作，设置中继器的当前显示页面。执行以下操作：

1）在“Click to add actions”（添加动作）下方，滚动至“Repeaters”（中继器），单击“Set Current Page”（设置当前显示页面）。

2）在“Configure actions”（配置动作）下方，在“Select the repeaters to set current page”（选择要设置当前页的中继器），勾选“PhotoGallery”。

3）在“Select the page”（选择页面为）下拉菜单，选择“Value”。

4）在“Page #”（输入页码）输入区输入 2。

2. 创建第二个动作，设置“Count”元件上的文本。执行以下操作：

1）在“Click to add actions”（添加动作）一栏下，滚动至“Widgets”（元件），单击“Set Text”（设置文本）。

2）在“Configure actions”（配置动作）一栏下，勾选“Count”。

3）在“Set text to”（设置文本为）下方，第一个下拉菜单处选择“value”（值），然后在输入区输入“25-26 of 26”。

4）单击“OK”（确定）。

3. 在“Widget Interactions and Notes”（元件交互与说明）功能区，选中“Interactions”（交互）标签页，右键单击“OnClick”（鼠标单击时）下的“Case 1”，在弹出的菜单中单击“Copy”（复制）。

4. 单击位于坐标（960，175）处的“LastLink”元件，在“Widget Interactions and Notes”（元件交互与说明）功能区，选择“Interactions”（交互）标签页，右键单击“OnClick”（鼠标单击时），在弹出的菜单中单击“Paste”（粘贴）。

这样我们就完成了“Gallery”页面。接下来我们将设计“View Entry”页面。

8.1.10 设计“View Entry”页面

完成后的“View Entry”页面如图 8-17 所示。

图 8-17

执行以下操作来完成“View Entry”页面：

1. 在站点地图中，双击“View Entry”页面，将其在工作区打开。选择“Base”（基本）视图。
2. 从“Masters”（母版）功能区，将“Header”母版拖放至工作区任意位置。
3. 从“Masters”（母版）功能区，将“Footer”母版拖放至工作区坐标（0，571）处。单击位于工作区左上角的“768”按钮 768，在工具栏将 y 值修改为 818。单击位于工作区左上角的“320”按钮 320，在工具栏将 y 值修改为 749。
4. 单击位于工作区左上角的“Base”按钮。从“Widgets”（元件）功能区，将“Rectangle”（矩形）元件拖放至工作区坐标（650，374）处。在工具栏将元件的宽度（w）设为 262，高度（h）设为 70。在“Widget Interactions and Notes”（元件交互与说明）功能区，单击“Shape Name”（形状名称）输入区，输入“ShareBackground”。
5. 重复步骤 4，使用表 8-24 列出的参数（标有*号的项目表示不是每行都有此参数）。

表 8-24

元件	坐标	文本*（将在元件上显示）	宽（w）	高（h）	名称（“Widget Interactions and Notes”（元件交互与说明）功能区）
A_Label（文本标签）	（800，140）	prev（注：将字号设置为 12，字体颜色设置为#999999）	25	14	PreviousLink
A_Label（文本标签）	（834，140）	View All（注：将字号设置为 12，字体颜色设置为#999999）（注：要添加“OnClick”（鼠标单击时）事件，在“Click to add actions”（添加动作）下，滚动至“Links”（链接）菜单中的“Open Link”下，单击“Current window”（当前窗口），在“Configure actions”（配置动作）下，选择“Gallery”，然后单击“OK”（确定））	42	14	ViewAllLink

续表

元件	坐标	文本*（将在元件上显示）	宽（w）	高（h）	名称（"Widget Interactions and Notes"（元件交互与说明）功能区）
A_Label（文本标签）	（886，140）	next（注：将字号设置为 12，字体颜色设置为#999999）	24	14	NextLink
Image（图片）	（170，166）		440	344	EntryImage
A_Label（文本标签）	（650，199）	My Awesome Photo（注：将字号设置为 28）	248	33	PhotoTitleLabel1
A_Label（文本标签）	（650，232）	The Best Day Ever!（注：将字号设置为 28）	244	34	PhotoTitleLabel2
A_Label（文本标签）	（650，269）	http://t.cx/a5TGfd89yoJl（注：将字号设置为 11，字体颜色设置为#0066FF）	118	15	EntryLink
A_Label（文本标签）	（650，301）	By:（注：将字号设置为 16，字体颜色设置为#999999）	28	28	ByLabel
A_Label（文本标签）	（678，301）	FirstName L（注：将字号设置为 16，字体颜色设置为#999999）	88	28	FirstNameLastInitial
A_Label（文本标签）	（658，384）	Share with friends!（注：将字号设置为 16，字体颜色设置为#999999）	133	28	ShareCopy
Image（图片）	（660，410）		24	24	FacebookIcon
Image（图片）	（688，410）		24	24	TwitterIcon

提示：

可以通过网址 https://www.facebookbrand.com/和 https://about.twitter.com/press/brand-assets 下载 Facebook 和 Twitter 的素材。

设计完成基本视图后，我们来为 768 视图和 320 视图更新设计。

单击位于工作区左上角的“768”按钮 768 ，保持“View Entry”页面依然在工作区打开，根据表 8-25 列出的参数，移动元件并调整元件大小（标有*号的项目表示不是每行都有此参数）。

表 8-25

元件名称（“Widget Interactions and Notes”（元件交互与说明）功能区）	基本视图中的坐标	新坐标*	新宽度*（w）	新高度*（h）
ShareBackground	（650，374）	（510，430）	250	
PreviousLink	（800，140）	（650，196）		
ViewAllLink	（834，140）	（684，196）		
NextLink	（886，140）	（736，196）		
EntryImage	（170，166）	（30，222）		
PhotoTitleLabel1	（650，199）	（510，255）		
PhotoTitleLabel2	（650，232）	（510，288）		
EntryLink	（650，269）	（513，324）		
ByLabel	（650，301）	（510，360）		
FirstNameLastInitial	（678，301）	（538，360）		
ShareCopy	（658，384）	（518，440）		
FacebookIcon	（660，410）	（520，466）		
TwitterIcon	（688，410）	（548，466）		

接下来更新 320 视图。单击位于工作区左上角的“320”按钮 320 ，保持“View Entry”页面依然在工作区打开，根据表 8-26 列出的参数，移动元件并调整元件大小（标有*号的项目表示不是每行都有此参数）。

表 8-26

元件名称（“Widget Interactions and Notes”（元件交互与说明）功能区）	768 视图中的坐标	新坐标*	新宽度*（w）	新高度*（h）
ShareBackground	（510，430）	（38，630）		
PreviousLink	（650，196）	（210，140）		

续表

元件名称（“Widget Interactions and Notes”（元件交互与说明）功能区）	768 视图中的坐标	新坐标*	新宽度*（w）	新高度*（h）
ViewAllLink	（684，196）	（240，140）		
NextLink	（736，196）	（296，140）		
EntryImage	（30，222）	（0，166）	320	266
PhotoTitleLabel1	（510，255）	（38，455）		
PhotoTitleLabel2	（510，288）	（38，488）		
EntryLink	（513，324）	（38，526）		
ByLabel	（510，360）	（38，562）		
FirstNameLastInitial	（538，360）	（66，562）		
ShareCopy	（518，440）	（46，640）		
FacebookIcon	（520，466）	（46，665）		
TwitterIcon	（548，466）	（74，665）		

这样我们就完成了“View Entry”页面。接下来我们将设计“Prizes”页面。

8.1.11 设计“Prizes”页面

完成后的“Prizes”页面如图 8-18 所示。

执行以下操作来完成我们图片比赛网站的“Prizes”页面：

1. 在站点地图中，双击“Prizes”页面，将其在工作区打开。选择“Base”（基本）视图。
2. 从“Masters”（母版）功能区，将“Header”母版拖放至工作区任意位置。
3. 从“Masters”（母版）功能区，将“Footer”母版拖放至工作区坐标（0，1300）处。单击位于工作区左上角的“768”按钮 768，在工具栏将 y 值修改为 970。单击位于工作区左上角的“320”按钮 320，在工具栏将 y 值修改为 1193。
4. 单击位于工作区左上角的“Base”按钮。从“Widgets”（元件）功能区，将“Image”（图片）元件拖放至工作区坐标（10，190）处。在工具栏将元件的宽度（w）设为 1014，高度（h）设为 412。在“Widget Interactions and Notes”（元件交互与说明）

功能区，单击“Shape Name”（形状名称）输入区，输入“GrandPrizeImage”。

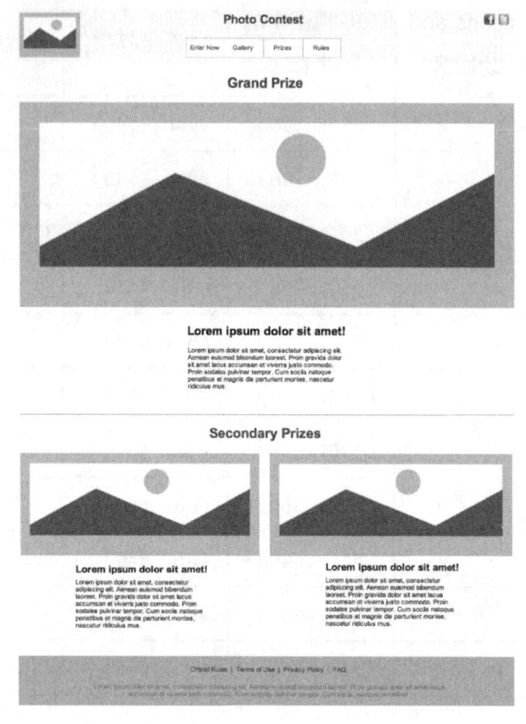

图 8-18

5．重复步骤 4，使用表 8-27 列出的参数（标有*号的项目表示不是每行都有此参数）。

表 8-27

元件	坐标	文本*（将在元件上显示）	宽（w）	高（h）	名称（“Widget Interactions and Notes”（元件交互与说明）功能区）
H2 Heading 2（二级标题）	（438，135）	Grand Prize			GrandPrizeTitle
H2 Heading 2（二级标题）	（355，635）	Lorem ipsum dolor sit amet!			GrandPrizeHeadline
Paragraph（文本段落）	（356，680）	（注：调整文本内容使其符合尺寸）	321	90	GrandPrizeCopy

续表

元件	坐标	文本*（将在元件上显示）	宽（w）	高（h）	名称（“Widget Interactions and Notes”（元件交互与说明）功能区）
Horizontal Line（水平线）	（10，810）		1014		Line
H2 Heading 2（二级标题）	（400，838）	Secondary Prizes			SecondPrizesTitle
Image（图片）	（10，895）		495	204	SecondPrize1Image
H2 Heading 2（二级标题）	（124，1115）	Lorem ipsum dolor sit amet!			SecondPrize1Headline
Paragraph（文本段落）	（124，1145）	（注：调整文本内容使其符合尺寸）	267	115	SecondPrize1Copy
Image（图片）	（525，895）		495	204	SecondPrize2Image
H2 Heading 2（二级标题）	（639，1115）	Lorem ipsum dolor sit amet!			SecondPrize2Headline
Paragraph（文本段落）	（639，1145）	（注：调整文本内容使其符合尺寸）	267	115	SecondPrize2Copy

设计完成基本视图后，我们来为 768 视图和 320 视图更新设计。

单击位于工作区左上角的“768”按钮 768 ，保持“Prizes”页面依然在工作区打开，根据表 8-28 列出的参数，移动元件并调整元件大小（标有*号的项目表示不是每行都有此参数）。

表 8-28

元件名称（“Widget Interactions and Notes”（元件交互与说明）功能区）	基本视图中的坐标	新坐标*	新宽度*（w）	新高度*（h）	新字体大小*
GrandPrizeTitle	（438，135）	（306，128）			
GrandPrizeImage	（10，190）	（10，180）	750	190	

续表

元件名称（“Widget Interactions and Notes”（元件交互与说明）功能区）	基本视图中的坐标	新坐标*	新宽度*（w）	新高度*（h）	新字体大小*
GrandPrizeHeadline	（355，635）	（223，380）			
GrandPrizeCopy	（356，680）	（225，425）	324	83	12
Line	（10，810）	（10，530）	750		
SecondPrizesTitle	（400，838）	（268，560）			
SecondPrize1Image	（10，895）	（10，618）	361	163	
SecondPrize1Headline	（124，1115）	（56，807）			
SecondPrize1Copy	（124，1145）	（58，843）	270	103	12
SecondPrize2Image	（525，895）	（400，618）	361	163	
SecondPrize2Headline	（639，1115）	（446，803）			
SecondPrize2Copy	（639，1145）	（448，843）	270	103	12

接下来更新 320 视图。单击位于工作区左上角的“320”按钮 320 ，保持“Prizes”页面依然在工作区打开，根据表 8-29 列出的参数，移动元件并调整元件大小（标有*号的项目表示不是每行都有此参数）。

表 8-29

元件名称（“Widget Interactions and Notes”（元件交互与说明）功能区）	768 视图中的坐标	新坐标*	新宽度*（w）	新高度*（h）	新字体大小*
GrandPrizeTitle	（306，128）	（81，140）			
GrandPrizeImage	（10，180）	（5，180）	310	175	
GrandPrizeHeadline	（223，380）	（5，374）	248	23	20
GrandPrizeCopy	（225，425）	（10，414）	315	71	11
Line	（10，530）	（5，495）	310		
SecondPrizesTitle	（268，560）	（43，518）			
SecondPrize1Image	（10，618）	（5，563）	310	175	
SecondPrize1Headline	（56，807）	（5，752）			

续表

元件名称（“Widget Interactions and Notes”（元件交互与说明）功能区）	768 视图中的坐标	新坐标*	新宽度*（w）	新高度*（h）	新字体大小*
SecondPrize1Copy	（58，843）	（5，788）	315	71	11
SecondPrize2Image	（400，618）	（5，882）	310	175	
SecondPrize2Headline	（446，803）	（5，1067）			
SecondPrize2Copy	（448，843）	（5，1102）	315	71	11

这样我们就完成了“Prizes”页面。接下来我们来设计“Rules”页面。

8.1.12 设计“Rules”页面

完成后的“Rules”页面如图 8-19 所示。

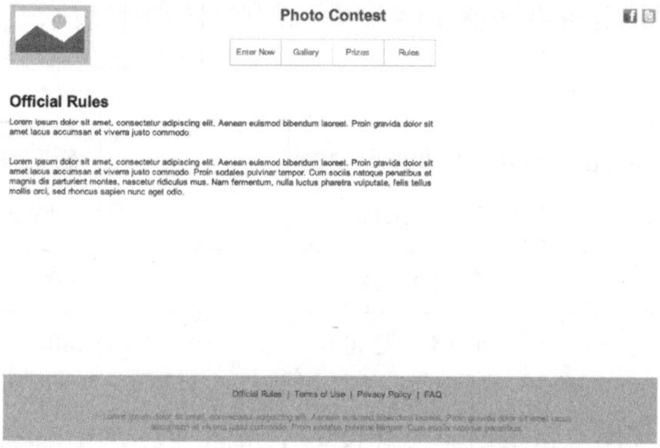

图 8-19

执行以下操作来完成我们图片比赛网站的“Rules”页面：

1. 在站点地图中，双击“Prizes”页面，将其在工作区打开。选择“Base”（基本）视图。
2. 从“Masters”（母版）功能区，将“Header”母版拖放至工作区任意位置。
3. 从“Masters”（母版）功能区，将“Footer”母版拖放至工作区坐标（0，571）处。单击位于工作区左上角的“768”按钮 768，在工具栏将 y 值修改为 875。单击位于工作区左上角的“320”按钮 320，在工具栏将 y 值修改为 448。
4. 单击位于工作区左上角的“Base”按钮。从“Widgets”（元件）功能区，将“Heading

2”（二级标题）元件拖放至工作区坐标（10，142）处，输入“Official Rules”。在“Widget Interactions and Notes”（元件交互与说明）功能区，单击“Shape Name”（形状名称）输入区，输入“RulesHeading”。

5. 从“Widgets”（元件）功能区，将“Paragraph”（文本段落）元件拖放至工作区坐标（10，180）处。在工具栏将元件的宽度（w）设为660，高度（h）设为30。在“Widget Interactions and Notes”（元件交互与说明）功能区，单击“Shape Name”（形状名称）输入区，输入“RulesCopyBlock1”。将元件上显示的文本调整为两行。

6. 从“Widgets”（元件）功能区，将“Paragraph”（文本段落）元件拖放至工作区坐标（10，240）处。在工具栏将元件的宽度（w）设为660，高度（h）设为60。在“Widget Interactions and Notes”（元件交互与说明）功能区，单击“Shape Name”（形状名称）输入区，输入“RulesCopyBlock2”。

设计完成基本视图后，我们来为768视图和320视图更新设计。

单击位于工作区左上角的“768”按钮 768，保持“Rules”页面依然在工作区打开，根据表8-30列出的参数，移动元件并调整元件大小（标有*号的项目表示不是每行都有此参数）。

表 8-30

元件名称（“Widget Interactions and Notes”（元件交互与说明）功能区）	基本视图中的坐标	新坐标*	新宽度*（w）	新高度*（h）	新字体大小*
RulesCopyBlock1	（10，180）		540		
GrandPrizeImage	（10，240）		540	75	

接下来更新320视图。单击位于工作区左上角的“320”按钮 320，保持“Rules”页面依然在工作区打开，根据表8-31列出的参数，移动元件并调整元件大小（标有*号的项目表示不是每行都有此参数）。

表 8-31

元件名称（“Widget Interactions and Notes”（元件交互与说明）功能区）	768视图中的坐标	新坐标*	新宽度*（w）	新高度*（h）	新字体大小*
RulesHeading	（10，142）	（5，142）			
RulesCopyBlock1	（10，180）	（5，180）	294	60	
GrandPrizeImage	（10，240）	（5，255）	294	135	

恭喜！我们现在全部完成了图片比赛网站的原型，可以将其发布至 AxShare，并在我们的移动设备上通过浏览器或者 AxShare App 来访问这个图片比赛网站原型了。

8.2 小结

本章中，我们利用自适应视图功能，创建了一个优化 iPad 和 iPhone 显示的图片比赛网站原型。我们设置了宽度为 1024 的基本视图用以适应 iPad 横屏的显示，还为 iPad 竖屏设计了宽度为 768 的视图，为 iPhone 竖屏设计了宽度为 320 的视图。图片比赛网站由“Home”页面、注册流程（包括“Enter”,“Upload Photo”和“Entry Confirmation”页面)、“Gallery”以及“Entry Detail”页面。

我们用到了一个中继器元件来创建“Gallery”页面中的内容，还使用了一些全局变量来保存中继器条目被用户单击时的值。我们还创建了“Entry Detail”页面，利用全局变量更新元件。

在下一章中，我们将探讨如何创建一个简单的电子商务网站。这个网站同样需要适用于平板电脑和手机等移动设备。

第 9 章
创建电商网站购物车

总结一下前面几章中已经学到的，我们发现我们已经掌握了创建一个电子商务网站的首页、商品品类页面、商品详情页面所需要的工具，此处需要补充的是如何创建购物车。我们将继续前面关于自适应视图的探索，创建一个能适用 iPad 和 iPhone 的购物车。要完成这一任务，我们要再次选用以下两个视图：

- Portrait tablet（平板电脑竖屏）（768×任意高度或以下）
- Portrait phone（手机竖屏）（320×任意高度或以下）

和之前一样，我们将基本视图设定为宽度 1024 像素的平板（兼容 iPad 早期版本）。完成后的购物车如图 9-1 所示。

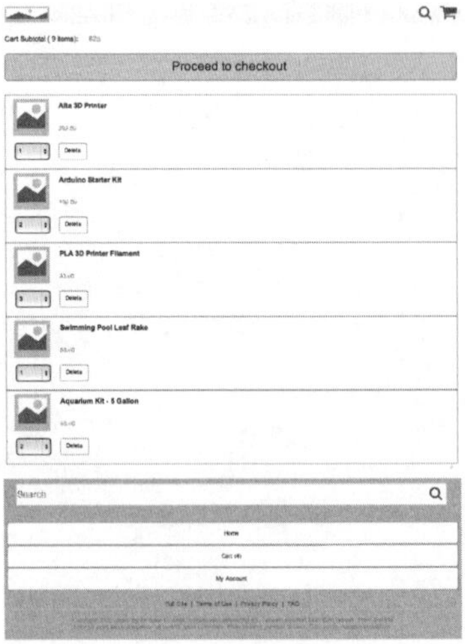

图 9-1

在这一章中，我们将学到：

- 设计电商网站购物车
- 创建电商网站购物车的交互

9.1 设计电商网站购物车

我们的第一步是在“Sitemap”（站点地图）中创建购物车的页面，并为其设置自适应视图。接下来为其创建全局的页头和页脚。购物车页面将包含页头、页脚和一个购物车中继器（Repeater）控件。

9.1.1 更新“Sitemap”（站点地图）并设置自适应视图

我们通过以下操作来更新“Sitemap”（站点地图）和设置自适应视图：

1. 打开一个新的 Axure 文件，编辑“Sitemap”（站点地图），使其中包含一个页面，命名为“Shopping Cart”。
2. 设置自适应视图。单击位于工作区左上角的“Manage Adaptive Views”（管理自适应视图）图标。如图 9-2 所示。

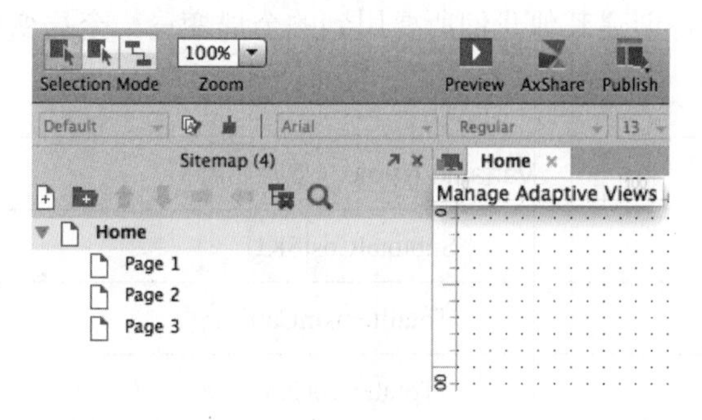

图 9-2

3. 在弹出的对话框中，单击绿色+按钮，在“Presets”（预设）下拉菜单中选择“Portrait Tablet”（平板电脑竖屏）。再次单击绿色+按钮，在下拉菜单中选择“Portrait Phone”（手机竖屏）。单击“OK”。完成后，你的弹出框应该如图 9-3 所示。

在更新完“Sitemap”（站点地图）并设置好自适应视图后，我们来创建全局变量，并设计页头和页脚母版。

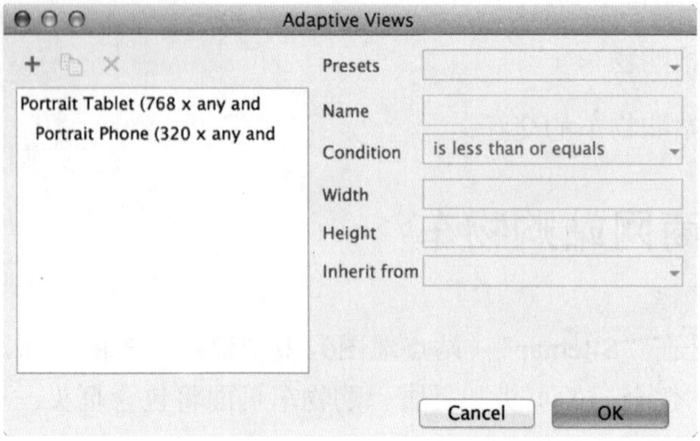

图 9-3

9.1.2　创建全局变量

现在我们来创建全局变量。在设计过程中，全局变量的应用能让我们在不同页面间共享数据。在菜单栏选择“Project”（项目）—“Global Variables”（全局变量）。在“Global Variables”（全局变量）对话框中执行以下操作：

1．单击绿色+按扭，输入“QuantitySKU”。“Default Value”（默认值）输入区留空。

2．重复以上步骤，创建其他我们所要用到的全局变量。全局变量名称如表 9-1 所列。

表 9-1

Variable Name（变量名称）
SubtotalCostSKU
TotalItemsInCart
TotalPriceCart

完成后的全局变量对话框如图 9-4 所示。

3．单击“OK”（确定）。

创建好所需要的全局变量后，我们接下来就可以设计页头和页脚母版了。让我们从往“Masters”（母版）功能区添加母版开始吧。

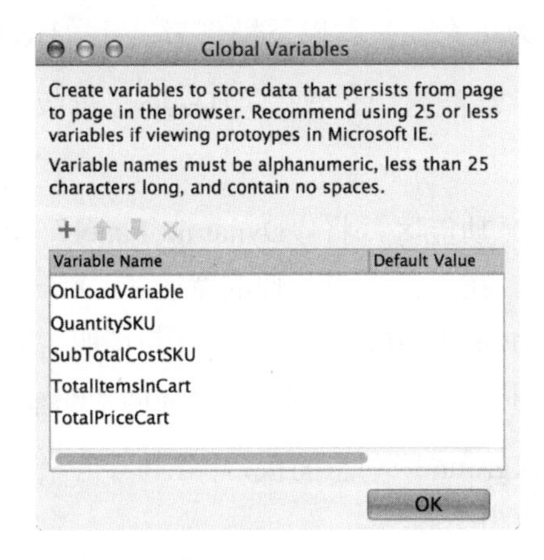

图 9-4

9.1.3 往“Masters”（母版）功能区添加母版

执行以下操作来添加母版：

1. 在“Masters”（母版）功能区，单击“Add Masters”（添加母版）按钮，输入“Header”然后回车。
2. 在“Masters”（母版）功能区，右键单击“Header”（页头）母版旁边的按钮，将鼠标移动到“Drop Behavior”（拖放行为），然后选择“Lock to Master Location”（固定位置）。
3. 在“Masters”（母版）功能区，再次单击“Add Masters”（添加母版）按钮，输入“Footer”然后回车。

添加好所有需要的母版之后，我们就可以来设计这些母版了。我们从“Header”（页头）母版开始吧。

9.1.4 设计页头母版

完成后的页头母版如图 9-5 所示。

图 9-5

我们首先给母版添加覆盖整个浏览器窗口宽度的背景颜色。我们将使用一个动态面板，为其设置背景颜色，并设置为填充。执行以下操作来设计“Header”母版：

1. 在“Masters”（母版）功能区中，双击“Header”母版旁边的按钮，将其在工作区打开。
2. 在“Widgets”（元件）功能区，将“Dynamic Panel”（动态面板）元件拖放到工作区坐标（0，0）处。在工具栏将元件的宽度（w）设为1024，高度（h）设为50。在“Widget Interactions and Notes”（元件交互与说明）功能区，单击“Dynamic Panel Name”（动态面板名称）输入区，输入“HeaderBackground”。
3. 保持选中“HeaderBackground”动态面板，单击位于工作区左上角的“768”按钮 768，在工具栏将w值修改为768。
4. 保持选中“HeaderBackground”动态面板，单击位于工作区左上角的“320”按钮 320，在工具栏将w值修改为320。
5. 单击位于工作区左上角的“Base”按钮，在“Widget Manager”（元件管理）功能区，双击“State1”将其在工作区打开。在工作区下方的“Panel State Style”功能区，选择一个背景颜色，并在“Repeater”（重复）一栏选择“Stretch to Cover”（填充）。

保持“State1”在工作区打开，我们来往“Header”母版中添加元件。选中“Base”（基本）视图，执行以下操作：

1. 在“Widgets”（元件）功能区，将“Image”（图片）元件拖放到工作区坐标（10，8）处。在工具栏将元件的宽度（w）设为100，高度（h）设为35。在“Widget Interactions and Notes”（元件交互与说明）功能区，单击“Shape Name”（形状名称）输入区，输入“Logo”。

提示：

关于搜索（放大镜）和购物车图标，你可以使用图片、表情图标（emojis）（http://emojipedia.org）或Font Awesome上的图标（http://fortawesome.github.io/Font-Awesome/cheatsheet/）。要利用Font Awesome来进一步优化你的原型，可以访问网址htpt://www.axure.com/c/forum/tips-tricks-examples/8732-font-awesome-widget-library-v7-icon-fonts.html获取更多信息。

2. 重复步骤1，使用表9-2列出的参数（标有*号的项目表示不是每行都有此参数）。

表 9-2

元件	坐标	文本*（将在元件上显示）	宽（w）	高（h）	名称（“Widget Interactions and Notes”（元件交互与说明）功能区）
Image（图片）	（930，10）		30	30	SearchIcon
Image（图片）	（975，10）	（注：要添加“OnClick”（鼠标单击时）事件，在“Click to add actions”（添加动作）下，滚动至“Links”（链接）菜单中的“Open Link”下，单击“Current window”（当前窗口），在“Configure actions”（配置动作）下，选择“Shopping Cart”，然后单击“OK”（确定））	40	90	ShoppingCartIcon

要在平板电脑竖屏视图下更新“Header”母版中的元件，保持“State1”在工作区打开并单击位于工作区左上角的“768”按钮 768 。保持“Header”母版在工作区打开，参照表 9-3 列出的参数将元件移动到新的位置，并调整尺寸（标有*号的项目表示不是每行都有此参数）。

表 9-3

元件名称（“Widget Interactions and Notes”（元件交互与说明）功能区）	基本视图中的坐标	新坐标*
SearchIcon	（930，10）	（680，10）
ShoppingCartIcon	（975，10）	（720，10）

接下来在平板电脑竖屏视图下更新“Header”母版中的元件。保持“State1”在工作区打开并单击位于工作区左上角的“320”按钮 320 。将“Header”母版在工作区打开，参照表 9-4 列出的参数将元件移动到新的位置，并调整尺寸（标有*号的项目表示不是每行都有此参数）。

表 9-4

元件名称（“Widget Interactions and Notes”（元件交互与说明）功能区）	768 视图中的坐标	新坐标*
Logo	（10，8）	（5，8）
SearchIcon	（680，10）	（230，10）
ShoppingCartIcon	（720，10）	（270，10）

接下来我们将设计页脚母版。

9.1.5 设计页脚母版

完成后的页头母版如图 9-6 所示。

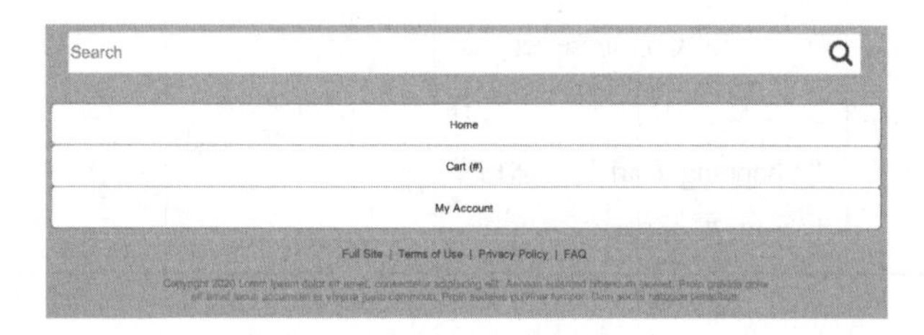

图 9-6

我们首先给母版添加覆盖整个浏览器窗口宽度的背景颜色。我们将使用一个动态面板，为其设置背景颜色，并设置为填充。执行以下操作来设计“Footer”母版：

1. 在“Masters”（母版）功能区中，双击“Footer”母版旁边的按钮，将其在工作区打开。
2. 在“Widgets”（元件）功能区，将“Dynamic Panel”（动态面板）元件拖放到工作区坐标（0，1150）处。在工具栏将元件的宽度（w）设为 1024，高度（h）设为 350。在“Widget Interactions and Notes”（元件交互与说明）功能区，单击“Dynamic Panel Name”（动态面板名称）输入区，输入“FooterDP”。
3. 保持选中“HeaderBackground”动态面板，单击位于工作区左上角的“768”按钮 768 ，在工具栏将 x 值修改为 0，y 值修改为 918，w 值修改为 768，h 值修改为 352。
4. 保持选中“HeaderBackground”动态面板，单击位于工作区左上角的“320”按钮 320 ，在工具栏将 w 值修改为 320，h 值修改为 372。

5．单击位于工作区左上角的“Base”按钮，在“Widget Manager”（元件管理）功能区，双击“State1”将其在工作区打开。在工作区下方的“Panel State Style”功能区，选择一个背景颜色，并在“Repeater”（重复）一栏选择“Stretch to Cover”（填充）。

保持“State1”在工作区打开，我们来往“Footer”母版中添加元件。选中“Base”（基本）视图，执行以下操作：

1．在“Widgets”（元件）功能区，将“Label”（文本标签）元件A_拖放到工作区坐标（364，265）处。输入“Full Site | Terms of Use | Privacy Policy | FAQ”。在“Widget Interactions and Notes”（元件交互与说明）功能区，单击“Shape Name”（形状名称）输入区，输入“FooterLinks”。

2．在“Widgets”（元件）功能区，将“Label”（文本标签）元件A_拖放到工作区坐标（142，300）处。输入“Lorem ipsum”占位符文本。在工具栏将元件的宽度（w）设为740，高度（h）设为30。在“Widget Interactions and Notes”（元件交互与说明）功能区，单击“Shape Name”（形状名称）输入区，输入“FooterLegal”。在“Widget Properties and Style”（元件属性与样式）功能区，选中“Style”（样式）标签页，滚动至“Font”（字体），执行以下操作：

　1）单击字体颜色按钮旁边的向下箭头A▾。在下拉菜单中，在“#”旁边的输入区输入999999。

　2）滚动至“Alignment + Padding”（对齐 | 边距），选中居中对齐≡。

　3）输入“Copyright 2020”，输入“Lorem ipsum”占位符文本。

3．重复步骤2，使用表9-5列出的参数（标有*号的项目表示不是每行都有此参数）。

表 9-5

元件	坐标	文本*（将在元件上显示）	宽（w）	高（h）	名称（“Widget Interactions and Notes”（元件交互与说明）功能区）
abc Text Field（文本框）	（30，10）	（注：你可以在文本框中放上提示文字。在“Widget Properties and Style”（元件属性与样式）功能区），设置“Hint Text”（提示文字）为“Search”，字号设置为20，字体颜色设置为#999999）	960	50	FooterSearchField

续表

元件	坐标	文本*（将在元件上显示）	宽（w）	高（h）	名称（“Widget Interactions and Notes”（元件交互与说明）功能区）
Image（图片）	（950，20）	（注：使用一个搜索图标来替换图片）	30	30	SearchIcon
Button Shape（按钮形状）	（10，95）	Home	1004	50	HomeMenuItem
Button Shape（按钮形状）	（10，144）	Cart (#)（注：要添加“OnClick”（鼠标单击时）事件，在“Click to add actions”（添加动作）下，滚动至“Links”（链接）菜单中的“Open Link”下，单击“Current window”（当前窗口），在“Configure actions”（配置动作）下，选择“Shopping Cart”，然后单击“OK”（确定））	1004	50	CartMenuItem
Button Shape（按钮形状）	（10，193）	My Account	1004	50	MyAccountMenuItem

要在平板电脑竖屏视图下更新“Header”母版中的元件，保持“State1”在工作区打开并单击位于工作区左上角的“768”按钮 768 。保持“Header”母版在工作区打开，参照表9-6列出的参数将元件移动到新的位置，并调整尺寸（标有*号的项目表示不是每行都有此参数）。

表9-6

元件名称（“Widget Interactions and Notes”（元件交互与说明）功能区）	基本视图中的坐标	新坐标*	新宽度*（w）	新高度*（h）
FooterSearchField	（30，10）		710	
SearchIcon	（950，20）	（720，10）		
HomeMenuItem	（10，95）		750	
CartMenuItem	（10，144）		750	

续表

元件名称（“Widget Interactions and Notes”（元件交互与说明）功能区）	基本视图中的坐标	新坐标*	新宽度*（w）	新高度*（h）
MyAccountMenuItem	（10，193）		750	
FooterLinks	（364，265）	（221，268）		
FooterLegal	（142，300）	（102，298）	564	42

接下来在平板电脑竖屏视图下更新“Header”母版中的元件。保持“State1”在工作区打开并单击位于工作区左上角的“320”按钮 320。将“Header”母版在工作区打开，参照表 9-7 列出的参数，将元件移动到新的位置，并调整尺寸（标有*号的项目表示不是每行都有此参数）。

表 9-7

元件名称（“Widget Interactions and Notes”（元件交互与说明）功能区）	768 视图中的坐标	新坐标*	新宽度*（w）	新高度*（h）
FooterSearchField	（30，10）	（20，10）	280	
FooterSearchIcon	（700，20）	（260，20）		
HomeMenuItem	（10，95）	（10，76）	300	
CartMenuItem	（10，144）	（10，125）	300	
MyAccountMenuItem	（10，193）	（10，174）	300	
FooterLinks	（221，268）	（29，246）		
FooterLegal	（102，298）	（42，276）	237	84

这样我们就完成了页头和页脚母版的设计。下面我们来设计“Shoppint Cart”页面。

9.1.6 设计“Shopping Cart”页面

完成后的“Shoppint Cart”页面效果如图 9-7 所示。

Cart Subtotal (9 items): 828

Proceed to checkout

Alta 3D Printer
399.00
1 Delete

Arduino Starter Kit
100.00
2 Delete

PLA 3D Printer Filament
33.00
3 Delete

Swimming Pool Leaf Rake
50.00
1 Delete

Aquarium Kit - 5 Gallon
40.00
2 Delete

Search
Home
Cart (#)
My Account
Full Site | Terms of Use | Privacy Policy | FAQ

图 9-7

执行以下操作来完成“Shoppint Cart”页面的设计：

1. 在站点地图中，双击“Shoppint Cart”页面，将其在工作区打开。选择“Base”（基本）视图。

2. 从“Masters”（母版）功能区，将“Header”母版拖放至工作区任意位置。

3. 从“Masters”（母版）功能区，将“Footer”母版拖放至工作区坐标（0，1030）处，在“Widget Interactions and Notes”（元件交互与说明）功能区，编辑其名称为“CartFooter”。单击位于工作区左上角的“768”按钮 768，在工具栏将 y 值修改为 1030。单击位于工作区左上角的“320”按钮 320，在工具栏将 y 值修改为 1030。

4. 在“Widgets”（元件）功能区，将“Label”（文本标签）元件 A_ 拖放到工作区坐标（10，70）处。输入“Cart Subtotal (# items):”。在“Widget Interactions and Notes”（元件交互与说明）功能区，单击“Shape Name”（形状名称）输入区，输入

"SubtotalLabel"。在"Widget Properties and Style"（元件属性与样式）功能区，选中"Style"（样式）标签页，将字号设置为16。

5. 在"Widgets"（元件）功能区，将"Label"（文本标签）元件A_拖放到工作区坐标（200，70）处。输入"000.00"。在"Widget Interactions and Notes"（元件交互与说明）功能区，单击"Shape Name"（形状名称）输入区，输入"SubTotal"。在"Widget Properties and Style"（元件属性与样式）功能区，选中"Style"（样式）标签页，将字号设置为16，字体颜色A▾设置为#999999。

6. 在"Widgets"（元件）功能区，将"Button Shape"（按钮形状）（原文中为"Label"（文本标签）元件，应为笔误——译者注）元件拖放到工作区坐标（10，110）处。输入"Proceed to checkout"。在工具栏将元件的宽度（w）设为1004，高度（h）设为60。在"Widget Interactions and Notes"（元件交互与说明）功能区，单击"Shape Name"（形状名称）输入区，输入"CheckoutButton"。在"Widget Properties and Style"（元件属性与样式）功能区，选中"Style"（样式）标签页，将字号设置为16。在"Borders, Lines + Fills"，将填充颜色▾设置为#797979。

要更新平板电脑竖屏视图中的文本标签和按钮形状元件，保持"Shopping Cart"页面依然在工作区打开，单击位于工作区左上角的"768"按钮768，根据表9-8列出的参数移动元件并调整元件大小（标有*号的项目表示不是每行都有此参数）。

表9-8

元件名称（"Widget Interactions and Notes"（元件交互与说明）功能区）	基本视图中的坐标	新坐标*	新宽度*（w）	新高度*（h）
CheckoutButton	（10，110）		748	

要更新手机竖屏视图中的文本标签和按钮形状元件，保持"Shopping Cart"页面依然在工作区打开，单击位于工作区左上角的"320"按钮320，根据表9-9列出的参数移动元件并调整元件大小（标有*号的项目表示不是每行都有此参数）。

表9-9

元件名称（"Widget Interactions and Notes"（元件交互与说明）功能区）	768视图中的坐标	新坐标*	新宽度*（w）	新高度*（h）
CheckoutButton	（10，110）		300	

1. 设计购物车中继器

完成后的购物车中继器（显示默认数据集）效果如图 9-8 所示。

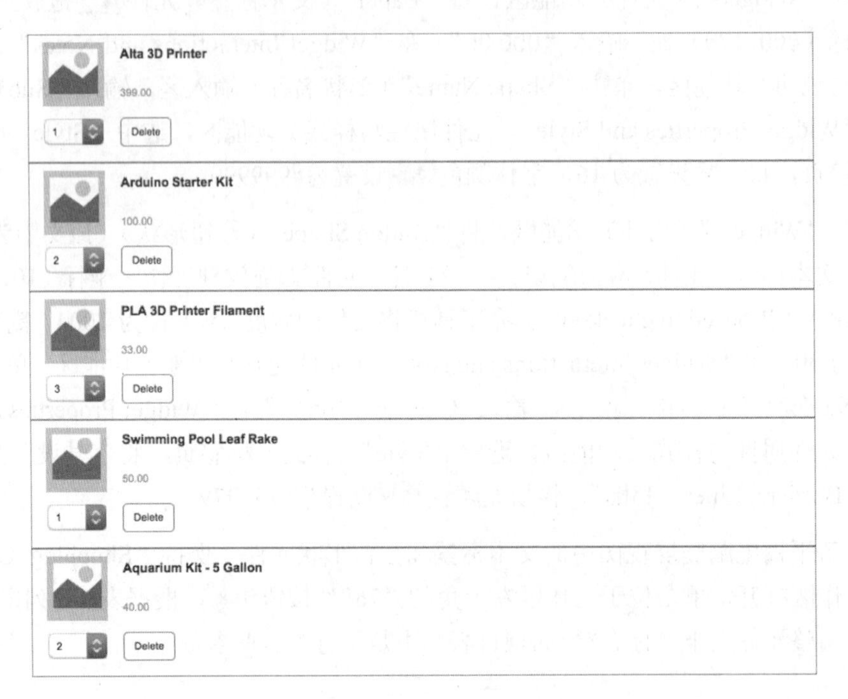

图 9-8

保持“Shopping Cart”页面依然在工作区打开，选中基本视图，执行以下操作：

1. 从“Widgets”（元件）功能区，将“Repeater”（中继器）元件拖放到工作区坐标（10，200）处。在“Widget Interactions and Notes”（元件交互与说明）功能区，单击“Repeater Name”（中继器名称）编辑区，输入“Cart”。
2. 双击“Cart”中继器，将其在工作区打开。
3. 在工作区下方的“Repeater”（中继器）功能区，单击“Repeater Style”（中继器样式）标签页。在“Layout”（布局）下方，勾选“Vertical”（垂直）。
4. 在工作区下方的“Repeater”（中继器）功能区，单击“Repeater Dataset”（数据集）标签页。参考图 9-9 列出的参数来更新数据。

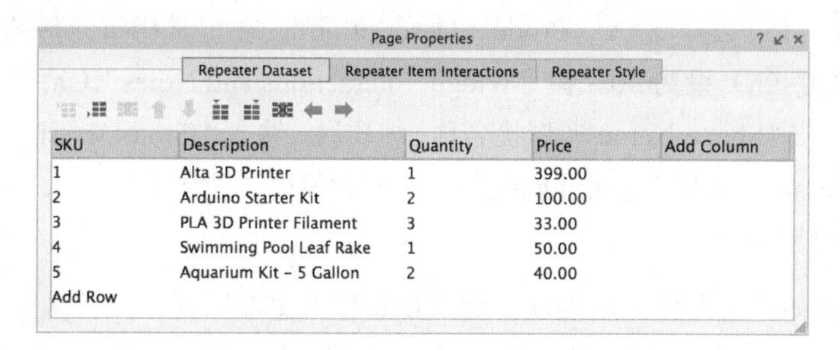

图 9-9

提示：

双击某一行或某一列可以重命名该行或列。要添加新的行或列，可以单击“Add row”（添加行）或“Add column”（添加列）。

完成后的“Cart”中继器条目效果如图 9-10 所示。

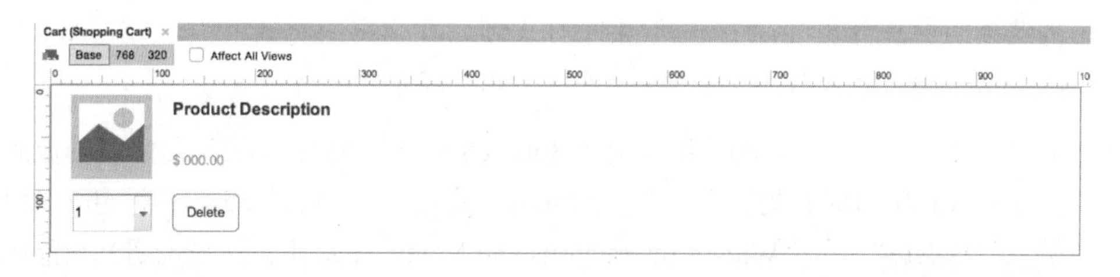

图 9-10

现在我们调整矩形元件的尺寸，并为中继器添加更多的元件。执行以下操作：

1. 保持中继器在工作区打开，单击位于坐标（0，0）处的“Rectangle”（矩形）元件，在工具栏将元件的宽度（w）设为 1004，高度（h）设为 160。在“Widget Interactions and Notes”（元件交互与说明）功能区，单击“Shape Name”（形状名称）输入区，输入“ProductBackground”。

2. 从“Widgets”（元件）功能区，将“Image”（图片）元件拖放到工作区坐标（20，10）处。在工具栏将元件的宽度（w）设为 80，高度（h）设为 80。在“Widget Interactions and Notes”（元件交互与说明）功能区，单击“Shape Name”（形状名称）编辑区，输入“ProductImage”。

3. 从“Widgets”（元件）功能区，将“Label”（文本标签）元件拖放到工作区坐标（120，15）处。输入“Product Description”。在工具栏将元件的宽度（w）设为470，高度（h）设为40。在“Widget Interactions and Notes”（元件交互与说明）功能区，单击“Shape Name”（形状名称）编辑区，输入“PhotoDescription”。在“Widget Properties and Styles”（元件属性与样式）功能区，选中在“Style”（样式）标签页，将字号设置为16。

4. 在“Widgets”（元件）功能区，将“Label”（文本标签）元件A_拖放到工作区坐标（120，65）处。输入“$ 000.00”。在“Widget Interactions and Notes”（元件交互与说明）功能区，单击“Shape Name”（形状名称）输入区，输入“Price”。在工具栏将元件的宽度（w）设为51，高度（h）设为15。在“Widget Properties and Style”（元件属性与样式）功能区，选中“Style”（样式）标签页，将字体颜色A▾设置为#999999。

5. 在“Widgets”（元件）功能区，将“Droplist”（下拉列表框）元件拖放到坐标（22，104）处，在“Widget Interactions and Notes”（元件交互与说明）功能区，单击“Shape Name”（形状名称）输入区，输入“Quantity”。右键单击下拉列表框元件，在弹出的菜单中单击“Edit List Items”（编辑列表项）。在弹出的对话框中，单击“Add Many”（添加多个），添加数字1至10。单击“OK”（确定）。

6. 从“Widgets”（元件）功能区，将“Button Shape”（按钮形状）元件拖放到工作区坐标（120，104）处。在工具栏将元件的宽度（w）设为65，高度（h）设为36。输入“Delete”。在“Widget Interactions and Notes”（元件交互与说明）功能区，单击“Shape Name”（形状名称）编辑区，输入“DeleteButton”。

设计完成基本视图后，我们来更新“Cart”中继器在768视图和320视图下的设计。

2. 更新“PhotoGallery”中继器的768视图和320视图

要更新“Cart”中继器的768视图，单击位于工作区左上角的“768”按钮768，保持“Cart”中继器依然在工作区打开，根据表9-10列出的参数，移动元件并调整元件大小（标有*号的项目表示不是每行都有此参数）。

表9-10

元件名称（“Widget Interactions and Notes”（元件交互与说明）功能区）	基本视图中的坐标	新坐标*	新宽度*（w）	新高度*（h）
ProductBackground	（0，0）		748	

接下来更新320视图。单击位于工作区左上角的“320”按钮 320，保持“Cart”中继器依然在工作区打开，根据表9-11列出的参数，移动元件并调整元件大小（标有*号的项目表示不是每行都有此参数）。

表9-11

元件名称（“Widget Interactions and Notes”（元件交互和说明）功能区）	基本视图中的坐标	新坐标*	新宽度*（w）	新高度*（h）
ProductBackground	（0，0）		300	
ProductDescription	（120，15）		170	40

这样我们就完成了“Cart”中继器的布局。下面我们可以定义中继器的交互了。

3. 定义“Cart”中继器交互

我们前面已经定义好所有的全局变量，现在可以来完成中继器项目的交互定义了。我们需要为“Quantity”下拉列表框定义“OnSelectionChange”（选项改变时）事件，为“DeleteButton”元件定义“OnClick”（鼠标单击时）事件。

4. 为“Quantity”下拉列表框定义“OnSelectionChange”（选项改变时）事件

“OnSelectionChange”（选项改变时）事件的用例1（“Case 1”）如图9-11所示。

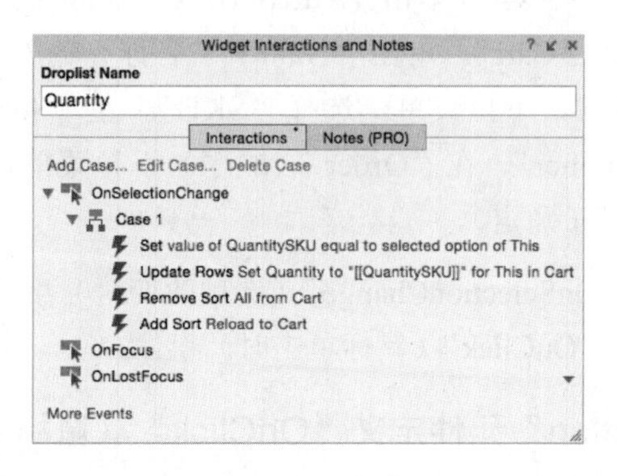

图9-11

保持中继器在工作区打开，选中基本视图，单击位于坐标（22，104）处的“Quantity”下拉列表框元件。在“Widget Interactions and Notes”（元件交互与说明）功能区，选中

“Interactions”（交互）标签页，双击“OnSelectionChange”（选项改变时），打开用例编辑对话框。在对话框中执行以下操作：

1. 创建第一个动作，设置全局变量的变量值。执行以下步骤：

   1）在“Click to add actions”（添加动作）一栏下，滚动至“Variables”（变量），单击“Set Variable Value”（设置变量值）。

   2）在“Configure actions”（配置动作）一栏下，勾选“QuantitySKU”。

   3）在“Set variable to”（设置全局变量值为）的位置，第一个下拉菜单处选择“selected option of”（被选项），在第二个下拉菜单处选择“This”。

2. 创建第二个动作，更新行。在“Click to add actions”（添加动作）一栏下，滚动至“Repeater”（中继器）菜单中的“Dataset”（数据集），单击“Update Rows”（更新行）。在“Select Column”（选择列）下拉菜单选择“Quantity”，单击“fx”按钮，在“Insert Variable or Function”（插入变量或函数）输入区，输入“[[QuantitySKU]]”，单击“OK”（确定）。

3. 创建第三个动作，移除排序。在“Click to add actions”（添加动作）下方，滚动至“Repeaters”（中继器），单击“Remove Sort”（移除排序）。在“Configure actions”（配置动作）下方，在“Select the repeaters to remove sorting”（选择要移除排序的中继器），勾选“Cart”，然后勾选“Remove all sorting”（移除全部排序）。

4. 创建第四个动作，添加排序。在“Click to add actions”（添加动作）下方，滚动至“Repeaters”（中继器），单击“Add Sort”（添加排序）。在“Configure actions”（配置动作）勾选“Cart”。单击“Name”（名称）输入区，输入“Reload”。在“Properties”（属性）下拉菜单，选择“SKU”。在“Sort as”（排序类型）下拉菜单，选择“Number”。在“Order”（顺序）下拉菜单，选择“Ascending”（升序）。单击“OK”（确定）。

这样我们就完成了“OnSelectionChange”（选项改变时）事件的定义。下面我们来为“DeleteButton”元件定义“OnClick”（鼠标单击时）事件。

5. 为“DeleteButton”元件定义“OnClick”（鼠标单击时）事件

完成后，“DeleteButton”元件对应的“Widget Interactions and Notes”（元件交互与说明）功能区如图 9-12 所示。

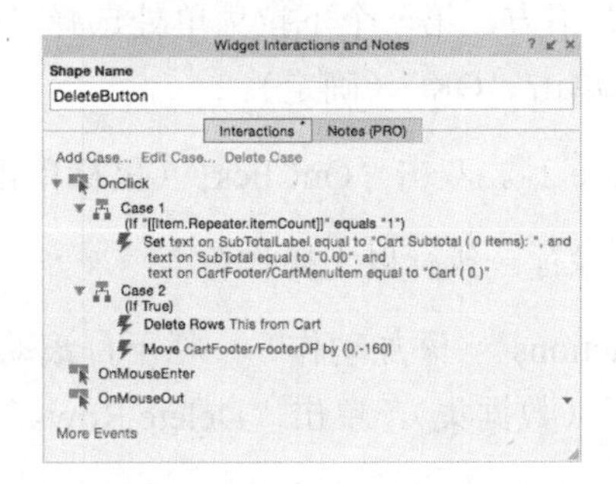

图 9-12

要定义“DeleteButton”元件的交互，执行以下操作：

1．保持中继器在工作区打开，单击位于坐标（120，104）处的“DeleteButton”元件。

2．双击“OnClick”（鼠标单击时），打开用例编辑对话框。

3．添加条件。单击“Add Condition”（添加条件）按钮。

4．在弹出的“Condition Builder”（条件设立）对话框中，执行以下操作：

1）在第一个下拉菜单中，选择“value”（值）。

2）在第二个输入区，输入“[[Item.Repeater.itemCount]]”。

3）在第三个下拉菜单中，选择“equals”（==）。

4）在第四个下拉菜单中，选择“value”（值）。

5）在第五个输入区输入 1。

5．创建动作，设置文本。执行以下操作：

1）在“Click to add actions”（添加动作）一栏下，滚动至“Widgets”（元件），单击“Set Text”（设置文本）。

2）在“Configure actions”（配置动作）一栏下，勾选“SubtotalLabel”。在“Set text to”（设置文本为）下方，第一个下拉菜单处选择“value”（值），然后在输入区输入“Cart Subtotal (0 items):”。

3）在“Configure actions”（配置动作）一栏下，勾选“Subtotal”。在“Set text to”（设置文本为）下方，第一个下拉菜单处选择“value”（值），然后在输入区输入“0.00”。

4）在“Configure actions”（配置动作）一栏下，勾选“CartMenuItem”。在“Set text

to”（设置文本为）下方，第一个下拉菜单处选择“value”（值），然后在输入区输入“Cart (0)”。单击“OK”（确定）。

6．创建第二个用例“Case 2”。双击“OnClick”（鼠标单击时）事件。

7．创建第一个动作，删除行。执行以下操作：

1）在“Click to add actions”（添加动作）一栏下，滚动至“Repeater”（中继器）菜单中的“Datasets”（数据集），单击“Delete Rows”（删除行）。

2）在“Configure actions”（配置动作）下面的“Select the repeaters to delete their items from”（选择要删除行的中继器），勾选“Cart”，勾选“This”。

8．创建第二个动作，移动“CartFooter/FooterDP”。执行以下操作：

1）在“Click to add actions”（添加动作）一栏下，滚动至“Widgets”（元件），单击“Move”（移动）。

2）在“Configure actions”（配置动作）下面的“Select the widgets to move”（选择要移动的元件），勾选“CartFooter”下面的“FooterDP”。

3）在“Move”下拉菜单，选择“by”（相对距离为），将 y 值设定为−160。

9．单击“OK”（确定）。

10．右键单击“Case 2”，单击“Toggle IF/ELSE IF”（切换为<If>或<Else If>）。

这样我们就完成了“DeleteButton”元件“OnClick”（鼠标单击时）事件的定义。下面我们来为“Cart”中继器定义“OnItemLoad”（每项加载时）事件。

6．为“Cart”中继器“OnItemLoad”（每项加载时）事件添加用例

完成后的“Cart”中继器“OnItemLoad”（每项加载时）事件如图 9-13 所示。

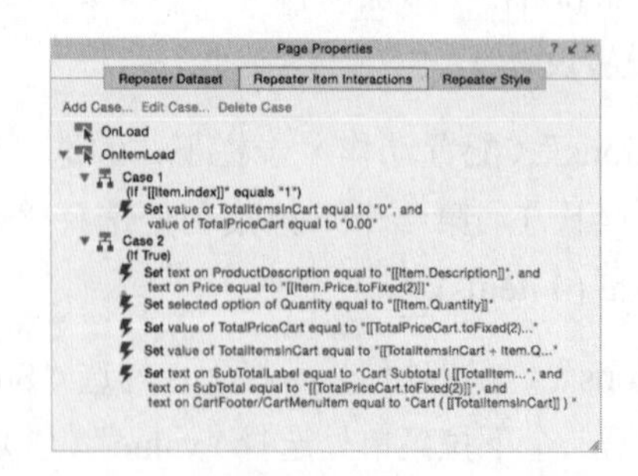

图 9-13

要完成“Cart”中继器的交互，我们还需要定义“OnItemLoad”（每项加载时）事件。我们来创建第一个用例。在工作区下方的“Repeater”（中继器）功能区，选择“Repeater Item Interactions”（项目交互）标签页。双击“OnItemLoad”（每项加载时），弹出用例编辑对话框。在用例编辑对话框中执行以下步骤：

1. 添加条件。单击“Add Condition”（添加条件）按钮。

2. 在弹出的“Condition Builder”（条件设立）对话框中，执行以下操作：

   1）在第一个下拉菜单中，选择“value”（值）。

   2）在第二个输入区，输入“[[Item.index]]”

   3）在第三个下拉菜单中，选择“equals”（==）。

   4）在第四个下拉菜单中，选择“value”（值）。

   5）在第五个输入区输入 1。

   6）单击“OK”（确定）。

3. 创建第一个动作，设置中继器中元件的变量值：

   1）在“Click to add actions”（添加动作）一栏下，滚动至“Variables”（变量），单击“Set Variable Value”（设置变量值）。

   2）在“Configure actions”（配置动作）一栏下面的“Select the variables”（选择要设置的全局变量），勾选“TotalItemsInCart”。在“Set variable to”（设置全局变量值为）的位置，第一个下拉菜单处选择“value”（值），在输入区 0。

   3）在“Configure actions”（配置动作）一栏下面的“Select the variables”（选择要设置的全局变量），勾选“TotalPriceCart”。在“Set variable to”（设置全局变量值为）的位置，第一个下拉菜单处选择“value”（值），在输入区“0.00”。

4. 单击“OK”（确定）。

现在来创建第二个用例。在工作区下方的“Repeater”（中继器）功能区，选择“Repeater Item Interactions”（项目交互）标签页。双击“OnItemLoad”（每项加载时），弹出用例编辑对话框。在用例编辑对话框中执行以下步骤：

1. 创建第一个动作，设置文本。执行以下操作：

   1）在“Click to add actions”（添加动作）一栏下，滚动至“Widgets”（元件），单击“Set Text”（设置文本）。

2）在“Configure actions”（配置动作）一栏下，勾选“ProductDesctiption”。在“Set text to”（设置文本为）下方，第一个下拉菜单处选择“value”（值），然后在输入区输入“[[Item.Description]]”。

3）在“Configure actions”（配置动作）一栏下，勾选“Price”。在“Set text to”（设置文本为）下方，第一个下拉菜单处选择“value”（值），然后在输入区输入“[[Item.Price.toFixed(2)]]”。

2．创建第二个动作，设置选中。执行以下操作：

1）在“Click to add actions”（添加动作）一栏下，滚动至“Widgets”（元件），单击“Set Selected List Option”（设置列表选中项）。

2）在“Configure actions”（配置动作）一栏下，勾选“Quantity”。

3）在“Set selected option to”（设置被选项为）区域，在第一个下拉菜单选择“value”（值），然后在输入区输入“[[Item.Quantity]]”。

3．创建第三个动作，设置变量值。执行以下操作：

1）在“Click to add actions”（添加动作）一栏下，滚动至“Variables”（变量），单击“Set Variable Value”（设置变量值）。

2）在“Configure actions”（配置动作）一栏，勾选“TotalPriceCart”。在“Set variable to”（设置全局变量值为）的位置，第一个下拉菜单处选择“value”（值），在输入区“[[TotalPriceCart.toFixed(2) + (Item.Quantity*Item.Price.toFixed(2))]]”。

3）在“Configure actions”（配置动作）一栏，勾选“TotalItemsInCart”。在“Set variable to”（设置全局变量值为）的位置，第一个下拉菜单处选择“value”（值），在输入区“[[TotalItemsInCart + Item.Quantity]]”。

4．创建第四个动作，设置文本。执行以下操作：

1）在“Click to add actions”（添加动作）一栏下，滚动至“Widgets”（元件），单击“Set Text”（设置文本）。

2）在“Configure actions”（配置动作）一栏下，勾选“SubTotalLabel”。在“Set text to”（设置文本为）下方，第一个下拉菜单处选择“value”（值），然后在输入区输入“Cart Subtotal ([[TotalItemsCart]] items):”。

3）在“Configure actions”（配置动作）一栏下，勾选“SubTotal”。在“Set text to”（设置文本为）下方，第一个下拉菜单处选择“value”（值），然后在输入区输入

"[[TotalPriceCart.toFixed(2)]]"。

4）在"Configure actions"（配置动作）一栏下，勾选"CartMenuItem"。在"Set text to"（设置文本为）下方，第一个下拉菜单处选择"value"（值），然后在输入区输入"Cart ([[TotalItemsInCart]])"。

5．单击"OK"（确定）。

6．右键单击"Case 2"，单击"Toggle IF/ELSE IF"（切换为<If>或<Else If>）。

7．创建置顶的"checkout"（结算）按钮

为了提高转化率，电商网站通常会在购物车中使用置顶的结算按钮。置顶按钮将在用户在浏览器滚动页面超过给定的点时保持置顶位置不动。

在我们的"Shopping Cart"页面，当页面 y 轴滚动超过 110 像素时，我们的"StickyDP"开始显示，并保持置顶。"StickyDP"动态面板的"State1"只包含一个按钮元件。图 9-14 展示的就是基本视图下的"Shopping Cart"页面在沿 y 轴滚动超过 100 像素时的效果。

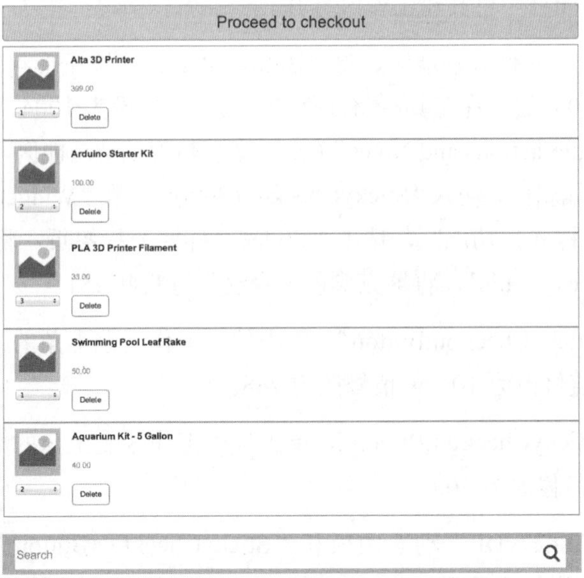

图 9-14

要置入"StickyDP"动态面板和"StickyCheckOutButton"，执行以下操作：

1．在站点地图中，双击"Shopping Cart"页面，将其在工作区打开。

2．从"Widgets"（元件）功能区，将"Dynamic Panel"（动态面板）元件拖放到工

作区坐标（10，0）处。在工具栏将元件的宽度（w）设为 1004，高度（h）设为 60。在“Widget Interactions and Notes”（元件交互与说明）功能区，单击“Dynamic Panel Name”（动态面板名称）输入区，输入“StickyDP”。

3. 右键单击“StickyDP”，单击“Pin to Browser”（固定到浏览器）。在弹出的“Pin to Browser”（固定到浏览器）窗口中，勾选“Pin to browser window”（固定到浏览器窗口）。在“Horizontal Pin”（水平固定）下方，勾选“Center”（居中）。在“Vertical Pin”（垂直固定）下方，勾选“Top”（顶部）。勾选“Keep in front (browser only)”（始终保持顶层（仅限浏览器中））。

4. 保持选中“StickyDP”动态面板，单击位于工作区左上角的“768”按钮 768，在工具栏将 x 值修改为 0，w 值修改为 768。

5. 保持选中“StickyDP”动态面板，单击位于工作区左上角的“320”按钮 320，在工具栏将 w 值修改为 320。

6. 单击位于工作区左上角的“Base”按钮，在“Widget Manager”（元件管理）功能区，双击“State1”将其在工作区打开。

7. 从“Widgets”（元件）功能区，将“Button Shape”（按钮形状）元件拖放到工作区坐标（0，0）处。在工具栏将元件的宽度（w）设为 1004，高度（h）设为 60。在“Widget Interactions and Notes”（元件交互与说明）功能区，单击“Shape Name”（形状名称）编辑区，输入“StickyCheckoutButton”。在“Widget Properties and Style”（元件属性与样式）功能区，选中“Style”（样式）标签页，将字号设置为 28，在“Borders, Lines + Fills”，将填充颜色设置为#F4D481。

8. 保持选中“StickyCheckoutButton”，单击位于工作区左上角的“768”按钮 768，在工具栏将 x 值修改为 10，w 值修改为 748。

9. 保持选中“StickyCheckoutButton”，单击位于工作区左上角的“320”按钮 320，在工具栏将 w 值修改为 300。

在页面中添加“StickyDP”动态面板和“StickyCheckOutButton”后，我们就可以为“Shopping Cart”页面添加“OnWindowScroll”（窗口滚动时）交互了。

8. 添加“OnWindowScroll”（窗口滚动时）页面交互

“OnWindowScroll”（窗口滚动时）事件设置好后，“Shopping Cart”页面对应的“Page Interactions”（页面交互）显示如图 9-15 所示。

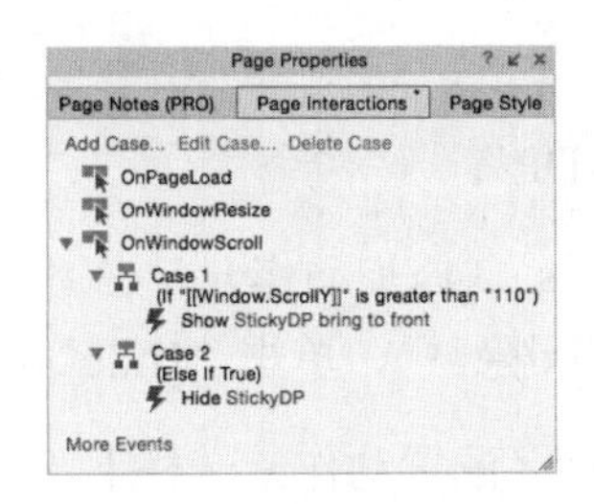

图 9-15

在站点地图中双击“Shopping Cart”页面，将其在工作区打开。选中基本视图，执行以下操作：

1．创建第一个用例。在工作区下方的功能区，选中“Page Interactions”（页面交互）标签页。

2．双击“OnWindowScroll”（窗口滚动时），打开用例编辑对话框。

3．添加条件。单击“Add Condition”（添加条件）按钮。

4．在弹出的“Condition Builder”（条件设立）对话框中，执行以下操作：

1）在第一个下拉菜单中，选择“value”（值）。

2）在第二个输入区，输入“[[Window.ScrolY]]”。

3）在第三个下拉菜单中，选择“greater than”（>=）。

4）在第四个下拉菜单中，选择“value”（值）。

5）在第五个输入区输入 110。

6）单击“OK”（确定）。

5．创建第一个动作，显示“StickyDP”：

1）在“Click to add actions”（添加动作）一栏下，滚动至“Widgets”（元件）下面的“Show/Hide”（显示/隐藏），单击“Show”（显示）。

2）在“Configure actions”（配置动作）一栏下，勾选“StickyDP”。在“More Options”（更多选项）下拉菜单，选择“bring to front”（置于顶层）。

3）单击“OK”（确定）。

创建第二个动作，在工作区下方的功能区，选中“Page Interactions”（页面交互）标签页，双击“OnWindowScroll”（窗口滚动时），打开用例编辑对话框。在对话框中执行以下操作：

1．创建动作，隐藏“StickyDP”：

1）在“Click to add actions”（添加动作）一栏下，滚动至“Widgets”（元件）下面的“Show/Hide”（显示/隐藏），单击“Hide”（隐藏）。

2）在“Configure actions”（配置动作）一栏下，勾选“StickyDP”。

3）单击“OK”（确定）。

2．右键单击“Case 2”，单击“Toggle IF/ELSE IF”（切换为<If>或<Else If>）。

恭喜！到这里我们全部完成了电商网站购物车的原型。我们现在可以将其发布到 AxShare，使用我们的移动设备在浏览器或是 AxShare App 上访问这个原型了。

9.2 小结

本章中，我们利用自适应视图功能，创建了一个优化 iPad 和 iPhone 显示的电商网站购物车原型。我们设置了宽度为 1024 的基本视图用以适应 iPad 横屏的显示，还为 iPad 竖屏设计了宽度为 768 的视图，为 iPhone 竖屏设计了宽度为 320 的视图。

我们用到了一个中继器元件来创建购物车的项目，在这个原型中，我们可以更新和移除购物车中的项目。当一个项目被更新或是被从中继器中移除时，“SubTotalLabel”和“CartMenuItem”元件上显示的数字会随之被更新，同样会更新的还有“SubTotal”元件上的价格总数。